JN059562

中尾政之［著］

脱・失敗学宣言

森北出版

目　次

はじめに

コロナ禍の中、「データ重視の失敗学」が力を失ってきた

　コロナ禍で世界中の人々が閉じこもり、鬱々とした気分になっている。その原因の一つは「外に出て、思いっきり遊びたい」という基本的欲求の未達成感にある。でも、もう一つは、「コロナ後にも、自分の仕事はあるのだろうか」という得も言われぬ不安感にある。このままデジタル化に乗り遅れると、職を失い、家を失い、家族と離れ、孤独死して、自分の最大の失敗をもたらすかもしれない。一度心配が募ると、まるで倍々ゲームのように増えていく、新規感染者の指数関数のグラフを見ているような気持ちになる。筆者は63歳。デジタル化の能力は20歳の学生以下なので、なおさらその気持ちが強い。

　まあ、誰が考えても、2021年からの10年間は「デジタル化との戦い」が続く。先日、大事な人事審査のオンライン会議中に、別のプログラムを立ち上げて"内職"していたら、突然「再起動します」という画面とともにパソコンが固まった。一瞬、血が凍ったが、幸いにもスマホで電話投票できた。このとき、筆者が以前から布教してきた「データ重視の失敗学」が有効にはたらかなかった。それはまず、失敗知識データベースにアクセスして、「現在の状況に類似した過去の失敗事例を検索し、未来に対して有効な防止策を得る」という常套手段であったが、いまはナレッジマネジメントしようにも、「私はこうしてデジタル化でしくじった」というナレッジのデータがない。これでは失敗から学べない。仮に深く反省して、「オンライン会議中にサボって内職すべきではない」

という職業倫理や、「オンライン会議中は息子に（通信量過大の）対戦ゲームをやらせない」という家庭内規を決めても、事故の原因分析をしていないので、そのうちに別の状況で固着が再発するだろう。

　何しろ、現在進行中のデジタル化は、人類が初めて直面する「お試し体験」である。朝起きて寝ぼけ眼のパジャマ姿でパソコンを立ち上げて、コーヒー片手にオンライン朝礼を聞き始めても、誰も怒らない。身だしなみがだらしないことよりも、ハウリングして声が聞き取れない、資料が共有で開けないほうが、よほど「喫緊の失敗」である。失敗の典型例が変わったとしか言いようがない。

　筆者らは2000年に「失敗学」という言葉を使い始めてから、「失敗から学ぼう」とずっと唱えてきた。別に筆者らだけでなく、古来、多くの賢者が失敗事例を集めて、子孫に「失敗に学べ」と示唆した。たとえば、三井家3代目の三井高房は、1728年に『町人考見録』（現代訳版は鈴木昭一訳、教育社新書、1981）を記した。失敗事例を列記して、大名貸しと贅沢三昧を子孫に禁じた。だが、彼の息子はやっぱりその失敗を繰り返し、28年後の1756年に追放された。失敗知識の賞味期限は、1世代の30年くらいなのであろう。このように、筆者らを含めて、リーダは"上から目線"で「失敗に学べ」と諭すものである。つまり、失敗への道筋をいくつか提示し、部下にリスクを意識させようと努力する。筆者らの「失敗学」もこうして21年間、ソコソコの成果を上げてきた。

　しかし、困ったことに、この5年間で急速に、この従来型の「データ重視の失敗学」が力を失ってきた。「データ重視型の失敗学」をサッカーでたとえれば、0対4でボロ負け続きのチームに、守備力重視を唱える監督を招聘し、常に1対0で守り勝ちできるチームへと再建を託すことを意味する。しかし、デジタル化は超高速で進んでいる。だからいくら名監督でも、失敗のデータがないので、プレイヤーに「失敗に学べ」と指導できない。こうなったら、監督任せをやめて、プレイヤー個人が主体的に自ら心機一転するべきである。つまり、試合中に「出たとこ勝負」で敵の穴を見出して、失敗を恐れずにゴールを狙い、5対4で攻め勝つ、というくらいの気概をもつべきである。

　失点リスクの事前学習から、得点チャンスの実時間学習へと、意識と意欲を移すのである。その意識改革がこの5年間に求められるようになった。

ICT の発展が失敗学に主客転倒をもたらした

このような状況で、幸いなことに失敗学に追い風が吹いた。

その一つは、皆が ICT (Information Communication Technologies) の恩恵を受けて、スマホやタブレット、パソコンをもっていることである。そこに気付いたことを書き留めて共有するだけで、皆から有効な注意点を簡単に集められて、大きな財産が生まれる。たとえば「この段差で誰かが転びそうだなあ」と思ったら、その段差の写真を撮って Slack や LINE で共有すればよい。ひとりひとりが「リスク検知の人間センサ」に進化して、その違和感を ICT で共有すれば、あとは共感した人が段差を削ってリスクを低減してくれる。

さらに、IoT (Internet of Things) の発展によって、いまはあちらこちらに付けたセンサやカメラが、勝手にデータを集めてくれるようになった。たとえば、社長は本社の社長室に居ながら、稼働中の海外の現場のトラブルを実時間でデータとともに観察でき、世界中のスタッフと対策を議論できる。

もう一つの失敗学に対する強い追い風は、日本の各企業が、新商品開発や品質向上のために仮説生成（アブダクション、abduction）の訓練を行うようになったことである。社長は自己啓発や経営企画のコンサルタントに頼んで、「内発的、inside-out、能動的、主体的、自発的に、自分の提案を発信しよう」と社員を指導している。その結果、定例会議は、会社方針の伝達の場でも、課長の説教の場でもなくなった。伝達事項は ICT を使って事前送付され、出席者は会議前に目を通すのが「お作法」になった。会議は、皆が集まって検討する場や、対立事案の落とし所を探る場に改装された。

このように、一連で新しく変革された失敗学を「ICT 活用の失敗学」とよぼう。

COLUMN

　そうは言いながらも、追い風が吹かない場所もある。2021 年 2 月に、暇だから実況中の国会の予算委員会を見ていたが、ICT のかけらも見えない。対面なのに紙の情報を声で伝えるだけであった。これはヒドイ。委員長は、眠っている議員や、官僚のメモを読み上げるだけの大臣にレッドカードを出すべきである。すべからく会議の出席者は、常日頃から ICT を活用しながら仮説生成に励んで、頭の中に自分の意見を蓄積しておくべきである。脳も事前準備が必要である。筆者の妻でさえ、脳はいつも活性化しており、出かけると好みの食事や商品をスマホで撮って、帰ってから姉とそれを肴に長電話している。いま、大多数の女性が行っていることであるが、「これ、いいな！」という気持ちが脳に湧いたら、

まず写真を撮って仲間と共有して夢と希望を話し合う。いまの学生もすごい。たとえば、「期末試験対策をやろうか」と議論し始めたら、あっという間に蓄積された情報を公開して、教授に内緒で留年回避対策サイトを作ってしまう。地道に貯金してきた情報を元手にビジネスが始まる。

　このように、ICT が後押しして、多くの情報が組織の末端から発信されるようになった。次いで、皆が寄ってたかってその情報群を分析して、リスク回避プランをものすごい速さで構築するのである。これからの「失敗学」の主役は、組織の上位の監督、リーダ、上司ではない。主役は下位のプレイヤー、現場員、構成員、部下である。つまり、失敗防止の対策は、上司からの命令で一斉に始まるものではなくなった。ICT によって「情報の民主化」が実現したのである。部下からの示唆が潮流を作り、大きな組織を動かす。

　このように、失敗学に主客転倒が起こっている。昔の構成員のように、「失敗はイヤだから、上司の命令には従いますよ。さあ、私は何をやればよいか、言ってください」と、受動的・盲目的な甘受を口に出したら出世の目はない。そうではなく、いまの構成員には、「私は一直線に成功したい。たとえばこのような企画をしたのですが、大きなリスクがないか、ちょっと見てください」というような、能動的・攻撃的な提案が好まれる。

　このような意識改革という意味で、『脱・失敗学宣言』という題目を本書に付けた。聞くだけの受け身の姿勢は許されなくなった。

「ICT 活用の失敗学」を家庭料理のプロセスに喩える

　上述の新しい「ICT 活用の失敗学」は、図 0.1 で示すように、家庭で料理する過程と似ている。大別すると 3 段階が考えられる。

　まず第 1 段階として、リスクに対する違和感（旬の素材に相当）を見つけて、プランを思い浮かべる。家庭の主婦は、スーパーマーケットで旬の安い素材を手にとりながら、今日の献立を想定する。妻は、行く前はハンバーグと仮決めしていても、「きたあかり」のジャガイモを手にとれば、ピーンと感じるところがあって肉ジャガに変わる。失敗学でも、現場に出て「ここが壊れそうだな」と自分で感じることが大事である。何も感じないと、その後の失敗学活動が始まらない。さあ、違和感を用いて訓練（レッスン）を始めよう。

	(a) ICT 活用の失敗学	(b) 家庭の料理法	(c) 失敗学の問題点
第1段階	リスクに対する違和感を見つける 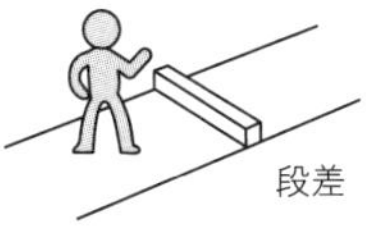 段差	旬の素材を見つける  きたあかり	**違和感不足：**全員がリスクに対する違和感を捉えられない 脳をマインドワンダリング状態にできない
第2段階	失敗に至るストーリーを持論形成し、皆が納得・合意するまで議論する  スロープ	今日の献立を企画して制約条件を検討する  肉ジャガ	**議論不足：**失敗に至るストーリーを議論できない人もいる ファシリテーションの意見の収束プロセスができない
第3段階	失敗防止策を実行する  バリアフリー	道具をそろえて料理する  キッチン	**リソース不足：**失敗防止策用のリソースが揃っていない

図 0.1　新しい「ICT 活用の失敗学」とその問題点—家庭の料理法との比較

　このように、始めに素材が大事と言うと、人によっては「別に食事をとるだけなら、弁当でも外食でもかまわない（出されたものを黙って食べる）」と返される。しかし、出来合いの食事は高価であり、個人の好みに合うとも限らない。「出来合いメニュー」を失敗学にたとえると、ちょうど秋の安全大会で社会心理学者に講演してもらう「安全文化の醸成」みたいなものである。「人間は見たいものだけを見る」というような抽象的で高邁な真実をいくら聞いても、「段差で転びそうになる」という、自分の職場の具体的な問題点の解決に直結しない。概念の抽象度が違いすぎる。

　次に第 2 段階として、その違和感から、失敗に至るストーリー（今日の献立に相当）を持論として形成し、皆が納得して合意するまで仲間と議論を続ける。上述の第 1 段階で、違和感、好奇心、直観を瞬時に覚えて、そこから大雑把な夢、プラン、コンセプトを思い浮かべたが、この第 2 段階では、それを具体化・定量化・詳細化・一般化させて、脚本、ストーリー、持論に昇華させる。「危

ない」と連呼するだけでなく、「危なそうだからこう直そう」と提案すべきである。

　主婦1人の買い物でも、リスク（先日、焦がした鍋）とチャンス（家族の喜ぶ顔）とを秤にかけて、もう1人の自分とブツブツと議論しながら、今晩は肉ジャガと決める。議論は、まず、プランに対する好き嫌いで熱くなるが、制約条件も絡まってくるとさらに紛糾する。主婦だって、予算（財布の中身）、期間（夕食までの時間）、規模（何人分作るか）、人数（娘や夫は助けてくれるか）などを一瞬に考えて提案を完成させる。

　会社の議論ならば、ホワイトボードでも横に置いて、横軸に実現の可能性、縦軸に社会の有益性、の座標を作って、その上にそれぞれのプラン群をプロットすればよい。当然、最適解は、実現できそうでかつ有益なものに絞られ、あとは情熱（パッション）で味付けすればよい。情熱で押せば、上司も実行案に同意する。

　最後に、第3段階として、第2段階の失敗に対する持論を参考にして、失敗防止策（料理の作業に相当）を実行する。たとえば、建物中段差だらけだったら、一気にバリアフリーの工事を強行して床を平らにすればよい。大学でも、学生が100 kgの液体窒素タンクを段差越えで移動しようとしたときに、倒して下敷きになった。そこで、舗装通路の穴を埋め、鉄扉の下の枠を切って、階段をスロープに変えた。一気に何ヵ所も工事して、数百万円は軽くかかったが、すでに人柱として怪我人がいたのですぐにできた。本来は、人柱なしでもリスクがあれば事前にやるべきである。

　実行時には、お金だけでなく、事前にある程度の専用装置や専門員（料理では、包丁、鍋、ガス台、冷蔵庫、皿などの道具に相当）が揃っていないとうまくいかない。筆者の体験から言うと、お金や道具に加えて、仲間（カンパニー）の賛同や応援は不可欠である。失敗防止策を実行したいのに、「この忙しいときに邪魔だ」「俺の仕事を止める気か」「お前の心配性で会社を潰す気か」と非難されては心が折れる。2021年2月に、NHKで『カンパニー』（伊吹有喜原作）というバレエのドラマが放映されたが、「パッション、レッスン、カンパニー」が成功の3要素だと言っていた。そのとおり。失敗学を実行する安全管理担当者は、皆の行動を抑制する"嫌われ者"だから、カンパニーがいないとアホらしくてやっていられない。

コロナ禍の中、ICT と仲良くしてきたのに、なぜ失敗学が進まないのか？

　でも、この「ICT 活用の失敗学」のストーリーは、別に新しいものではない。「SNS (Social Networking Service) の一形態にすぎない」と言われればそのとおりである。コロナ禍の中、世界中の人が ICT を駆使してオンライン業務を体験した。筆者の予想では、SNS の流れでもっと早くに失敗学が変わるはずだった。でも日本での結果はイマイチである。たとえば、「どこの店で感染者が出た」とか「どの店に行ったら非接触体温計が買えるのか」というような具体的な情報はさっぱりわからない。オードリー・タン情報担当大臣が主導する台湾では、簡単にできたのに……。SNS は失敗学と相性がよさそうだとわかっているのに、どこに問題点があるのだろうか？　それさえわかれば改善できる。図 0.1 を使って、上述の三つの段階ごとに考えてみよう。

　まず、第 1 段階の問題点として、「全員がリスクに対する違和感を捉えられない」ということがあげられる。そこで「いまさらリスクと言われても何も思いつかない、現状で満足！」と答える。筆者の観察によると、若者で 3 割、ジジイ（愛情を込めて 55 歳以上の熟年者を総称する）で 8 割と、現状満足派は結構多い。逆に、「山ほどリスクが転がっているから改善しよう！」と嬉々として答える若者は、全体の 1 割しかいない。残り 6 割の若者は様子見である。筆者は大学院の講義で、「対象は何でもいいから、『はてな？』と感じたらスマホで写真を撮って送れ」という課題を出しているが、現状満足の 3 割は何も感じないから提出物はほとんどない。彼らは現状満足派というよりも、「リスク不感症」患者である。困っていないのだから、失敗学も出る幕がない。

COLUMN

　筆者の在籍する校舎の駐輪場は、後付けで歩道の脇に作られている。歩行者は、歩道まで出っ張る自転車のお尻が邪魔で、ときにはカバンを引っかける。また、自転車も、歩道の段差を昇降するたびに衝撃を受け、ときには倒れる。しかし、この光景を見てもリスク不感症患者はノーコメントである。段差にスロープを作り、歩道に白線を引けば、リスクは簡単に低減される。一部の志をもつ急進派が、写真を撮って管理者に直訴しても、「駐輪場は大方そんなものでしょう。なぜこの程度で騒ぐのか理解できない」と、これまたリスク不感症患者にあしらわれて、何も対策が進まず、トラブルは再発する。悪意はないのだが、リスク不感症の人は、不作為を好み、結果的に改善を拒む。

　感性を高めようと日頃から努力している筆者でも、一日中、卒業論文の試問審査のよう

にルーティンワークをやり続けると、リスク不感症になる。ミスしないように余計な邪念を封じて集中すると、周りが見えなくなる。たとえば、オンライン会議に熱中して、風呂を追い炊きしていたのを忘れた、トイレの電気を消すのを忘れた、灯油を巡回販売で買うのを忘れた、とか枚挙に暇がないほどのトラブルを生みだす。違和感を得るには、脳の動きを、集中と睡眠との中間の「マインドワンダリング」の状態になるように積極的にセットしたほうがよい。たとえば、散歩、水泳、温泉、音楽、テレビ、落語などでボーとしている状態を作るのである。そのほうが、「何か妙だな」「確かやるべきことがあったな」と敏感に違和感を受信できる。筆者はとくにトイレで座っているときに、「アッ忘れていた」と気付く回数が多くなる。

　次に、第2段階の問題点として、「全員が失敗に至るストーリーを議論できない」ことがあげられる。できない人は、これも若者で3割、ジジイで8割といったところか。紳士的に話せないのは、日本人の悪い癖である。老人会はとくにヒドイ。最初は余計な摩擦を避けて静かにしているが、参戦したら喧嘩になる。5人のチームならば、3人は目を合わせずに黙り、2人は目を吊り上げて怒る。

　欧米では、ファシリテーション (facilitation) という「議論のお作法」があり、日本の大学でも大真面目に教えるようになった。短く言えば、定義、発散、収束、結論のプロセスをたどればよい。しかし、日本人、とくに若者が不得意なのは収束のプロセスである。いきなり多数決に持ち込み、無駄な議論はしない。また、投票数が同じで一つに絞り込めないときは、結論を両論併記にして、これまた議論はしない。これでは太平洋戦争時の海軍と陸軍と同じで、なけなしのリソースが分散される。

　いまのコロナの情報が行き渡らない現状は、役人の議論嫌いに帰するところが大きい。「不正確な情報で庶民がパニックを起こしてはいけない」という“上から目線”で住民をコントロールしている。2011年の福島第一原発事故でも、5年経って当時の情報が公開されたときに初めて、当時の役人は「メルトダウン」という言葉で誘発される住民パニックを、過度に恐れていたことがわかった。ところが、当の住民は家族で相談して、きっとメルトダウンしているに違いないという結論を出して、自主避難を始めていた。避難勧告があとから追い駆けてきたというのが正しい。

　最後の第3段階の問題点として、「失敗防止策用のリソースが揃っていない」ことがあげられる。たとえば、デジタル化の必要部材が揃っていない人はジジイに多い。60歳の定年退職後の筆者の同期生たちはオンラインの集まりに参

加できずに、このデジタル世界から消えた者も多い。復活するには、自宅用の
パソコンとルータとスマホを最新版に変えればよい。モッタイナイと数年前の
機種を使い続けることが間違っている。半分死んだと思われている人こそ人柱
である。リソースを揃えよう。

オンライン勤務を始めてみると、わが日本のデジタル化はかなり遅れていた
ことに気付かされた。いま使っているアプリは、ほとんどが米中の2大大国の
スタートアップ企業が起源のものばかりである。東京五輪開会式では 1824 機
のドローンで作った地球儀に驚いたが、米国の Intel 製だった。平成の 30 年
間で、日本は経済も技術も米中に大きく遅れをとり、欧州の第2集団の中に埋
もれてしまった。情けない。これから再スタートして追いつこう。

まとめて図 0.1 の右欄に書き加えてみると、問題点は、1. 全員がリスクに
対する違和感を捉えられない、2. 失敗に至るストーリーを議論できない人も
いる、3. 失敗防止策用のリソースが揃っていない、の三つである。

「ICT 活用の失敗学」の問題点は解決できるか

2章や 12 章で後述するように、筆者の在籍する東京大学の工学系研究科は
オンライン講義を実行し、コロナ禍の1年間で「ICT 活用の教育」が長足の
進歩を遂げた。わが研究科は、日本でもトップの技術オタクの集まりである。
賢くて若い学生・教員が、筆者のようなジジイの教授や職員を引っ張り上げて
くれた。その結果、まず「知識を伝授するだけならば、オンラインは対面より
も理解度の高い講義を提供できる」ことを示した。また、「研究の指導・発表
の場においても、オンラインは対面と同程度の活発な議論が実施できる」こと
も示した。結構、使える。

そのうえ、「デジタル化」で失敗しても、物理的に怪我するわけでも、財産
が減るわけでもない。滑って転んで骨折するのと訳が違う。ただ精神的に疲れ
て心が折れるだけである。心の健康に留意すれば、「デジタル化」でいくら失
敗しても、実損はほとんどない。失敗に恐れずに ICT に向かい合おう。

でも「オンライン講義が成功した」という結論は、教員の教育方法が進歩し
たことと同義ではない。それより、「学生は自宅に籠り続け、勉強以外にやる

ことがなかった」という影響が大きい。学生はまるで狭い養鶏場で効率的に太らされたブロイラーのようである。そんな脂身を鍋で煮込んでも旨味が出るとも思えないが、学生はコロナ禍の１年間、自制心を維持してよく勉強してくれた。

　上述の「ICT活用の教育」がうまくできたという結論から推定すると、「ICT活用の失敗学」もうまくいくはずである。確かに、上述の問題点のうち、人柱が立ちそうなくらい危ないリスクに直面すれば、２番目の議論不足と３番目のリソース不足は相対的に大事でなく、自然に解決できる。実際のビジネスで「ICT活用の失敗学」に成功した企業も多い。傍から筆者が見る限り、社員全員にタブレットをもたせているか、社員がスマホからリスクを書き込めるSNSがあるかで、まずは成功企業を選別できる。

　最も深刻な問題点は、１番目の違和感不足である。いまも未解決であり、解決の特効薬も見つからない。上述したように、東大生でもリスク不感症が３割はいる。「ICT活用の教育」の現場では、「質問があればいつでもチャットしてね」と言っているが、質問してくるのはいつも同じ顔ぶれで、数人の優秀な学生ばかりである（質問数と成績には正の相関がある）。

COLUMN

　違和感不足の３割の学生には、受難の人生が待っている。研究もイマイチで終わるし、もっと困ることに就職活動で内定がとれない。たぶん、就職できても、議論すればいつも負けて、技術課長にもなれない。早いところ、これまでの性格を破壊して、違和感の検出感度を高めないとならない。騙されたと思って、アイデアノート（たとえば４章で紹介するモレスキンノート）を買って持ち歩くことを始めたらどうか。ほとんどの研究室では学生全員に「研究ノート」を持たせて，研究者のひとりごとを書かせている。

　「東大を卒業して大企業に就職する」というバラ色の人生は、昭和時代の神話である。学生定員の数倍の推薦枠を有するわが機械系でも、2009年のリーマンショックからマッチング面談という「予選」が組み込まれた。この予選通過率は平均すると50%くらいであるが、全部受かる人と全部落ちる人の比率が多いことが問題を生む。３か月間の就活の結果、５社程度の予選に全部落ちて、６月内定の一括採用の枠に滑り込めない学生が、毎年、就職希望者の２割の30人ほど生まれる。

　筆者はこの５年間、就職主任として、彼ら30人を個々に売り込むのに多大なエネルギを割いた。典型例として、たとえば、2021年２月16日には、１か月半後の４月に入社できるように面談をセットアップして実際に入社させた。昭和の一括採用全盛期には考えられない話である。企業がこのようなチャンスをくれるだけでも、まだ色褪せぬ「東大」ブランドには感謝しないとならない。しかし、この「東大生でも就職できない」という令和の現実を、高校の先生方は知っているのだろうか。世の中は激変している。

COLUMN

　研究は、仮説生成と仮説立証の二つのプロセスで構成される。上述の違和感不足の3割の学生は、前者の仮説生成が不得手である。日本人は、もともと粘り強く実験することには長け、後者の仮説立証は得意中の得意である。学部生でも一流学術誌に掲載されるような実験結果を出せる。一方で、前者のゼロからイチを生むような仮説生成は、あまりうまくない。研究だけでなく、企業の設計も同じである。他人の作品を模倣しない新規設計を「創造設計」とよぶが、日本人は明治以来、前例踏襲型の改造設計に長けるが、一方の創造設計は欧米に比べれば成果が少なく、当然、画期的な新商品もなかなか生まれなかった。

　20歳になったら、早々に受験勉強の知識詰込み主義から脱皮しないと、「自らの仮説を世界に発信する」という能力が身につかない。筆者はこの能力を高めるために、先輩のアートデザイナの中川聰先生を猿真似して、モレスキンノートに文字や絵を描いて、違和感や好奇心を表している。4章でその文字や絵の例を示そう。

本書で「ICT活用の失敗学」の問題点を解決しよう

　本書では、「ICT活用の失敗学」の上述の三つの問題点、「違和感不足」「議論不足」「リソース不足」の解決策を、しつこく手を変え、品を変えて述べる。上述したように、解決するのが最も難しいのが「違和感不足」である。違和感検出感度が高くなるように、脳の配線を繋ぎ変えないとならない。

　本書では、まず1章から6章で、リスクを違和感として捉える方法を考えてみた。違和感は、好奇心、ヒラメキ、天啓、直観などと同じようなもので、論理性は必要としない。予想しない時と場所（散歩中とか水泳中とか）で閃くのでたちが悪いが、訓練すると、閃く回数を増やすことはできる。

COLUMN

　たとえば、2021年2月9日、近所のちょっと高いレストランに行ったときのことだが、紙製のランチョンマットに季節に合った紅梅白梅が描かれていた。しかし、何か変である。一つの枝に、紅梅と白梅が交互に咲いたように描かれている。新種の梅なのかとGoogleで写真を調べたが見つからない。接ぎ木をすれば、一つの樹木に紅梅と白梅を咲かせることはできる。そうだとすれば、白梅が咲く枝と紅梅が咲く枝を別々に描かないとウソになる…「何だ？コレッ」。これも立派な違和感である。しかし、妻は「これは画家の心に浮かんだ梅なのよ。誰も気付かないわよ。理屈っぽいから理系の人はイヤだわ。せっかくご馳走を食べに来たのに」と筆者を変人扱いした。『相棒』の杉下右京のように、「細かいことが気になってしまうのが僕の悪い癖」である。

　次に、7 章から 10 章で、実際の失敗事例を対象にして、事故時に感じた違和感や好奇心を紹介した。いまは一つの事故が起きても、周辺にはスマホやタブレットをもった人や、ドラレコで録画している自動車や、防犯カメラで監視している商店が必ず存在し、どこかに証拠が残されている。それを見れば、誰かが違和感を持つ。また、専門家ではない素人でも、違和感の検知能力の高い人はいる。学生だって、設計ミスを教授よりも指摘できることが多い。結構、専門家でなくても、リスクは言い当てられるのである。

COLUMN

　2021 年 2 月 10 日頃に、注射器のピストンを押し切ってもシリンダに残るワクチン量が問題になった。その残量が小さい「ローデッド注射器（low dead space syringe）」だと 1 瓶から 6 回分取れるが、残量が大きい普通の注射器だと 5 回分しか取れない。これは子供でも見ればわかることである。残量が少なく、注射時の流体抵抗が大きい場合、$PV = nRT$ の法則から、押し込んだ最後の液量 V が 0 に近づくと圧力 P が異常に高くなる。普通のフリンジはこの異常圧力を嫌ったのであろう。先行する欧米ではすぐに気付いてローデッド注射器を増産していたが、日本の役人はワクチン接種直前まで気付かなかったらしい。それでも厚労省は「ファイザーとの契約はワクチン回数であり、瓶数ではないから問題ない」と開き直っているから面白い。瓶数が足りていたら "とっくのとう" に日本に出荷されており、日本がワクチン接種において欧米に数か月遅れることはなかった。

　最後に、11 章から 13 章で、デジタル化を対象に、この 1 年間に筆者がトラブルと格闘した「失敗体験記」を紹介する。毎日のように違和感を覚えた。たとえば、「今日、このパソコンで仕事ができても、寝ている間に勝手にバージョンアップされて、翌日、裏技が使えなくなる」という悲劇は、それこそ毎日起きた。SNS を調べると、何人かは似たような状況で困惑していることがわかる。しかし、メーカお勧めの対策方法はリセットだけである。腹が立つ。でも、それでパソコンが発火・炎上するわけでもなく、法外な追加料金を請求されるわけでもないから、実損はない。今後も生きていかねばならないので、ここでは笑おう。失敗は私の責任ではない。もちろん、私の能力の問題でもない。

　まあ軽い気持ちで、いまから「データ重視の失敗学」から「ICT 活用の失敗学」に転換してみよう。やってみると、「命令受容型の失敗学」から「自己発信型の失敗学」へと、自分が転換していることに気付くはずである。

第1章

失敗学はもはや「お役御免」なのか？

———————————— これまでは「データ重視の失敗学」で活躍できた

> 「データ重視の失敗学」は、この21年間、成功し続けて信者を増やした

　筆者は2000年に「失敗学」を研究室の看板に掲げ、NPO失敗学会を立ち上げた。そして、社会技術プロジェクトで文科省から年4,000万円と大きめの予算を3年間もらって研究し、年50件と多くの企業の安全講習や各地の市民講座で講演し、東京大学工学部の安全管理室長を13年間も務めて事故を減少させた。つまり、「失敗学の伝道師」になって布教に勤め、信者を増やした。

　もちろん、「全国的に失敗が減ったのは、筆者たちの新興宗教『失敗学』のおかげだ」とはおこがましくて言えない。だが、少なくともこの変化を起こす「きっかけ」「活動の一翼」「はじめの一歩」にはなった。その結果、日本は20世紀までの「失敗を隠す」文化から、21世紀向けの「失敗に学ぶ」文化に変わった。また、筆者の周りは技術屋が多いので、当然のように、再発防止の技術開発にも力を入れた。そのところだけが、高尚な安全文化を唱える文系の先生方と異なっていたので、特異性を強調して21年間ずっと活躍できた。ラッキーだった。

　筆者の勤務する東京大学も、2000年頃はひどかった。実験室を上下に区切って危険な中二階を消防署に無認可で造作し、サンダル履きで重い試料を運び、使った薬品をそっと棚に隠して廃棄もせず、資格もないのに電気配線や劇薬を堂々と扱い、事故が起こっても人事院に報告していなかった。ところが、それらの不良作業が、21年後には一掃されたのである。もちろん、毎年、新しい学生が新しい研究に挑戦し続けるから、思いもかけなかった事故が次々に起

こって、事故件数はゼロにはならない。でも、少なくとも危なそうな行動をするときは、学生も直前に5秒間は立ち止まってリスクを考えるようになった。それでも、実験中に何が起こるか予想できない。もし心配だったら、そばにいる若手教員に相談すればよい。研究ノートを片手に「実験手順を相談して承認サインをもらう」という手続きを踏むだけで、無知や手順の不遵守を原因とする事故は激減する。

　だが、このように手続きのルールを決めても、お金がないと安全装置が買えない。研究室が貧乏だと、一か八かの「エイッ、ヤー」で実験を強行し、事故に至る。安全には、精神論や心理学よりも、安全装置を買う「お金」のほうが効果的である。わが工学系研究科はこの15年間ずっと、年に全予算の1％の2.5億円を、安全衛生管理室（筆者が13年間室長だった）に出費し続けてくれた。でも、お金のことばかり言い続けていたから、筆者の「失敗学」は下品だ、とランク落ちして見られているのも事実である。とくに大学、それも文系の先生はお金の話を嫌うから要注意である。

　筆者は、大企業の安全コンサルティングも副業にしていた。そこでわかったことだが、変わったのは大企業だけではない。安全のために潤沢なお金を回せない中小の協力企業でさえも、失敗に接するたびに「隠さず、奢らず、わが身を正せ」の「失敗学の心得」を強く意識していた。すなわち、この21年間で日本の会社は、自ら定めたルールを遵守し、事故を正直に科学的に分析し、または不祥事を内部告発して、リスク低減に向かって努力するようになった。訓練して防げる失敗は、防いだほうがお得である。訓練費用は、事故の損害よりも常に小さい。とくに、工業・工学の分野ではその傾向が顕著である。たとえば、航空・鉄道事故、労働災害、交通事故、製品リコールなどの原因調査報告書を読めば、気の緩みや傲慢さが原因の失敗は明らかに減少していることがわかる。失敗学が着々と日本人の意識を変えた。

COLUMN

　もちろん、この意識改革が日本のすべての分野で進んだわけでもない。いまでも、筆者が熟読しても意味不明な点が多い書類はある。刑事裁判の判決文や、第三者調査委員会の報告書の類である。経営者、政治家、検事、弁護士、役人などの文筆家は、事実をつまみ食いして、自分たちに都合のよいストーリー（争点）を構築しがちである。100の真実がわかっているときに、90の真実を使って犯人を仕立ててしまうのである。残り10の真実は異常値や残記録としてお蔵入りさせて、世間には公開しない。だから、国民は「必ず裏がある」と疑ってかかる。そして、裏を暴くノンフィクション書籍が売れて、陰謀論

の報道番組の視聴率が上がる。

2019年10月に、『ミスジコチョー～天才・天ノ教授の調査ファイル』というNHKドラマが放映された。わが失敗学会の教祖の畑村洋太郎先生が監修した。実際の事故をヒントに技術的に面白い内容になっていたが、毎週必ず、事故調査委員会の中に経営者の陰謀が仕組まれていた。そこで、視聴者の脳には「やっぱり、事故調査には裏があるよね」という感想だけが刷り込まれた。脚本家の後日談によれば、「技術だけでは娯楽番組が成立しない」そうである。つまり、技術では視聴者の心を震わせられないから、陰謀をトッピングして看板料理にするらしい。9章で述べるが、2020年6月に、筆者もNHKのダークサイドミステリー『タイタニック号の陰謀』という番組に出演して、その陰謀のトッピングに加担している。

筆者は、手前味噌であるが、技術者倫理の講義で「実験中の異常値やノイズを勝手に消すな」「正直こそ根本的な徳目である」「カンニングや剽窃は一発退学」としつこく教育し続けて貢献した。その結果、バカ正直で地道だけど、ギャンブルもせず面白みに欠ける理系の技術屋を大量生産してきた。ネガティブに言えば、筆者は、技術者を集めても娯楽番組が作れない、ということにも貢献した。

ただし、若者たちが頭を使って創造設計する姿は絵になるらしい。2020年に『魔改造の夜』というNHK番組が放送された。筆者の研究室の長藤圭介准教授がコメンテータになって、機械系の学部3年生も出演した。製造業の若手エンジニアや工学部の若者が、玩具を改造して性能を競うが、結構面白い。そう言えば、筆者の機械系の学生たちはNHKの『ロボットコンテスト』の常連だが、ポジティブに言えば、アイデア勝負の創造設計だけは、技術者が演じても娯楽番組になるらしい。

COLUMN

日本では、高校生から文系・理系と学問から職業まで異なる2コースに分けられるが、娯楽番組の作り方も失敗学の対応も、文系のパワーエリートたちの文化は、理系の技術屋たちの文化とちょっと違う。彼らが作る娯楽番組は、無駄な説明を省いて、コンセプトだけを強調し、画像・音楽で印象を深めて、確かに面白い。でも事実の確認は面倒だから、後回しにする。理系の「失敗学」では、文系の彼らが華々しく事後の救済や責任の追及に大活躍することを、指をくわえて見ているだけである。技術屋が地味に、事前の予防や原因の究明に、再現実験をしながら時間をかけるのと大違いである。

もともと筆者は、文系・理系、事務屋・技術屋、文官・技官と分けること自体に反対である。どちらか片方ではなく、バランスよく、両方できないとならない。「理系なので金計算に疎くて、すいません」とか「文系なのでオンラインに入れず、すいません」は言い訳にならない。失敗学は車の両輪のように、理系の科学・技術と、文系の法律・標準・倫理・保険・経済・政策との両方を充実させないとならない（のだが、両輪が同期して回らない）。まあ、それでも前世紀と比べれば、国民が説明責任 (accountability) を重視して曖昧な幕引きを許さなくなっただけ、多くの失敗情報が得られるようになり、ずいぶんとモラルは向上した。いまのところ、それでヨシとするしかない。

　ところが、2020 年になると、「はじめに」で上述したように「もう失敗学の役目は終わった」という雰囲気が漂ってきた。ちょうど『史記』の「飛鳥尽きて良 弓 蔵る、狡兎死して走狗烹らる」という感じである。図 1.1 の上段にこの状況を記す。つまり、畑の周りの兎（失敗）を取りつくしたので、それまで活躍した猟犬（失敗学）は不要になり、煮て食べられるのである。兎は、滑った、転んだ、忘れた、ミスった、の類の"つい、うっかり"の失敗である。この「猟犬の窯茹で」事件は、失敗学の伝道師の終焉を意味する。

　いま、兎を取りつくしたあとに残っている害獣は、滅多に出くわさないが、

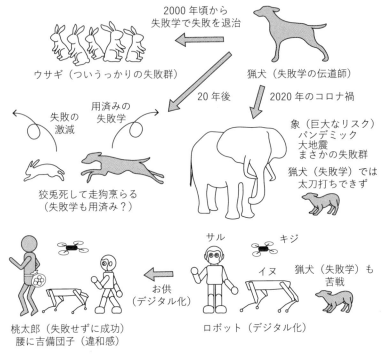

図 1.1　失敗学の敵は巨大リスクとデジタル化である。ただし、デジタル化は
　　　　失敗せずにうまく付き合うことができる

出たら最後、猟犬も殺されるかもしれないという、象や熊、恐竜、ゴジラのような「巨大リスク」だけである。たとえば、東日本大震災やコロナパンデミックのように、人智を超える天災がその大失敗の典型例である。図の中段右に示したように、猟犬（失敗学）では象（巨大リスク）に太刀打ちできない。こうなったら財産は諦めて、命からがら逃げられれば御の字である。

　それと、もう一つの失敗学の衰退原因は「デジタル化」である。まず、最近の 5 年間で、情報技術が急速に発達して、頻発する小失敗を予測するときに、ビッグデータや人工知能を駆使すればよい、という風潮になってきた。つまり、猟場にも、猟犬と兎のほかに、ロボットやドローン、人工知能、機械学習、超小型センサ、パソコン、スマホなどが参入してきた。

　もちろん、本人の努力次第で、デジタル化は敵にも味方にも変身する。つまり会社の中では、本人が"デジタル難民"として烙印を押され降格することも、または"デジタルの魔法使い"として隆盛・出世することも両方起こりうる。しかし、いまのところ、デジタル化によって疲れた人間が続出しているので、デジタル化は失敗学の敵、「害獣」である。図のように、猟犬（失敗学）はロボット（デジタル化）を追っかけ回しているが、今はタジタジである。たとえば、「Fintech（Finance＋technology）や RPA（Robotic Process Automation）の問題点は何ですか」と学生に聞かれても、筆者は経験がないので、書籍や Google 検索のデータ以上のことは何も言えない。もし経験しても、その知見は 3 か月後にバージョンアップされて役に立たなくなる。要するに、事前に過去の失敗から学ぶよりも、とりあえずいまから自分で挑戦して、実時間で失敗を学習したほうが賢くなれる。

　この「巨大リスクの発現」と「デジタル化の驀進（ばくしん）」によって、属人的でアナログ的な「データ重視の失敗学」は急速に人気を失ったのである。

COLUMN
　「はじめに」で、大学でオンライン講義を実施したら、案に相違してうまく知識を伝授できたと述べた。ところが、小中学校ではそうではないらしい。『教師と学校の失敗学』（妹尾昌俊著、PHP 出版、2021）によると、2021 年 4 月の時点でもオンライン講義で ICT（市町村が 100％準備完了）を活用している小中学校は 2 割程度と低い。逆に私立や学習塾が 8 割を超えているので、公立の教師のデジタル能力不足が原因の一つだろう。理系出身の若い教師を入れて、体質改善するしかない。デジタル難民はクビ？

第2章

情報化時代の桃太郎

———————————————— デジタル化は努力次第で敵にも味方にもなる

デジタル化を味方に付けよう

　2020年度夏学期の東大工学部機械工学科の学部3年生向けのオンラインの設計演習では、若手の長藤圭介先生たちが3次元CADを使って、学生たちにスターリングエンジンを設計させた。このとき、Zoom（オンライン会議のアプリ）で学生140名に対して全体説明をして、同時にGoogle Meet（同じく簡易型のコミュニケーションツール）で5名ごとのチーム内で討論させ、Miro（ホワイトボードにポストイットを貼るように討論内容を整理するアプリ）でファシリテーション結果をまとめ、さらに「このCAD操作はどのキーを押すのですか」というような初歩的な情報を、教員を含めたSlackで会話しながら取得させた。このように、リアルタイムで同時進行させると、次に起きるリスクを回避し、着々と課題をこなすというチャンスが容易に得られる。学生は多くのアプリを立ち上げながらも、さらにCADとCAE（動作や応力の解析ソフト）まで1台のパソコンで操作したのだから、10年前には夢のような話である。これは、企業との共同研究費の中から年400万円を融通して、学部3年生全員に最新パソコンとルータを貸与したという影響が大きい。図0.1の第3段階で述べたように、リソース不足を解消するには、まず将来の人柱を担保に入れたお金が必要である。

　この設計演習のように、ICTやIoTの発展によって、いまやリスクやチャンスのネタが、自分の周りから簡単に発掘できるようになった。午前2時の真

夜中に黙って座っているだけでも、SNS のアプリ、すなわち Slack や LINE、Facebook がピンポーンと鳴って、友達から情報が流れ込んでくる。筆者の妻のように "既読スルー" すると怒る人もいるから、セッセと返事を返すうちに自然と情報が脳とスマホの中に溜まっていく。

　筆者もデジタル化の恩恵を受けている。しかし、いまは、情報不足でなく、情報過多で苦しんでいる。とくに、皆が同じような失敗情報をあげてくると、「またかあ」と思って読む気も失せる。たとえば、日本の工場では、目視検査を作業者の感覚ではなく、AI（Artificial Intelligence）で行えないか、という試みが盛んである。しかし、もともと合格率 99％の作業の検査だと、合格品のデータが 1 万件なのに、不合格品が 100 件しかないので、AI が不合格品をうまく学習できない。故意に不合格品を増やすような強化学習という方法もあるが、それでも傷、汚れ、欠け、曇りのように全種類の不合格品の情報を網羅するに至らないことが多い。つまり、情報を活かすならば、似たような情報がやたらに多くても何の役にも立たない。少なくとも、漏れなくダブりなく、または MECE（Mutually Exclusive and Collectively Exhaustive）に、全種類の不合格品の情報が必要最少限に存在しないと学習できない。つまり、情報も多様性がキーになる。

　いまや、つい最近までの全世界の失敗の記録は、デジタルのビッグデータの中に保存されるようになった。自分で Google 検索すれば、有益な事故記録を容易に入手できる。情報量は十分なので、その質（多様性）を考慮すれば、誰でも有効に活用できる。作業の現場でも、タブレットを使えば、仲間が過去に見つけた危険個所の写真や図面を開いて、リスクを "見える化" できる。日本中のどこの市町村でも、洪水のハザードマップや地震時の避難所一覧が作られ、住民はいざというときにスマホで見ながら避難できる。また、日本国中に 500 万台の防犯カメラが設置されているので、事故・事件ではすぐに犯人の足が付く。工場において、人間が無意識に危険箇所に入れば、人感センサが検知して自動的にリスクを警告する。スマホの濃厚接触通知アプリがよい例である。筆者の工学部の部屋にも Bluetooth（近距離通信方法の規格の一つ）のビーコンが取り付けられ、1 分ごとに居場所がスマホに記録され、濃厚接触者の足どりが追える。これらはすべて、デジタル化を味方につけて、失敗をもたらす「害獣」から、失敗を防ぐ「益獣」へと姿を変えさせたという好ましい事例である。

　現代の手強いリスクには「巨大リスク」と「デジタル化」があると 1 章で述

べたが、「巨大リスク」には人間が太刀打ちできない。しかし、「デジタル化」は自分たちがそれを取り込めれば、努力次第で失敗防止・成功誘導に使える。図1.1の最下部に描いたように、ドローンの雉と、4足歩行ロボットの犬と、2足歩行ロボットの猿を従えれば、誰でも「現代の桃太郎」になれる。

人間の脳は、AIと違って違和感や好奇心をキャッチできる

「デジタル化の驀進」という霧が漂ってくると、普通の人はどうやって仕事をすればよいのか、皆目見当がつかなくなる。「はじめに」で述べたように、まずは、最新のパソコンとルータとスマホを買うことである。もったいないからと言って、10年前の旧機種を使い続けると失敗する。筆者のパソコンは、2020年3月に長藤先生と秘書たちがオンライン講義用として買ってくれた最新機器である。デジタル難民にならずにラッキーだった。

次にデジタル化の失敗に対峙するが、昔のように「失敗学のエキスパート」（たとえば安全管理者や技術士）に今後のリスクの相談をしても無駄である。わざわざ予約をとって彼らに相談するよりも、目の前のパソコンで類似の事故事例を世界中のデータの中から探したほうがマシである。同じように、現象が複雑に干渉して工程中のメカニズムが理解できないときは、職人の非言語知識の勘や経験に頼ることよりも、人工知能で特徴量を求めたほうがマシである。

このように、失敗防止には、人間の生脳（なまの脳、筆者の造語）よりもデジタルの電脳のほうが有効である。すでに多くの科学評論家が、人間はもうAIに負けていると言っている。でも本当か？　本当ならば本書は要らない。

筆者の答えは「ほとんどの場合でYESだが、ある瞬間だけNO！」である。確かに生脳は計算や検索の能力で電脳に劣るが、ただ一つ、失敗防止のスタートの時期だけは、生脳が電脳に勝るのである。

たとえば、ある学生が夜型人間になって「寝坊」でしくじりそうなので、事前に自分自身で失敗対策プロジェクトを立ち上げる、と想定しよう。このとき、ヤバイと言って、いきなり目覚まし時計を買いに行く人はいないだろう。モノには順序がある。まず、そのプロジェクトの「開会式」が必要になる。つまり、「寝坊」を「喫緊のリスクとしてとりあげてよいか」という、予備審議・動機・

発議・意志決定の類をひととおり実行し、やると決めたら「試合開始のゴング」を鳴らす。これこそが人間しかできない仕事である。人間が「寝坊」という問題点に思考のピントを当てたときに初めて、脳の中で集中論議が始まる。コンピュータだって賢いから、夜型人間のリスクが想像でき、「寝坊」「遅刻」「昼寝」「寝癖」「口臭」などのリスクは列挙できる。しかし、どれを選ぶかという意志はもたない。だから、コンピュータは試合開始のゴング待ちの状態が延々と続き、「寝坊」の失敗対策プロジェクトはいつまで経っても始まらないのである。

　この人間だけが試合開始のゴングを鳴らせるという状況は、芸術活動でも生じる。絵を描き、詩を書き、曲を作るときに、AI は古今東西のテクニックを組み合わせて、傑作を生みだす能力をもつ。しかし、モチーフ（芸術表現の創作動機となった着想・思想・題材）を決めるのは人間である。芭蕉さんが、池のほうから聞こえてきたポチャーンという音に「はてな？」と感じなければ、『古池や蛙飛び込む水の音』の句はできなかったであろう。図 1.1 の左下に示すように、「桃太郎」がデジタル化の雉・猿・犬をお供にさせた「吉備団子」は、この予備審議・動機・発議・意志決定・モチーフのような最初の思い付きであり、その原動力は違和感や好奇心である。

　さらに、「寝坊」という失敗の定義は人間にしかできない。どの辞書を引いても、「何分以上寝過ごすと寝坊になる」とは書かれていない。人間は自分の意志で定量的に概念を定義できる。次いで、「寝坊」に付随する条件を人間が定義する。つまり、起床時間、覚醒度、目覚まし時計の音量、布団内の温度、布団外の気温、などの付帯条件を適当に決める。将来は人工知能を駆使すれば、付帯条件もすべて列記できるようになろうが、候補があまりに多すぎて計算が発散するのは目に見えている。人間ならば、たとえば、「この辺で候補を出すのはひとまずやめにして、あとは "出たとこ勝負" で頑張ろう」と踏み切りがつく。このように、予備審議でプロジェクトのストーリーが大まかに決まれば、仕事の創造的な部分はほとんど完了である。残りの仕事は体力勝負の具体化・実体化・実装化であり、これはコンピュータやロボットの得意技でもある。

　ストーリーを決めるときは、全部が理路整然としている必要もない。そのストーリーの顧客価値 (value) は、主観的・属人的・抽象的・定性的である。日常茶飯事の「寝坊」も、一生一回のイベントに遅れると大失敗になる。たとえば、筆者はその昔、結納で妻の実家に行くときに寝坊して、いまだに夫婦喧嘩になると非難される。また、この顧客価値は、設計のときにも問題になる。た

とえば、「テスラ モデル 3 に乗りたい」「iPhone がほしい」という顧客の気持ちは、理屈では説明できない。ほしいからほしいのである。

COLUMN

　このような予備審査において、人間は、脳の奥でピピッと鳴るような違和感や好奇心を有効活用する。それは直観的・感情的・非論理的・第六感的な微弱信号であり、リスク回避やチャンス増進の一連の行動の開始信号になる。これも顧客価値と同じように、理屈は要らない。

　先日、共同研究で「何でここに歪みゲージ（物質の歪みを電気抵抗で測定するセンサ）を貼るの？」と聞いたら「直観！」と答えたエンジニアがいた。大学ならば「その説明は論理的ではない」と教授に怒られる。でも、実験してみると、確かにそこの歪みゲージの信号には、0.1 Hz の低周波数の変位情報や、1 日周期の熱膨張を示す温度情報が含まれていた。いま、IoT の教科書を読めば、「変形や運動を知りたいときは、（直交 3 軸）×（加速度・ジャイロ・磁場の 3 情報）＝（9 軸）の MEMS（半導体プロセスを使った小型素子）センサを貼れ」と書いてある。いま流行りだし、1 個 2 千円と安いし、スマホにも入っている。しかし、100 年前から使われている歪みゲージのほうが低周波信号の検知で勝れ、確かに直観のほうが教科書よりも賢かった。バカにはできない。

　違和感や好奇心は、芸術家や発明家が想起するヒラメキや天啓に近い。同様に、仮説を論理的に導き出す演繹や帰納ではなく、いきなり仮説を生成するアブダクションに近い。岡本太郎氏が叫んだ「芸術は爆発だ！」のような感じで、ほとんど勢いで決まる。

　大学の理系の教授の多くは、芸術家と同じように、このアブダクションのエキスパートでもある。「論理的に独創的な仮説を発見した」というよりも、「運や勢いで突然に思い付いた」と、最終講義で真実を教えてくれる先生が多い。9 章で、河岡義裕教授のリバースジェネティクスの発明を紹介する。彼は「研究は運が 8 割」と言っている。失敗学のリスク低減活動も同じである。感情的な違和感や好奇心を覚えないとその活動自体が始まらない。それらに不感症だと、せっかく神様が手助けしてくれたのに、むざむざと活動開始の天啓を逃してしまうことになる。ヒラメキは変人の活動のように感じる人もいるが、恥ずかしがることではない。そのヒラメキは自分の脳の奥にしまっておいた深層記憶であり、ゼロや真空から生まれたものではない。脳が無意識だがタイムリーに動いて、深層記憶を表に引き出してくれたのである。

第3章

「持論工場」のススメ
———————————— 仲間と議論して持論を形成しよう

持論を作って仲間と議論しよう

「はじめに」の図0.1で第1段階として示したように、「ICT活用の失敗学」では、まず違和感・好奇心・ヒラメキ・天啓などのきっかけが必要になる。これは図1.1で示した「吉備団子」であり、人間の桃太郎がデジタル化を味方の家来にするために、必要不可欠な能力である。きっかけがないと、デジタル化は新しい働き場所を得ることができない。

3章ではきっかけはつかめたとして、次に図0.1の第2段階である、持論形成を考えてみよう。これは、第1段階のように、リスクやチャンスを感覚的に集めるのとちょっと異なり、脳の別の部位のはたらきが必要になる。脳波を計測しても、第1段階では脳の記憶を司る右の後ろの部位が活動するが、第2段階では脳の論理を司る左の前の部位が活動する。つまり、違和感を起点に「持論」を展開するときは、熱情 (passion) は許されるが、身勝手でハチャメチャなシナリオを熱弁するだけでは困る。持論は、実証されていない仮説でかまわないのだが、論旨が明らかに飛んでいたら信用されなくなる。

このとき、「ここまでならば論旨が多少飛んでも信用してくれる」と線引きできないところが難しい。しかし線引きできなくても、違和感を覚えたあとで感じた夢やホラを論理的にもっともらしく武装しないと、周りの人、とくにお金を支援してくれる投資者を納得させることができない。たとえば、ドラえもんの「翻訳コンニャク」からヒラメキが生まれたとしよう。犬や猫の言葉はと

もかく、いまは世界中の主要言語の同時翻訳アプリが製品化されてきたので、それを国際教育に使う、という提案だったら投資者は納得できよう。しかし、同じドラえもんでも「どこでもドア」は、空間ワープやタイムトラベルの類のSFの道具だから、それを使って旅行会社を立ち上げる、と提案されても、信じて出資する人はいないだろう。

でも、このシナリオを論理的に構築する能力は、日本人は小学生以来の教育で培われており、まずは問題ない。とりあえず持論を作ってみよう。間違っていても、あとからいくらでも修正できる。

たとえば、異常に赤い夕焼けを見てヒラメキを感じたとしよう。そこで「明日、大地震が起こる」と道端で大衆に警告しても、「異常者！」と石を投げられるのが関の山である。しかしそのあとに、「地殻内のマグマが、明日、大地震が起きるくらいに大規模に動いたから、地磁気が強くなり、大気の電離圏のプラズマが動いた結果、夕方の青い光が屈折して赤い夕焼けが見えた」という“風吹けば桶屋が儲かる”式のもっともらしい仮説を持ち出せばよい。それを皆と討論し、皆を納得させることができれば、有効なリスク低減策が事前に実行できる。たとえば、大地震に備えて、政府の非常事態宣言、自衛隊の緊急出動、住民の大規模避難、病院のトリアージ、などの事前訓練は実行でき、本番で必ず役に立つ。この「皆と討論して皆を納得させる」プロセスが、いわゆる議論 (argument) である。喧々諤々で議場が混乱するから、日本ではこれを嫌う人が多いが、議論は喧嘩ではない。

福島第一原発事故でもわかるように、巨大リスクでは、事故防止の実行コストは相対的に安価であり（堤防ならば 1,000 億円、水密扉ならば 10 億円）、準備せずに被ったときの損失（廃炉までに計画では 20 兆円）のほうがはるかに大きい。定量的に議論すべきである。正確に比較するには、損失に発生確率を乗じたリスクの量で比較すべきだろうが、起こったら死ぬ、起こったら倒産、というような巨大リスクでは、躊躇せずに事故防止を議論し始めたほうがよい。

議論がうまくまとまれば、図 0.1 の第 3 段階の事故防止策の実行では、お金が多少不足する場合でも、少なくとも事前の訓練くらいは実行できる。イメージトレーニングや避難訓練が、本番の自分の生死に影響するはずである。2020 年現在はコロナ禍に対する緊急事態宣言下だから、自分の職場でコロナのクラスタが生じたときを想像し、対策を練るのもよい。たとえば、「残った現員の中で誰が上位になって命令を下すべきか」の判断が、パニック中でも自

動的に決められるように、人事課では社員全員の順位付けをあらかじめこっそりとやっておくべきである。

　前述したように、巨大リスクには太刀打ちできないが、致命的な損失を回避する手立てくらいは議論すべきである。筆者は、前著の『失敗百選』シリーズ（森北出版、3冊あって2006年、2010年、2015年発行）で、地震・津波・火山噴火・山崩れ・洪水・パンデミックなどの、巨大リスクとその対応策をすでにとりあげて分析した。そこで、本書では、巨大リスクを個人の努力では防げないリスクと定義して、前3冊ではとりあげなかった事件、たとえば異常者による殺人事件や、健全な会社が一気に傾く経済事件を10章で後述する。

議論のネタとして、デジタル化をとりあげてみよう

　いくら仲間と議論しようと鼓舞しても、ネタがないと話は進まない。本書ではデジタル化の話が随所に出てくるが、いまのコロナ禍の状況では、それが最もホットなネタだったからである。デジタルの失敗やリスクならば枚挙にいとまがない。でもそれらは新規発生の失敗ばかりで、いつ起こるか、どのように直すか、という観点では共通概念がない。

　本書では、オンライン勤務のリスクをとりあげて12章で後述する。もうオンライン勤務を始めて1年以上が経過するが、さらにこれを続けるとしたら、どのように自分の身体が蝕まれるであろうか。国を挙げてのオンライン勤務なんて有史以来初めてなのだから、優秀な医者たちも病気の特効薬をもっていない。自分で不調を感じて自分で対策を講じるしかない。

　このとき、失敗学では安全文化の精神論についての論議も大切であるが、残念なことにこれは再発防止の有効策にはならない。たとえば、「ミスを憎んで人を憎むな（性善説を信じてマニュアルを直せ）」というような心理学的考察から教訓を導出しても、面白がって故意にミスを犯すような、想定外の悪人が続出すると、再発は防げない。それよりは、唯物的・科学的な思考で共通した教訓を導き、本質的に再発防止できる安全設計を目指したほうがよい。たとえば、裏表逆にセットするというミスを防ぐために、新たに表だけに特徴面を付与し、表にしないと組み立てられないような「ポカヨケ設計」を実行する。わ

が家の灯油ファンヒータの燃料タンクは、左右と上下に特徴面をもち、ある一つの姿勢でないとスロットに差し込めないように設計されている。

オンライン勤務の疲労軽減策ならば、まずは安価で固いイスを捨てて、新たにヘッドレスト付きのゲーミングチェア（ピンからキリまであるが、キリでも3万円程度）を買うべきである。腰痛や頭痛を防ぎ、疲労を減じて深い睡眠がとれる。勤め人のほぼ全員が8時間もパソコンとニラメッコするなんて、人類史上最初の"疲労試験"である。もし仮に、オンラインで猛烈に働いた、現在30歳前後の世代の多くが成人病で死亡し、日本の生産効率が激減して経済損失が100兆円を超える、ということが予想できたら、若者向けのイスの購入補助金なんて安いものである。

オンライン勤務のもっとも恐れるべき災厄は、深く考えなくなることである。自室に籠っていると刺激がなくなって脳が受動的になる。ルーティンワークは慣れているので勝手に手足が動いてくれるが、それを続けると創造的な熟考は衰える。たとえば「今日の夕食は何にしようか」と考える意欲さえ失せてしまう。何を聞いても「別にィ」（自分に特別な嗜好はナーイ）しか答えが返ってこなくなる。筆者が指導する東大生も、オンライン講義で「君はどう思う？」と質問すると、5秒間だけ沈思した画像が送られてくるが、突然、Zoomから退出してしまう。要するに、熟考を要する難問は避けて通ることを人生訓とし、ルーティンワークをミスなく素早く実行することだけに専念している。

でも、日本中、大過なくルーティンワークを完遂できる人間ばかりになったら、誰が、時々刻々変化する世の中に追従して新戦略を立案し、組織を引っ張ってくれるのであろうか。つまり、仮説生成担当のクリエータが絶滅したら、仮説実証担当のプロデューサが大勢存在しても、モノづくりはできなくなる。

このように、デジタル化をネタにして議論してみたらどうだろうか。デジタル化自体が新出の技術なので、「これを使うと将来どうなるの？」という質問の答えは誰も知らない。議論してお互いの脳が活性化することに意味がある。

「持論工場」を作ってみよう

2020年7月に、橋下徹氏の『異端のすすめ』（SB新書、2020）を読んだ。

彼は、元気で雄弁な元大阪府知事の弁護士先生であり、朝夕テレビに出演している。流暢で力強い陳述に感心するが、彼の本も面白い。彼は2020年6月頃から「コロナ対策は知事に任せろ。予算も地方に寄こせ。国はそのための法律を作れ」と毎回、同じことを繰り返している。筆者も賛成。非常事態時の法律が弱いからすべてが"お願いベース"になる。そもそも、政府がstate of emergencyを「非常事態」でなく、「緊急事態」と訳すことからして何かおかしい。非常事態では戦前の治安維持法や中国の国家安全法を思い出すからいけないのか。上から目線で無辜の民に「騒ぐなよ」と諭しているみたいである。余計なお世話である。

　筆者がその本でナルホドと感心したのは、橋下氏は自分の中に「持論工場」をもっている、というくだりである。その工場では、まず知識や情報をインプットして、次に自分の頭で考えて加工し、持論をアウトプットできる。彼こそクリエータである。

　彼曰く、新聞やネットで知識・情報をインプットしながら、必ず自分の意見を脳内で添える、という習慣を、もう20年間以上毎日続けているそうだ。その訓練の結果、原材料を放り込むだけで、付加価値を有する先端製品を、たぶん無意識のうちに自動的に作れるようになった。20世紀の新聞記者や評論家は、政治家や役人の秘密話や噂話をそのまま伝えるだけでも稼げたが、21世紀になると、その手の話はネットを通じて誰でも入手できるから商売にならない。思索の目的は、付加価値を加えた持論の構築である。脳の活動は、決して単なる素材、つまり情報や知識の入力で終わっていない。

　彼の脳の中の「持論工場」を、図3.1で示す。入力が情報や知識であり、出力が持論である。このようなアルゴリズムが脳の中に形成されていたら、毎日が楽しくなるだろう。皆の聞きたくなるような持論が、ニワトリが卵を産むように、毎朝生産されるのだから。

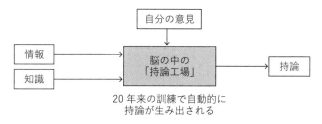

図3.1　脳活動の目的は持論のアウトプット ─ 橋下徹さんの「持論工場」

　そういえば、筆者も研究室の学生には「自論をもて」といつも言っている。細かい話だが、辞書によると「持論」は常に主張している自分の意見で、「自論」は単に自分の意見とある。別の辞書によると、自論は持論の誤記とあるくらいで、結局は同じ意味になるらしい。本書では、筆者が「間違ってもいいから、他人のパクリでなく、自分の意見をもて」と強調したいときは、あえて「自論」と書いた。

　話は戻るが、筆者は常々、学生に「その自論を僕にぶつけて、議論を吹っ掛け、僕を納得させろ。昔の先生みたいに 100 年早いとか言って、絶対に怒らないから」と一応は宣言する。話し合いは、討論 (discussion) というより、もっと激しい議論 (argument) である。声は大きくなり、お互いに頭にくる。しかし議論では、相手の人格を傷付けずに、合理的・論理的・紳士的に話し合うべきである（筆者はできないことが多く、昔はチョークやノートを学生に投げていた）。このような訓練の結果、半数近くの若者は、2 年間も筆者の研究室にいると、教員より議論が強くなる。教員が研究の途中経過の説明でやり込めると、学生はよほど悔しいのか、次週には教授のありがたい指導を面従腹背して自分のアイデアを提案し、2 週間後には実験結果とともに発表してくれる。それは筆者の期待以上の成果を伴っていることが多い。

持論をあえて述べない学生も、訓練すると述べられるようになる

　しかし、筆者がここまで言っても、自論を発表せずに黙っている学生が 3 割程度いるから不思議である。この傾向は、学歴に関係ない。企業の講習会でも 3 割程度の人が自論を述べない。自論を述べずに、目を合わせずに、ダンマリを決め込んでいる。Zoom ではミュート（消音）オン・ビデオオフで、画面には名前しか出て来ない。画面の裏側では、一生懸命にスマホを叩いて答えを探しているのだろう。しかし、インターネットに書いてあることは、せっかく探し当てたところで、すでに公知だから新規性が低く、自論にはならない。どうして、彼らは自論が述べられないのだろうか？

　原因の一つは、「出る杭は打たれる」という教育にある。具体的には、小学校から高校までの教師から「生意気なことを言うな！　100 年早い！」と怒ら

れたので、「余計な係争の回避」を人生訓にしているからである。さらに、予備校の教師から「簡単な問題から手を付けろ、難しい問題にてこずっていたら試験時間が終わってしまう」という「低コスパ（解答時間がかかるが配点が大きいわけではない）の難問を回避する」という必勝テクニックを伝授されたからである。自論形成のような難問に果敢に挑戦したときに、逆に「生意気なことを言うな」「点の取れる問題から手を付けろ」と怒られて、評価も 0 点だったら割に合わない。自論を述べないのは当然である。

いまの大学では、1 ＋ 1 ＝ 1 になるような若手人材を選ばない。若者が教授と共著の論文しか書いていなかったら、その若者を雇っても研究室の論文数は増えないからである。しかし、生意気な答えを基に、自分の領域を切り拓いていけるようなアグレッシブな（攻撃的な）若者を雇えば、教授とは共通点がないので、1 ＋ 1 ＝ 2 になる。さらに、互いに刺激し合って、新しい融合分野が生まれれば、1 ＋ 1 ＝ 3 になる。つまり、最短 27 歳で博士号をとるまでは、教授の「型」や「定跡」を学べばよいが、それ以降は教授を越えて「型破り」や「定跡越え」にトライしないと、その先の出世はない。企業も同じだろう。

COLUMN

対面の講義では、眠っている学生を起こすために、筆者は通路に入って学生を指名して答えさせている。たとえば、学部 2 年生向けの「生産の技術」の講義では、「鉄 (iron) と鋼 (steel) の違いは何だろうか？」と毎年質問する。鋼は鉄よりも硬そうである。しかし、20 歳になるまで、たぶん、誰からも鉄と鋼の違いを教えてもらっていない。学生は適当に自説で答えるしかない。実は、人類がいま「鉄」とよんでいるものは、「純鉄」ではなく、鉄と炭素の合金の「鋳鉄」である。これは炭素の割合が重量比で約 4 ％と高い合金であり、引っ張ったり曲げたりすると、ガラスやコンクリート、石材のように砕けて破壊する。一方で、鋼は炭素が 0.8 ％以下の合金であり、ゴムや木のように伸びて破壊する。

人類は 19 世紀後半になって初めて、この鋼を大量生産できるようになった。その結果、地震時に大きな引張応力がはたらいても、砕けずに塑性変形しながら伸び続け、しばらく経ってから壊れる構造が実現した。これだと壊れる直前に逃げられる。たとえば、橋梁や建物を作るとき、水平に渡す梁に鋼を使えば、100 m と長いスパンのものを設計できた。それまでは、梁を木材（引張応力がはたらいても石材のように破断しない）にするか、または、梁ではなく石橋のようなアーチ構造（部材には圧縮応力がはたらく）にして石やレンガを使うしかなかった。イスタンブールは石造アーチ屋根のモスクで有名だが、537 年竣工のアヤソフィアは直径 33 m、1616 年竣工のブルーモスクでも直径 27.5 m である。それ以上に大きくすると崩壊した。

鉄と鋼のような問題は、スマホで検索しても容易に答えられない難問である。しかし、教員がヒントを出しながら学生に 1 人ずつ順に、計 10 人に答えてもらうと、教室内の全員が、炭素との合金、脆性と延性、引張応力と圧縮応力、などの基本概念を理解してくれ

る。

　でも、通路に入って目の前で当てていくと、上述したように、「とりあえず、パス」「もう、思いつかない」「……（睨んでダンマリ）」でかわされる。筆者はどんな答えでも、「それも一理あるね」「間違った選択肢を消去できたので good！」と一応は褒める。この強制的な自論発表を毎週やっていれば、そのうちに羞恥心がなくなって、7割くらいの人はスマホを使わなくても勇気を出して自論が述べられるようになる。

　自論が述べられない原因のもう一つは、「脳活動開始のきっかけ」が掴めないからである。2章で述べたように、そのきっかけを一言で言えば、違和感や好奇心である。あるいは、直観、啓示、気付き、第六感、感心、悪感、の類である。論理的・合理的でなくてもよく、情緒的・衝動的で一向にかまわない。テレビの討論番組でも、他人の論述を聞いていれば「アレッ、変なこと言っているナァ」と感じるときがあるだろう。なぜ変なのかはわからないが、その変な感じこそが違和感である。他人の話を聞きながら、「この言葉はどこか変！(something strange)」と思ったら、その言葉をノートに書いて○で囲んでおく。そのあとで、なぜなのかを分析すればよい。

COLUMN

　たとえば、「この冷し中華は旨い」と、まず舌の味覚から違和感を捉えたとしよう。次に「なぜか」と分析を始める。ゴマ味ではそう思わなかった。そうすると黒酢味だからではないか。体が酢を欲しているのならば、八朔入りの酢ドリンクも旨いはずだ。飲んでみると確かに旨い。よし、それでは「酢は体によい」というデータを集めて、自論を展開しよう…というような感じになる。

　将棋の藤井聡太三冠がなぜ強いか、というテレビ番組があった。そこで、誰かが「『それは正解ではない』とプロならば0.5秒で捨ててしまうような手に、興味をもって筋を読んでみるから、彼は強い」と解説していた。このとき、筆者はアイデアノートにメモを書き、「興味」という言葉に○をした。興味も、違和感や好奇心の一種である。好きになるのに合理的な理由はない。藤井三冠は、興味をきっかけにして妙手を作る。この興味こそ、AIがもちえない、人間だけの有力手段である。

　この違和感や好奇心、興味は微弱な信号であり、無意識のうちにボワンと気体のように、またはピピッと電気のように心の中に生まれる。脳にアンテナを張って、この微弱信号を受信すればよい。前述したように、筆者の脳のワーキングメモリは小容量なので、橋下氏のように大きな「持論工場」をもてない。その結果、思考中に素材の知識が脳の中からこぼれ落ちて、次々に忘却の彼方に去ってしまう。そこで、アイデアノートの出番になる。

　図3.2に、筆者の頭の使い方を示す。よく見れば違和感と好奇心のトリガーが異なるだけで、図3.1の橋下氏の持論工場と似ている。彼は20年間も修行したので、トリガーなしでも無意識のうちに工場は稼働するのであろう。しか

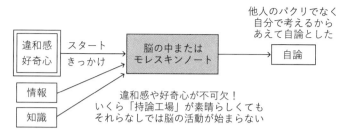

図 3.2　脳活動の目的は自論のアウトプット ― 筆者の創造的な頭の使い方

し、普通の人はそうはいかない。ルーティンワークの忙しさに流されて、なかなか考える時間がとれない。筆者だって効果的なのは、散歩中、水泳中、沐浴中、新幹線の中、飛行機の中、クラシック音楽鑑賞中などの「マインドワンダリング」時だけである。決して机の前で「サァー、頑張るぞ」と気合を入れている集中時ではない。マインドワンダリング時は、やっと集中時から解放されて、それまで使っていない部分が活動し始める、というようなリラックス時でもある。前述したように、脳波を測ると、集中時の左脳の前部から、マインドワンダリング時の右脳の後部へと、活動の高い部署が移る。

　筆者は 1 週間に 1 回は大学の学生部屋に闖入して、そこらにいる学生に「何か面白い話を三つしてくれ」と頼む。この方法は 2016 年 5 月、上田完次名誉教授を偲ぶ会のあとから始めた。偲ぶ会で「上田先生はいつも面白い話を栄養ドリンクのように要求していた」と、彼の秘書さんがこの方法を伝授してくれた。ナルホド。さっそく筆者も真似してみた。でも最初は、学生の誰も率先して話してくれない。なぜならば、「それでは」と学生に話を始めさせておいて、イマイチだと「つまらん、次」と却下して筆者が嫌われたからである。いまは学生たちが進歩し、僕の健康のために面白い話をあらかじめ用意してくれているので、ほとんどの話で楽しめる。たとえば 2020 年 4 月のある週では、自動車がエンストした、彼女と別れた、ファミチキが旨い、ロボットを買った、睡眠中の脳波を測った、遊泳中の心拍数を測った、とかを聞いた。何でもよい。生きていれば何かある。そしてこのような訓練を続ければ、羞恥心の代わりに勇気が出てくるから、誰でも自然と自論が述べられるようになる。

COLUMN
　このような教育で本当に違和感を掴むことができるようになるのか。筆者の経験では、学生の 1 割が自燃性、6 割が可燃性、3 割が難燃性である。自燃性の学生は、暴走しない

ように監視するだけで教師は楽である。実際に会社に入ったら、成果をあげて、起業する人も多い。しかし、難燃性の学生は実際のところ不燃性であり、いろいろと鼓舞してもなかなか変われない。教育効果が如実に現れるのは可燃性の学生であり、恥ずかしいという心理的障壁さえ取り除いてやれば、クリエータになれる。昭和の時代は、難燃性の学生でも、地頭がよければルーティンワークを確実にこなして出世する可能性も高かった。しかし、平成と令和はどうも受難の時代である。まず、SPI（Synthetic Personality Inventory、リクルート社の仕事の適合検査）で低いストレス耐性が発覚して、採用試験で不合格になる。さらに入社できても、社内教育とよぶ選別作業によって、リーダへの道から外れることが多い。恐ろしい時代になってきた。

アイデアノートの中で、持論を1人で議論してみよう

デジタル化に対抗するには、上述したように、コンピュータはできないが、人間の脳ならばできること、つまり、予備審議・動機・発議を自分自身でやらねばならない。筆者は、脳を活性化する方策をいろいろと試したが、アイデアノートを作ることが最も有効であった。7年間、自分に課した実験の結果である。アイデアノートは持論形成するときの会議場の役目をする。自分の脳のあちこちを発火させるような気持ちで、多角的に自分が自分の持論を攻撃するのである。連想ゲームのように、次々と古い記憶が掘り起こされて、一人芝居の議論だけでも強い持論が形成されていく。

次の4章で、筆者のアイデアノートのページを紹介しよう。もちろんスマホやタブレットで写真を撮ってもいいし、メモ代わりに発声を録音してもかまわない。とにかく、違和感や好奇心を記録するものがあればよい。ビジネスパーソンならば誰でもスケジュール手帳をもっているが、もう1冊、何か別のアイデアノートを作って、いつも持ち歩くとよい。筆者にとって、モレスキンノート（商品名）の1ページの13 cm×20 cmが、一つの違和感を持論としてまとめるのにちょうどよい広さであった。前述したように、アーティストが「違和感（モチーフ）が命」と言ってモレスキンノートを携帯しているのを真似て、筆者はこの習慣を始めた。

一方でスケジュール手帳は、面会の約束を守ったり、期日までに仕事を終えたり、上司の命令を記録するのには有効である。毎日、漏れなくメモしていれば、ルーティンワークの大体のミスは防げる。しかし一方で、「来年の新商品

を設計する」「組織活性化の新プロジェクトを計画する」「10年後の世の中を
予測する」のような創造的思考を展開するのには、小さな手帳は向かない。創
造的思考は日々のスケジュール管理とは概念が違いすぎる。たった1行で答え
を表すことはできない。具体的には、スケジュール手帳に書かれた上司からの
1行の命令、たとえば「A社に見積書を提出する」を完了すれば、その行の前
にレ点を付ければよい。ヤッターという満足感が生まれる。しかし、「自分が
いま、何をやれば会社に貢献できるか」という曖昧な課題では、答えを出すの
には時間がかかって、やった割にはモヤモヤ感しか残らない。考え始めたら、
答えの候補は数ページに渡り、小さな手帳では書き切れない。このときにアイ
デアノートが役に立つのである。

　創造的思考では、正解がただ一つとは限らないし、もしかしたら一つも存在
しないかもしれない。また、制約条件が時々刻々変化するので、正解も変化し、
たとえば、1か月から1年もの間モヤモヤ感が続く。さらに、パソコンの前で
は答えが出なかったのに、散歩の途中の公園のベンチで突然、思いつくからイ
ヤになる。モヤモヤ感がやっと晴れたのに、そのときに正解を記録する道具が
ない。パソコンは散歩で持ち歩くのには大きすぎ、バッテリが重すぎる。そこ
でアイデアノートの登場になる。

　アイデアノートは、理系学生の「研究ノート」と同じである。仮説を立証実
験の前に明記し、実験の後に仮説と結果とを比較する。違いを見つけて大発見
に至るかもしれない。大発見は「変だな」「おかしい」「不思議だ」「はてな」
と感じることから始まる。このように、アイデアノートは、リスクの予見だけ
でなく、チャンスの発掘にも有効である。

　学部3年生向けの産業総論という講義で招聘しているのであるが、赤羽雄二
氏（研究室の先輩。マッキンゼーに長年勤めたコンサルタント）の「ゼロ秒思
考」という方法も有効である。毎年、受講者150人中、10人くらいの学生が
毎日実行している。A4の紙に脳に浮かんだ思いをゼロ秒で写し取るのであ
る。これをA4の紙が山に積めるほど繰り返すと、図3.1の持論工場と同じよ
うに、アラマ不思議でどんな課題でも持論が出せるようになる。脳は偉大であ
る。絞っても、絞ってもアイデアは尽きずに出てくる。それくらい脳の底にア
イデアはたまっている。

　失敗学だけでなく、多くの職種で、人間は将来人工知能に仕事を奪われると
予想されている。それでもどっこい、生き延びるためには、人間しかできない

創造的思考用の脳活動が不可欠になる。アイデアとは、これまでの人生のどこかで無意識に見聞きし、脳の底に保管していた記憶が、何かの折にポワンと意識下に浮かび上がるような感じである。もちろん、元々の記憶がなければ何も生まれない。でも、人間は生きていさえすれば、自然と記憶が溜まるものである。

　創造的思考の有名な話として、カッターのOLFAがあげられる。刃が丸くなったら、パチンと刃を折って新しい刃を出す。これは、1956年に大阪の岡田良男氏が発明したものである。仕事場の印刷工場では、紙を切る刃として職人は、カミソリ刃の両端や、割ったガラス破片の先を使っていたが、とにかく"替え刃"作業は面倒であった。そこで、彼は進駐軍からもらった板チョコを思い出し、あらかじめ付けておいた溝で割って新しい刃を出す、という"替え刃"作業を発明したそうである。創造的思考と言っても、板チョコの記憶がなければ生まれなかった。ゼロからイチを生むのが創造と言っても、完全なゼロではなく、0.01くらいの深層記憶が必要である。

　このように、有効な記憶を深層から浮上させるように念力を鍛えておくと、無意識にもう1人の自分（神様かもしれない）が記憶を浮上させ、違和感や好奇心を自動的に作ってくれる。いま、この念力を鍛えておけば、それは一生ものとして有効にはたらく。

COLUMN

　企業へ講演会に行くたびに、アイデアノートをもっているかを聞いている。どこの会社も研究部門と企画部門では、80％くらいの人がもっている。おもちゃのバンダイの企画部門では、部員には食事の回数と同じくらい多数の新商品のアイデアを課しており、部員は自分のノートに書きまくっていた。年に1,000件である。こうなると、毎朝会社に通うよりも、公園や幼稚園、動物園、遊園地に通ったほうが、アイデアが浮かぶらしい。

　一方で管理部門や現業部門では、10％くらいの人しかもっていない。テレビ朝日に行ったときは、毎日異なる番組を作るので、当然、局員はもっていると思ったが、実際は驚くほど少なかった。役員から「クリエータは買えばよい」と言われて納得した。テレビ会社は電波管理会社なのである。また、DeNAに行ったときは、モバゲーを作るクリエータが闊歩していると思ったら、東大法学部卒の若手が非常に多くてびっくりした。彼らがクリエータの持ち込んだアイデアを査定するのである。受験勉強に明け暮れた人が、ゲームの顧客価値を共感できるのであろうか。会社はコロナ禍の直前で赤字になったが、1年後はまた絶好調である（ソフトバンクと同じ）。

　一般的に日本の会社は、正社員のプロデューサ（目利き）が力をもっており、クリエータは自前でなく、使い捨ての契約社員であることが多い。芸能界やプロスポーツでは、俳優の人気やプレイヤの能力の賞味期限が限られているので、会社にはプロデューサしかい

ない。落ち目のクリエータは切ればよい。

　逆に、アップルやサムソンは、本社の社長の脇にはクリエータしか置かず、管理と現業部門は別の場所に離されている。今後の企業経営として、クリエータ重視も一つの方法であろう。クリエータは、雑草のように、水や肥料を与えずとも生えてくるものではない。研究者も同じである。咲いている花を鉢植えするだけでは、そのうち花壇も枯れる。種から育てていくことも考えないとならない。米国のように、世界中からアメリカンドリームを心に秘めて天才研究者が集まる国は幸いである。日本は閉鎖社会であり、移民は期待できないので、自前で天才研究者を育てないとならない。

COLUMN

　次章から「社会連携講座」という言葉が出てくる。これはある特定の企業からお金をもらって共同研究するために、時限的に設置された教育用の講座である。筆者は 2004 年の国立大学法人化後に、社会連携講座なるものを提案して、2007 年から 13 講座を立ち上げた（東大全体では現在 82 講座が進行中）。これは、企業が中央研究所を縮小して、オープンイノベーションを始めたことと連動している。つまり、企業は自前の保守的なクリエータに見切りをつけて、大学という競争的なクリエータ集団を時限的に買い始めたのである。もちろん、契約はしっかりと結び、守秘、知的所有権、論文発表方法などはガチガチに決められている。

　そもそも大学と企業は文化が違う。企業は当初その違いに戸惑ったが、この頃は、発明・発見から原理確認までの大学の能力を高く評価している。大学人の長所は、違和感や好奇心の強さであり、創造設計を実現する粘りである。教授はクリエータそのもので、考えることが楽しい人種である。

　筆者は安全管理室長のとき、大学人は安全に無頓着なのに、なぜ大事故が起きないのだろうと考えた。答えは学生たちの実験ノートにあった。結構、色が黒いとか臭いがきついとか違和感が書いてあったのである。要するに、クリエータはチャンスだけでなく、リスクの違和感もとらえることができる。

第4章

創造的作業の実践術
———————————— アイデアノートに違和感や持論を書いてみよう

アイデアノートをつけよう

　2020年12月31日の年の暮。ひたすらに「コロナ感染を防ぐために自粛せよ」という政治家の教えを守って、テレワークを続けている。4月からのスケジュール手帳を読み直すと、大学に33日、都内やその遠方に14日、合わせてたった47日（275日の17%、6日に1日の割合）しか、自宅の千葉県から東京都へと越境しなかった。この間、自宅で何をやっていたんだろう。毎日、書斎に籠って忙しかったが、「考えた成果を見せろ」と言われると答えに窮する。読者のほとんどが、いや世界中のほとんどの人が、そのように成果をモノとして示せないと思う。

　筆者がいつも持ち歩く手帳は2冊ある。スケジュール手帳とアイデアノートである。前者はこの30年来、東大生協の4月始まりの1年ごとの手帳（88 mm×133 mm、左のページに1週間のスケジュール、右のページに方眼）を使っている。また、後者はモレスキンノート（モレスキンは商品名、スクエアード（方眼）、130 mm×200 mm、240ページ、ハードカバー）を使っている。

　後者のアイデアノートを読み返すと、筆者はリスクやチャンスを感じるたびに、関係する情報を集めては、意見・感想・分析・スケッチ・設計図を書き留めていることがわかる。筆者にとって前述の「考えた成果」は、実のところ、このモレスキンノートの中身だけなのである。

　2020年4月1日から2021年2月22日までに、数えると293ページに「考

えた成果」が書き散らしてあった。その間の日数は 328 日だから、平均すれ
ば 1 日あたり 0.89 ページのペースで書いていた。1 冊前のノートには、2018
年 8 月から翌 9 月までの「考えた成果」を書き散らしてあったが、1 日あたり
0.59 ページのペースで書いていた。つまり、コロナ禍の 2020 年は、「考えた
成果」が前年比で 51％増となった（2021 年前半は 0.72 ページ、22％増）。コ
ロナ禍は悪く言えば暇だったが、よく言えば考える余裕があったと推測できる。

　前者のスケジュール手帳には、自宅に帰ってからのルーティンワーク以外の
仕事、たとえば、論文書き、本書のような執筆、設計作業、アイデア出し、な
どの創造的作業の時間を記している。2017 年度は年 897 時間（週あたり 17.3
時間、日あたり 2.46 時間）、2018 年度 861 時間、2019 年度 943 時間に対して、
2020 年度は 1541 時間で前 3 年平均比で 68％増、2021 年度の前半は 732 時間
で 56％増になっていることがわかった。アイデアノートへの記述ページ数の
増加 51％と 22％は、創造的作業時間の増加 68％と 56％に影響され、両者は
正の相関関係にあることがわかる。上述の推測が当たった。

COLUMN

　「家に帰ってから何時間勉強したか」という筆者の記録作業（癖？）は、実は中学 1 年
生から始めた習慣である。同級生に「姉（美しく賢かった）は定期試験の 1 週間前に、勉
強時間と内容を決めてから試験勉強する」という話を聞いてやり始めた。たとえば、英語
に 8 時間、数学に 5 時間、というように科目ごとに試験勉強時間数を決めて、自宅で勉
強できる 16 時から 22 時に組み込んでいく。共産党の計画経済のようである。

　大学で教員になってからは、長年の記録を分析して、たとえば、実験データが揃ってか
ら 4 ページの英語の論文を 1 報書くのに 50 時間、『失敗百選』のような 400 ページの
本を 1 冊書くのに 500 時間、というように所要時間を推定できるようになった。その結
果、3 か月先までのおおよその計画を組むことができた。「いまは絶好調だから何でもや
ります」と安請け合いすると破綻する。自分の時間は無制限ではない。逆に、何も予約が
入らない "真空スポット" のような余裕時間が見えてくると、そこを連続有休にして家族
と旅行計画を立てた。売れっ子俳優のスケジュールのようである。

　先日、研究室の方正隆特任助教（ファン）から、「貴君の論文は残念ながらアクセプトしない」と
いう学会からのメールが転送されてきた。昔から、このリジェクト通告の文面を読むと、
血が凍るような気分になって一日が暗くなる。それに費やした数十時間のエネルギがドブ
に流されたような気持ちである。このような失敗では、反省しても意味がない。彼は優秀
だが、真面目すぎる。こういうときは気持ちを入れ替える。サヨナラホームランを打たれ
たクローザーが、「明日はパーフェクトに抑えます」と今日のしくじりを顔に出さないの
と同じである。引きずってはいけない。査読者が指摘した不備を校正して、別の学会に投
稿する。大学ではすべてが一期一会である。「失敗を肥やしにして成功の果実を得よう」
と言われるが、実際の世の中は忙しくて、失敗が発酵して肥やしになるまで待ってくれな

い。研究にはブームがある。失敗しては反省する、という試行錯誤に時間をかけすぎると、果実を収穫するころには時代遅れになって売れなくなる。それよりは失敗を事前に予測して、成功への道を計画することが大事である。

　企業で一線を退いた同級生が「会社では疲れた。君は大学で好きなことができていいなあ」と羨ましがるが、それは間違いである。「競争に勝っている限り、好きなことができる」のであって、負けたらクビである。大学は仙人の里ではない。「嘘だろ、現にお前は失敗学とかいって好き勝手にやっているじゃないか」と反論されるが、これは生産技術という本業で儲けているからこそできる贅沢である。昭和の時代は新設校ラッシュで大学教員の需要も大きかったが、平成になると少子化と経済格差が進み、日本全国の大学で縮小し始めた。大学は構造不況業種なのである。全員が終身雇用されるわけではない。

COLUMN

　美術館で開催されている特別展に行くと、大作が並ぶ大部屋の端っこの展示ケースに、デザイン帖がひっそりと広げられていることが多い。このデザイン帖が実は一番面白い。よく見れば、デザイン帖の中の粗いデッサンが、大作の一部分の草木や動物、建物、人物に使われている。つまり、大御所も散歩や旅行の途中に、「あれ綺麗だな」と思ったらこまめにデッサンして、大作の「部品」として集めていたのである。そのデッサンを言葉に変えれば、俳人の句帳や、芸人のネタ帳になる。

　誰でも入手できるものとして、葛飾北斎が描いた『北斎漫画』(青幻舎、2011) というデザイン帖が面白い。彼の人物、動物、景色、草花などのデッサンが4,000点も載っている。天才も絶えず修行していたことがわかる。レオナルド・ダ・ヴィンチの発明帖や手記も、イタリアで買ってちょっと高価だったが、最高に面白い。彼の興味が、建物、人体、からくりと次々とジャンプしている。最近、購入した本の中では、『The Art of Earwig and the Witch』(スタジオジブリ、徳間書店、2020。82分間のCGアニメーションは2020年12月30日に『アーヤと魔女』としてNHKで放映)が面白かった。この本には、宮崎吾朗監督が原作からアニメーションへと作品を設計していった過程が、多くの手書き原画とともに記されている。人を「たらしこむ」魔力をもつ10歳の少女、アーヤの顔も、企画とともに変わっていった。最初は可愛いだけだったのに、だんだんといじめられたら復讐を誓うというような強さも見えてくる。

　自分のモレスキンノートをあらためて読み返すと、「そうだったのか、そのときは結構、考えていたンダ」と自分で感心してしまう。将来計画のネタがあちこちにちりばめられており、自分の脳が活発にはたらいていたという証左がまばゆい。しかし、当の本人はすぐに書いたことさえ忘れてしまい、アイデアは脳の奥の棚に、記憶・保留・保管・忘却・お蔵入りしてしまった。「宝の隠し場所」はこのノートに記されている。もし、家が火事になったら、このノートだけを持ち出せばよい。これを使えば創造的な仕事が再開できる。

筆者のモレスキンノートを紹介する

　ここでモレスキンノートの4ページ分をコピーして（図4.1）、その内容を解説してみよう。自分で言うのも何だが、2020年4月のオンライン業務スタートの頃にこの4ページを書いたが、このときは、結構広く考えていたのである。でも、後日他人が評価するものではない。日記と同じである。思いつくままに書き散らせばよい。

NOTE その1　閉塞感と今後の予測	2020/3/29

　いきなり図の左上に①「閉塞感」と書き始めている。人生初めてのオンライン勤務がスタートしたが、自宅の書斎の空間は確かに物理的に狭い。椅子の周りには本と鉄道模型が散乱している。

　テレビのニュースでは「3月から登校中止になった小中高の学校が、4月から再開される予定」と報じていた。そこで、ノートを開いて②「どう考えてもコロナショックが1〜2週間で終わるとは思えない。少なくともあと3か月」と書いた。この予想は、テレビで報じていた第一次緊急事態宣言期間（5月連休明けまでの1か月強）よりも長い。その後の結果と比べると、予想は3ヵ月でも短くて楽観的すぎた。筆者の研究室のオンライン研究会では、「3か月後の6月末から皆が大学に登校できるはず」と学生に伝えていたが、実際に全員登校可（10 m²に1人という定員規制があり、週3日相当だったが）と規制が緩んだのは、5か月後の9月からだった。

　研究室の主宰者として、研究費の財源は最重要事項である。「お金」がなければ、研究が進まないどころか、契約社員である特任講師や学術支援職員の給料が払えない。進行中の10個の社会連携講座・寄付講座が、③「総じて中断されないか」と危惧していた。といいながら、④「日本の一流企業は内部留保が大きいから何とかなるはず。1年はもちこたえられる」とこれまた楽観視していた。実際、2021年現在でも何とかもちこたえているから、これはアタリである。研究は2020年7月からシミュレーション主体で再開でき、11月頃から正月休みも帰省もとらずに、学生が一生懸命に実験してくれたので、2月からの期末報告会も例年並みの成果が出せた。メデタシメデタシ。

　共同研究の相手が、コロナ直撃業種の観光・飲食・航空・鉄道ではなかったことが幸いした。それでも製造業は、2020年上期の売上高は3割減が当たり前に

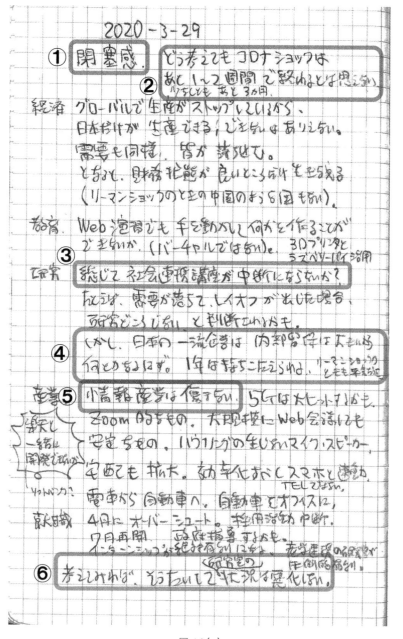

図 4.1 (a)

なっているから、これ以上の自粛が続くと、2021年度末には共同研究契約が解約されるかもしれない。でも、ラッキーなことに世界中の補助金が回り回って東証に流れ込み、株価は3万円の大台を超えた。30年ぶりの虚像のバブル再現ながらも、不況感は抑えられている。

　ノートには、⑤「情報産業は傷まない」とも書いてある。2020年12月の経常利益では、ソニーやソフトバンクは絶好調である。東京大学は2020年7月に、ソフトバンクから年20億円で10年という「Beyond AI」の大型プロジェクトを投資してもらった（筆者の研究室はプロジェクト参加にかすりもしなかったが）。最後の行に⑥「考えてみれば、そうたいして研究室の状況は悪化しない」とこれまた楽観的に結論付けている。1年後に評価すれば、そのとおりであった。

NOTE その2　連載記事の構想　　　　　　　　　　　　2020/4/5

　①「連載で何、書こうか？」から始めている。つまり、このページは『機械設計』（日刊工業新聞社）の連載エッセーの翌月発行号の構想が書かれている。この雑誌は月刊誌で、毎月10日が締め切りである。締め切り前になると、プールで42分間かけてゆっくり1,500m泳ぎながら、次々に思い浮かぶ違和感や好奇心を捉えてみる。帰ってきてからモレスキンノートを広げて、頭に思い浮んだ"よしなしごと"をグダグダと書き散らす。今回は「デジタル化で組織の構造改革が起こる」という筋を導いていた。

　棋士が将棋盤と駒を頭に思い浮かべて次の一手を考えるように、違和感からストーリーにまとめる作業を頭の中だけで実行できる人もいる。でも、筆者は、脳の中のワーキングメモリが常に不足しているので、少なくともノートが必要になる。以前はA4のレポート用紙に書いていたが、その紙はすぐに散佚した。

　この回の連載記事のあらすじは、このページのネタからドンドンと発展していき、結局、②「構造改革、デジタル化」になった。すなわち、DX（Digital Transformation、デジタル化による変革）がもたらすCX（Corporate Transformation、会社の変革）である。4月3日の初めてのオンライン講義で"荒らし"（嵐と同じように、悪意あるハッカーが侵入して狂乱状態になる）に遭って、筆者のようなジジイの無力さを思い知った。ノートにも、デジタル化に対して③「若い人はあっという間に適応、世代交代」、④「バカでも若いほうが役に立つ」と書いてある。

　あとで気付いたのだが、冨山和彦氏が著書『コロナショック・サバイバル』（文藝春秋、2020）の中で、CXについて同じようなことを述べていた。彼は、オー

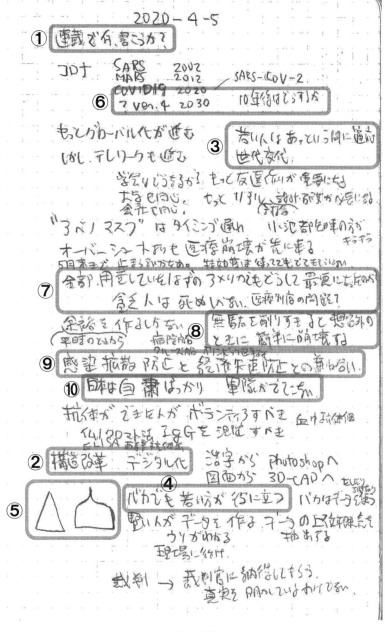

図 4.1（b）

ナ独裁や終身雇用のような封建的経営から脱却し、修羅場で正しく意思決定できる人材を登用できるように、会社の構造改革を提案している。つまり、20世紀型の温情経営からの脱却である。会社組織は⑤ピラミッドから、中間管理職が抜けたような上凸絞り型に変わるだろう（図 6.1(a)(c)であらためて解説する）。

　このページを読み返すと、様々な話題が書き散らしてあり、思考が発散していたこともわかる。でも、この時点で、その後、日本中の人が議論することになるネタが網羅されていた。つまり、⑥「2030年にコロナ Ver. 4 が流行したら対処できるか」、⑦「（感染病に対して）全部、用意していたはずの米国がなぜ最悪になって、貧乏人が死ぬのか」、⑧「無駄を削りすぎると想定外のときに簡単に崩壊する（日本のワクチンやマスクの不足がその典型例）」、⑨「感染拡散防止と経済失速防止との兼ね合い」、⑩「日本は自粛ばかり、軍隊が出てこない（欧米では、感染症流行は内乱であり、軍隊で強制的に管理する）」のような話は、この4月から約2年間、ずっと議論され続けたネタである。

　これらのネタは、図 0.1 で述べた、持論のための「素材」でもある。持論という「献立」を作るためにも、できるだけ多くの「素材」を準備しないとならない。

　なお、この連載記事であるが、この12年間、毎月、本文約 7,000 字と図を約2枚、書き続けた。平均して8時間かかり、1時間あたり 4,000 円の稼ぎである。稼ぎは講演の謝礼よりずっと安いが、毎月、必ずオリジナルな持説を出力しなければならないので、強制的だが脳を活性化するのにはよい。一方で、講演は口から出力する「ルーティンワーク」であり、聴衆が異なるから何度でも同じ話を繰り返せる。しかし、いくらウケたからと言っても10回も再利用すれば、舌が滑らかになって嚙まなくなるが、迫力はなくなってつまらなくなる。

　なお、本書は、この連載記事の原稿の内容を部分的に再利用している（契約では著作権は筆者にあり、本文も図も自由に使える）。コロナ禍で外部への発信が極端に少なく、情報の賞味期限が延びているからこそできた「再利用」である。例年ならば、講演でも、1年間で中身の半分を入れ替えるペースで更新し続けている。世阿弥の『風姿花伝』には「花と面白きとめづらしきと、これ三つは同じ心なり」とある。どんなに面白い興行でも、何度も繰り返せば観客の興味は失せる。

NOTE その3　NHKのパンデミック番組　　　　　2020/4/9

　NHKのテレビ番組、①『緊急対談 パンデミックが変える世界―歴史から何を学ぶか―』を見ながらメモをとり、感想を書き散らしている。この番組では、②

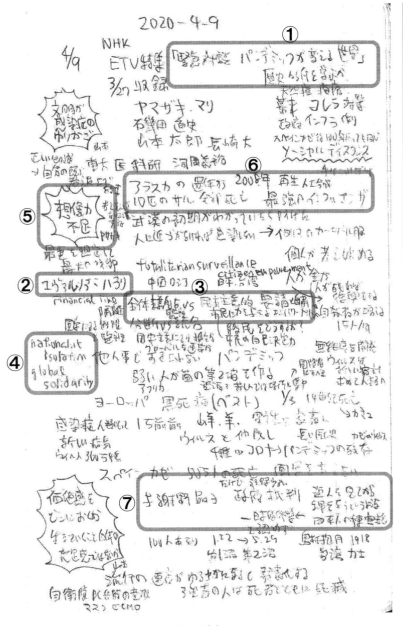

図 4.1(c)

「ユヴァル・ノア・ハラリ」氏のコメントを聞いて感銘し、その晩から、積読状態だった『サピエンス全史』や『ホモ・デウス』を最後まで読み切った。番組中、彼は、中国やロシアのように、③「全体主義のほうが民主主義よりもコロナ対策が効果的である」ことを指摘したが、その後の推移を見ると、実際にそのとおりであった。すなわち、④「国家ごとの孤立 (national isolation) と地球規模の結束 (global solidarity)」とを比較していたが、10 か月後もワクチン争奪戦が起こっており、前者のほうが優勢である。ハラリ氏は、母国イスラエルで、警察が感染対策を行うことに強く反対していた。感染者への過度な監視は、反政府主義者への監視にも即時に流用できる。

　また、ヤマザキ・マリ氏は世界中の人が⑤「想像力不足」だと断じていた。彼女は漫画家でイタリア人の夫をもち、筆者の愛読書の『テルマエ・ロマエ』の作者である。確かにイタリアでも、歴史を学べば、パンデミックが起こることは容易に予想でき、感染防止対策も準備できたはずである。そこまで想像せずに、友人とのハグの挨拶や、一族揃った食事会を続けて、感染を拡げた。逆に言えば、日本人よりも家族思いで情が深く、コロナなしで住んでみたら気持ちのよい社会なのだろう。

　番組では、9 章でも紹介する東大の河岡義裕教授が最初に登場し、⑥「アラスカの永久凍土内の遺体からスペイン・インフルエンザウイルスを抽出して、2007 年に再生人工合成したら、感染させた 10 匹のサルが全部死亡したほどの最強のインフルエンザになった」という話をしていた。地球温暖化でシベリアやアラスカのウイルスが目覚め、渡り鳥に運ばれて人間に感染したら、再びパンデミックが起きる。また、スペイン・インフルエンザが流行したときの与謝野晶子の政府批判も報じていた。政府は学校や興行の密集場所の一時的休業を命じずに、⑦「盗人を捕らえてから縄をなうような便宜主義」がいけないと糾弾していた。100 年後も泥縄式政治は直っていない。10 年後の 2030 年に、本当に「アラスカ・ウイルス」が流行したら、再び、政府は迷走するのであろう。巨大リスクを事前に予測してイメージトレーニングを行ない、被害低減対策を今から始めないとならない。

　このように、他人の言うことを聞きながら、自分の違和感、意見、感想も並行して書いていくと、そのうちに、自分の持論が簡単に制作できる（他人の意見に感動しすぎると、自論の新規性が欠けてくるが……）。

NOTE その4　ノートルダム寺院の炎上　　　2020/4/14

　冒頭の①「2019 年」は誤り。毎日が平坦に続くので、その日が 2020 年であり、令和 2 年であることを意識できていない。一度 2019 年と間違えると、それから数枚のページは 2019 年になった。自宅に籠って変化がないから、「今日は昨日の次の日にすぎない」と思って間違える。

　この日、パリの②「ノートルダム炎上」を報じた NHK の特集番組（制作はフランスの会社）を見て、メモと感想を書き散らした。筆者は 2020 年まで 6 年間連続で、2 月にパリのホテルに缶詰めにされて、生産技術国際学会 (CIRP) の論文査読をやった。4 日間で 50 報の 4 ページの英語論文を読んで合否を決めるので、筆者にとって難行苦行である。

　合否を決めるのは楽だが、その理由を上品な英語で書くのが難しい。とくにリジェクトの理由が難しく、「話にならん」では相手を怒らせるだけである。リジェクト通告文が嫌いだと前述したが、自分が書く側に回って初めて、これも面倒なことがわかった。この査読のあと 3 日間、カルチェラタンで開催される学会に出席するが、疲れるとノートルダム寺院あたりを散歩していた。③の地図のように、出動した消防署はホテルのすぐそばだった。

　番組によると、実際の消火には、④ドローンや⑤放水自走車の新兵器が登場していた。今回は火災も大変だったが、屋根の表面に貼っていた⑦鉛が溶けて教会内に滝のように流れ込み、その飛散をパリ市民は危惧した。現場には⑧マクロン大統領をはじめ、閣僚が参集し、火災現場脇でリアルタイムにコメントを発表した。同じ火災でも日本の首里城の火災とは大違いだなあ、と思った。

　2020 年 7 月頃、筆者が副会長を務める NPO 失敗学会に、首里城火災を原因究明する分科会ができたので、喜んで参加した。この二つの火災を比較しながら、9 章で詳説する。

　このように、テレビ番組を漫然と見るのでなく、自分で疑問をもつと、その後の行動が変わってくる。たとえば、火災を勉強すれば、建物に入ったときに、天井を眺めてスプリンクラーを探すようになる。スプリンクラーは誤作動がゼロではないが、人間の判断なしに消火活動が始まるので、最強の消火手段になる。

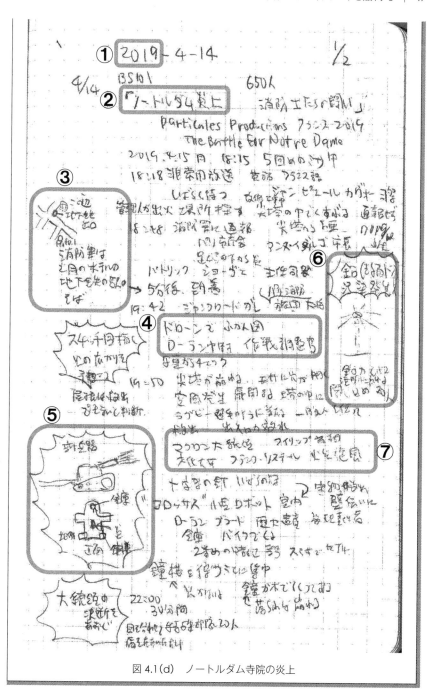

図 4.1(d)　ノートルダム寺院の炎上

　2020年7月末、オンライン講義に浸っていた学部3年生A君とZoom（前述のコミュニケーションツール。Zoom社は拡販策として、2020年4月からアカデミア向けにだけ使用料をタダにすると提案し、東大は喜んでこれを受諾した）で面談した。彼曰く「やっと、夏学期の講義が終わった。今学期は小学校入学以来、初めてノートをとらなかった。講義のたびに課されるレポートで手一杯」だったらしい。よく聞くと、彼の行動は、ちょうど110 mハードル走に似ていた。少しずつ歩幅が合わなくなってきたが、前のめりになって走り切ったのである。達成感と満足感はある。しかし、「何を学んだのか」と問うと、1か月前の講義が思い出せず、返答に窮していた。

　オンライン講義になると黒板が使えない（書画カメラで手書きの図や文字を見せる手はあるが、総じて暗く見にくい）。そこで教員は過保護と思いつつ、あらかじめ講義ノートをデジタル化して講義サイトに上げておく。彼はノートの要求機能を、単に「板書を記録する」ことだけ、と思っていた。だから、今学期は結果的にノートへの記載が不要になった。

　しかし、ノートの要求機能はそれではないのである。その機能は、細かく言えば「教員の説明した概念を、自分の言葉に翻訳して、自分の意見付きで記帳する」ことである。単に板書の記録ならば、スマホのカメラで黒板を撮影すればよい。そうではなく、数式だったらその第1項はこういう意味で、第2項はああいう意味と、自分の解釈を付け加えることが肝要である。情報を目、大脳、指と途中で脳を通す。研究ノートならば、実験結果だけでなく、「そこから導かれる結論」「予想していた結果との相違点」「次の実験でトライしたい計画」なども記述すべきである。ノートは思考を展開するキャンバスである。

日々のルーティンワークに慣れれば慣れるほど、脳を使わなくなる

　筆者も、よく考えれば、日々のルーティンワークはA君とまったく同じであり、「110 mハードル走」であった。午前中にコンピュータを開いてメールを見る。最低毎日100報は届いているから、開いては返事、開いては返事、を繰り返すうちにもう昼食。午後はZoomやMicrosoft Teams、Google Meet、Cisco Webex（四つともオンラインのコミュニケーションツール）で会議を二

つ三つ。終われば、もう日は暮れている。再びメールを退治して夕食。つまり、目の前に飛んできた案件を、見えない相手に打ち返すだけの「壁打ち」に励んでいた。でも目と肩と腰は疲れるから、夜のビールは達成感・充実感が入り混ざって旨い。研究室の元気な若手 OB は「オンラインでは、対面の 1.5 倍の生産効率を達成できる」と豪語していた。確かに、朝夕の通勤時間も仕事に使えるし、休みなしで会議や面談の予約を連続的に組み込める。でも、仕事の量はそうだけど、質はいかがなものか？　しかし、このようにデジタル批判すること自体がジジイの証拠。文句を言わずにバリバリとルーティンワークを片付けていく若者には勝てない。

　でも悔しいから、創造的作業はジジイでもできることを説明しよう。まず、創造的作業とは何か？　図 4.2 に示すように、千羽鶴を折り紙で作ることを考えてみる。普通の人は、子供の頃に鶴を折ったことがあるが、もうすっかり折り方を忘れている。まず、最初の 1 羽を折るのに、ア〜でもないコ〜でもないと悪戦苦闘して、30 分間かかる。しかし、一度折り方を習得できたら、あとは流れ作業の大量生産方法を使えばよい。100 羽を 1 ロットとして、山折りの 1 プロセスごとに、100 羽連続で同じ動作を繰り返したほうが生産効率はよい。音楽を聴きながら、数時間ひたすら手を動かす。多くの教師が勉強の心得として勧めていたように、「邪念を切り捨て、一心不乱に集中」すればよい。

図 4.2　千羽鶴を作るときの脳の活動

　さてこのとき、脳が創造的にはたらいたのは、最初の 30 分間か、それとも、その後の数時間か？　もちろん、前者の 30 分間の仕事のほうが創造的作業である。後者はルーティンワークにすぎない。ルーティンワークでは、「これとは別の折り方が存在するか？」というような、崇高で空間創成的な数学問題を考えてはいけない。これは邪念である。余計なことを考えなければ、苦痛を感

じることもない。無心だから、時間があっという間に過ぎる。雑念もないのでミスが起こらず、予定どおりに手が動いて成果が出る。でも楽しくない。

　創造的作業に馬力はいらない。ジジイでもできる。脳の中に潜んでいた有効な情報が発掘できれば、これまでに多くの原体験を取得しているジジイのほうが逆に若者よりも有利である。

筆者のモレスキンノートを再度紹介する

　上述したように、筆者のモレスキンノートは、アイデアノート、デッサン帳、暮らしの手帖、実験ノート、講演メモ、番組視聴メモなどを兼ねている。とにかく、思いついたことを何でも書き散らしている。時々読み返して、また考えたことを記述する。綺麗な字で書く必要もなく、美しい絵を描く必要もない。

　モレスキンノートに書くべき違和感は、目先の仕事で忙しいルーティンワーク中には捉えられない。図 4.2 の折り紙の鶴のように、最初の 1 羽の作り方を徹底的に考えるときに違和感が生まれる。たとえば、色のついた面が鶴の表面に出ないとおかしいというように。

COLUMN

　大量生産方式のルーティンワーク中は、余計なことを考えるとやるべき作業が滞るので、このときは無心になるべきである。筆者は、小学校から中学校にかけて、ソロバン塾に熱心に通い、多くの競技大会に参加した。面白いことに、ソロバンは無心で弾いたほうが誤答しない。ソロバン玉を速く動かすので、いちいち、「ククハチジュウイチ」とつぶやいて考えるような余裕はない。問題の数字を見ると反射的に指が動くのである。これこそ、ルーティンワークである。

　ソロバンを続けてよかったことは、この思考が空の状態、「無我の境地」を自在に扱えるようになったことである。競技開始直前は誰でもドキドキするが、それを他人ごとのようにワクワクに変え、そして開始すると、ドキドキもワクワクもすべて消せるようになった。このおかげで、入学試験・採用面接・学会発表でもあがらなくなった。本番で実力以上の力を出すことはなかったが、少なくとも、「自分は本番で自滅しない」「実力が 100% 出せる」という根拠のない自信が植え付けられた。この心の制御方法は、63 歳になっても有効である。

　要するに、アイデアノートを書くには、脳科学的に言えば、ルーティンワークの集中状態でなく、マインドワンダリング状態の境地になることが必須であ

る。マインドワンダリング状態は、いわゆる三上（馬上、枕上、厠上）で起こることはよく知られている。

　ここで、脳活動のきっかけを準備するのである。美しい建築物があれば描いてみればよい。描くうちになぜ美しいかがわかってくる。とにかく、思考を発散させて書く。あとで持論を形成しようにも、考える対象がないと、ボーとなってそのうちに眠くなるのがオチ。普段から、違和感や好奇心を書き留めて、きっかけを貯めておくことが重要である。筆者はそれらをすぐに忘れてしまうので、モレスキンノートに書き貯めておいた。再びマインドワンダリング状態になったら、そのページを開いて、持論を形成すればよい。

　それでは、モレスキンノートを再び紹介しよう。ただし、筆者の悪筆は読みにくいので（そもそも他人に読ませるものではないから）、図として紹介するのは絵が描いてあるページだけにした。絵も10分以内で描いているので雑である。うまけりゃ工学部でくすぶっていない。

　ほとんどの読者が「こんなくだらないことまで面白いと思ったのか」「役にも立たない些細なことばかりではないか」と呆れるはずである。実はノートの中には、企業との共同研究やコンサルティングの結果もある。エンジニアにとって、すぐに役に立ちそうな情報が満載である。しかし、守秘義務で明かせないのが、かえすがえすも残念である。

　また、失敗学の本なのに、筆者は「リスクの違和感」よりも、「チャンスの好奇心」のほうにアンテナを向けていたこともわかる。しかし、根っこは同じである。「チャンスの好奇心」さえ感じられない人は、当然、「リスクの違和感」もスルーで感じない。

NOTE その5　冷蔵庫の買い替え　2020/5/22

　19年間使っていた東芝製の冷蔵庫がついに冷えなくなり、買うことにした。妻は、ドアの配置にこだわった。野菜室は頻繁に開けるので、最下段だとしゃがまないと中身が取れないが、中段は腕の高さと同じになって使いやすいらしい。でも一般に、中段に冷凍室を配したほうが、冷凍室から漏れ出た重い冷気が下段の野菜室に回るので、熱効率がよくなる。でも結局は、妻が熱効率よりも使いやすさのほうに顧客価値の軍配を上げ、中段に野菜室を配した東芝製を再び買った。

　量販店では、ズラッと並んだ冷蔵庫のすべての扉を開閉して、30分後に最適機種を選び、さらに値引き交渉して特価品を買った（つもりだった）。しかし、

自宅に帰ってから、妻がその量販店のネット販売を調べると、もっと安く買えることがわかった。ヒドーイ。このとき、「家電品だけでなく、銀行や証券、書籍に事務用品、野菜から弁当まで、すべての商品において、もはや対面販売ではなくネット販売が今後の小売り形態になる」という評論家の予測が一瞬で理解できた。インターネットがこのように小売りの業界に及ぼす影響は、GDP の 10%のビジネスに及ぶそうである。

　また、19 年前に買った冷蔵庫と今年買ったそれとを、取扱説明書を並べて比較したところ、電動時の定格消費電力が 20 年間で 167 W から 82 W へと半減していたのには驚いた。冷蔵庫は省エネの優等生と言われるが、そのとおりであった。その理由として、真空断熱材とインバータの発達があげられる。実は、AGC との社会連携講座において、若い教員が真空断熱材の性能アップを共同研究にしていたので、その熱伝導率の数字は知っていたが、今回の買い替えで省エネの進歩が一瞬で実感できた。

NOTE その6　書籍のキーワード　　　　　　　　　2020/6/7

　本書のキーワードを考えていた。「ICT による情報の民主化」や「違和感による着想の鋭敏化」という言葉が浮かんだ（図 6.1(d)であらためて解説）。このページは、銀座の三越デパートで妻がショッピングを楽しんでいるときに、エレベータ脇の椅子に座ってボーとしながら書いた。何もやるべきことがないときのほうが、設計が進む。少々騒がしくてもかまわない。

NOTE その7　思考展開図　　　　　　　　　　　　2020/7/1

　学部 3 年生向けの設計工学の講義で、「オンライン試験方法を設計し、思考展開図で記述せよ」というレポートを課した。学生だけに設計させるのもなんだから、自分でも思考展開図を描いてみた（図 12.1 であらためて解説）。主な要求機能ではないが、トラブルが起こらないように、事前にエンジニアが気を利かせて準備するのが「非機能要件」である。今回の最大の非機能要件は「カンニングを防ぐ」である。非機能要件を考えれば考えるほど、リスクは低減する。その後の8 月に、オンラインで大学院入試を行ったが、驚くことに、実際の設計解はこのモレスキンノートに描いた設計解とほとんど同じだった。

NOTE その8　リニアモーターカーの鉄道模型　　　2020/7/3

　筆者は、毎週末にプールで泳いだあと、モデルワークスという鉄道模型店に通っている。そこの川島社長からレアなリニアモーターカーの模型をもらった。40年前くらいに100台だけ限定販売されたものだが、取扱説明書は紛失し、コントローラも壊れていた。この模型をよく観察すると、その駆動原理が面白かった。

　JR東海が作ろうとしているものは、交流の同期モータのリニア版だが、これは何とブラシ付きの直流モータのリニア版であった。直流ということがわかれば、普通の鉄道模型の直流コントローラが使えることに気付き、実際に使ってみるとリニアモーターカーがビューンと動いて楽しめた。マイコンを使っていない時代の玩具の設計者は、実にカラクリがうまい。

　しかし、曲線ではブラシの接触が悪くなるためか、セットには1.5m程度の直線レールしか入っていなかった。ちょっと減速時期を間違えると、高速車両はすぐに端まで滑走して線路から飛び出した。この暴走からも、カラクリは賢いけれど、ヒット商品にならなかったという理由がわかる。

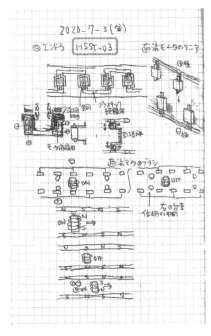

図 4.3(a)

NOTE その 9　置時計の球のサイクル時間　　　　　　　　2020/9/20

　銀座の和光で、DECOR 悠久という銘の置時計をずっと眺めていた。時計の中に数個の鉄球が動いている。一つの鉄球を追っていくと、まず鉄球は、等速モータで動く渦巻エレベータに乗せられて最上部へ運ばれ、最上部で往きの樋に落とされて、水車のような形状の円枠まで転がる。鉄球は水車の桶に入って水車を 15 度だけ重力で回転させ、また帰りの樋に落ちて転がり、元の渦巻エレベータに最下段で乗りこむ。この 1 サイクルを延々と繰り返すのであるが、そのサイクル時間を腕時計で測ると 37.5 秒とキリが悪い。はてな？

　その前に佇んでずっと考えていたら、筆者がこの 440 万円の高級置時計に興味があると勘違いして、売り場の店員が声をかけてきた。店員の説明を聞きながら暗算した結果、長針は 37.5 秒ごとに、つまり、1 時間に 96 回、1 回に 3.75 度ずつ動くことがわかった。すなわち鉄球 1 個が水車を 1 段階だけ回すときの 15 度を、キリよく 1/4 に減速させて、長針を 3.75 度回していることがわかった。実際、中を見ると、直径が 2 対 1 の平歯車減速機が二つ組み込まれていた。これで 37.5 秒の謎が解けた！　解答できたときのニコニコ顔を購入希望と見たのか、店員はパンフレットをたくさんもって来てくれた。カラクリに満足するだけのハタ迷惑な客なのに、ごめんなさい。

NOTE その 10　オンライン講義のリスク　　　　　　　　2020/9/24

　筆者の 62 歳の誕生日だった。誕生日とは関係ないが、この日はオンライン講義を続けると、学生はどのようなリスクを負うのかを考えた。これを整理したのが図 12.5 である。この日は、「物理的に痛くなるリスク」「創造的に考えないリスク」「反動で違う作業をしたくなるリスク」を挙げている。

　その日は、ちょうど、学部 2 年生や 3 年生との面談日だった。彼らは「自分は蛹から蝶になりたいのに、変態できないという焦り」がイライラ感につながっている、と感じた。「蛹」は小学生以来、膨大な知識を受動的に詰め込まれる自分であり、「蝶」は人生を賭けてもよいというような、性格に合った楽しい仕事を能動的に探す自分である。ところが、12 章で記すように、オンライン講義ばかりだと、「創造的に考えないリスク」が顕在化して探せなくなり、いつまで経っても「蛹」から変態して「蝶」になれないのである。

コロナ禍だとどこにも行けず、明るい話題もなかったので、その前の 2019 年のページに戻ってみよう。背景が、冬の銀河の夜空から、夏の浜辺の青空へと一気に変わったような感じがする。また青空に戻りたいなあ。

NOTE その 11　天ぷら揚げの設計思考　　　2019/10/9

　Scrop という喫茶店でコーヒーを飲みながら描いた。先ほど、惣菜屋さんで天ぷら揚げ作業を眺めていたが、その作業の設計思考の概念図を描いてみた。設計では「思いを言葉に、言葉を形に」と順に具体化させる。つまり、CA (Customer Attribute、思い、顧客の要望)、FR (Functional Requirement、言葉、要求機能)、DP (Design Parameter、形、設計解) の順に概念を決めていく。天ぷらは水と油を置換して、タネのうまみを衣の中に閉じ込める。本屋で買ったばかりの料理本を読む限り、FR は「油温を設定する」「揚げ終わりのタイミングを見つける」「適切に衣を付ける」の三つだけである。"タネ 7 分に腕 3 分" と言われるくらいだから、作業よりも素材が効くのだろう。三つの FR に対する DP は、「揚げ玉の跳ね方」「音、におい、色」「軽く混ぜた粉（グルテンを作らない）」である。職人は温度計を使わずとも油温がわかり、顕微鏡を使わずとも衣の網目がわかる。前から、英国の chip and fish は、どうしてあれほど deep fry にして不味くするのかが不思議であった。天ぷら職人は C (Constraint) の制約条件、「揚げすぎて硬くしない」を常に気を付けているらしいが、その違いが大きい。筆者は設計論の学者でもあるので、他人の仕事をこのように分析するのが大好きである。

NOTE その 12　情報の民主化　　　2019/11/2

　中堅企業である旭鉄工の木村哲也社長と彼の博士論文を計画しているときに、NOTE その 6 の「情報の民主化」を思いついた。彼の会社の工場では、安いセンサを全部の機械に貼り付けて、サイクルタイムを測っている。彼の持論は「時間は作業の影」である。サイクルタイムを測ることで、作業改善すべき実態が見えてくる。現場の作業員でも IoT でデータをとれば、有効な改善策が提言できる。

　もっとも日本の工場では、フラット組織のヒラの正社員の下に、非正規職員の最下層が隠れて働いている。モノづくりの現場ではこの最下層に外国人も多い。情報の民主化と言いながら、まるで奴隷のごとく扱い、この最下層の人には情報さえ見せないのが現状である。

NOTE その13　シドニーの水族館　　　　　　　　2019/10/17

　オーストラリアのシドニーで設計の国際学会があった。ついでに港の中の水族館に行った。日本の魚屋では見ることができない、変な形状の魚や、鮮やかな色の魚が泳いでいた。水族館では、魚を横から見るのが普通であるが、魚の下部を透明天井の海底トンネルから、魚の上部を水槽の水面上から見られる。すると、どっちから見ても3次元的にウネウネと体をよじって泳ぐ魚、つまり前半身はエイで、後半身はサメという魚がいて面白かった。しかし、入場料の4000円は高い。

　絵は省略するが、ペンギンは立って寝る、ということに感動した。それと"デジタル浜辺"が面白かった。波が打ち寄せる砂浜が映し出されていて、そこを歩くとカメラで足跡を追跡する。同時にプロジェクター画像を変化させ、ピチャピチャと音を出し、砂を光らせ、足元に同心状の波を映し出す。多くの子供が面白がって遊んでおり、筆者が待っていても、順番をなかなか譲ってくれなかった。

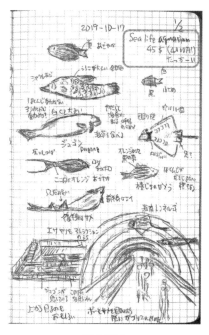

図 4.3(b)

NOTE その14　シドニーのハーバーブリッジ　　　　2019/10/20

　同じく3日後のシドニー。これは1932年完成のハーバーブリッジ。筆者が2000年にシドニーに来たときは、橋のアーチの上部のキャットウォークを、安全帯を付けて横断するツアーに参加した。この日も点のように見える観光客が、アーチの上を渡っていた。綺麗な橋である。夕方、多くのフェリーボートが次々と橋をくぐって、いろいろな方向に消えていった。

　絵は省略するが、ついでにオペラハウスも描いた。放物線ではなく、楕円曲線を屋根の形に使ったらしい。その近くの海辺のレストランが、学会のディナー会場だった。そのレストランの壁にデジタル水墨画が飾ってあったが、じっと見ていると人物像が動き出して躍るので驚いた。

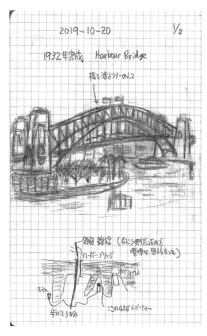

図 4.3(c)

NOTE その 15　飯野氏の母校の小学校へ行く　　　　2019/10/21

　NOTE その 14 の次の日。オーストラリア同行の飯野謙次氏と、彼が通った小学校に、2 階建て客車に乗って行った。実は、彼の 50 年前のアヤフヤな記憶を基に、あっちこっちと道を Google Map で探しながらの大冒険だった。ワライカワセミという鳥が変な声で鳴いていた。50 年前は東洋人がほとんどいなかったそうであるが、お目当ての小学校に着いて、外から校庭を覗くと中国人生徒がやたらに多かった。

　オーストラリアの大学には、中国からの留学生が 30％程度いる。最近、中国政府がオーストラリアの資源ビジネスに介入してきたので、オーストラリア政府は米国、カナダと連動して留学生の数に制限をかけた。結果的に彼らは日本に殺到し、筆者の専攻も日本人定員 84 名に対して、定員外の中国人留学生は 40 名程度に増えた（いまはたまたまコロナでビザ発給せず）。

図 4.3(d)

NOTE その16　創造設計の発表会　　　　　　　　2019/11/11

　ソニーの社会連携講座で行った創造設計の発表会。学生らはここに至るまで、たくさんの失敗を経験し、講義では教えてくれないような、多くの知識（プロダクト）や知恵（プロセス）を学んだ。

　作品の1位は最上段のソレイユソールというもので、女子学生が中心になって設計した。ハイヒールの中敷きを3Dプリンタで作るというビジネスモデルである。CCDが三つ付いた"三つ目"のiPhoneを使うと、顧客がハイヒールと足をグルっとスキャンすれば、3Dの形状データができる。それを業者に送ると、中敷きが作られて翌々日に返送される。十数人の女性から注文を受け、試作品を作り、感想をフィードバックしていた。1年後にクラウドファンディングして資金を集めてビジネスを始めている。2位はLantoooneのランタンで、ボール型風船にプロペラを付け、競技場出口でホバリングして観客を誘導する。3位は他人の気配を感じる壁、4位は人間の声以外の音を消すマイクだった。

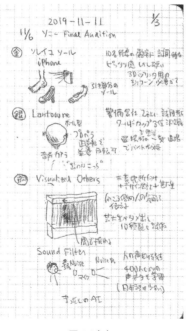

図 4.3(e)

NOTE その 17　創造設計の脱落者　　　　　　　　　2019/11/11

　NOTE その 16 と同日、同じ発表会のあとに、次の疑問の答えを考えた。つまり、4 月に 50 名近くの学生が演習参加を希望してスタートしたのに、なぜ、12 月に 7 テーマの 30 名くらいしか発表会に残らなかったのか？

　本来ならば、設計は CA（顧客要望）と FR（要求機能）と DP（設計解）を仮決めしたあとに、まず試作品を顧客に使用してもらう。その評価をフィードバックして、DP を技術的に改善し、同時に、顧客から感想を聞いて、CA をビジネス的に改善する。しかし、工学系の学生は、顧客なんてそっちのけで DP の試作品を作ることに夢中になり、一方で、文科系の学生は、技術なんてそっちのけで CA の顧客調査ばかり行った。結局、バランスのとれた 7 チームだけが、最後の報告会までやり遂げられた。それが脱落者の多かったことの主たる原因である。

NOTE その 18　創造設計の発表会 2　　　　　　　　　2019/11/11

　これも修士課程学生向けの創造設計の発表会。ビル・ゲイツ氏からもらったお金で立ち上げた寄付講座の中で指導し、8 人に発表してもらった。設計生産フィールドワークという演習の時間内で作りあげた。実際は「できるまでやる」ので、発表会直前はこれだけに集中する。週末返上、連日徹夜の人もいる。

　1 位の Wearable Club は、プロのダンサーでもある学生が、服にスピーカを付けて、重低音が体に伝わるように設計した服である。日本に来た多くの外国人プロにも試用してもらい、非常に好評だった。最初の試作品は、重低音が胃に響き過ぎて、彼は吐き気を催してしまった。胃が共鳴したのである。

　2 位は吹き出しのアプリである。ポケモン GO と同じような構造だが、場所に看板を埋め込んでおき、そこの映像を映すと看板が吹き出してくる。実物の看板が林立すると美しくない、と判断されるようなところ、たとえば京都の街や病院の廊下で使ったらどうだろうか？　画像で覗けば、現実では見えない看板が、香港の街のように林立して見える。

NOTE その19　旧小笠原伯爵邸　　　　　　　　　　2019/11/13

　妻と、新宿区にある旧小笠原伯爵邸のレストランに行った。旧小倉藩藩主が1927年に建てた鉄筋コンクリートの美しい建物である。戦後 GHQ に接収され、東京都に返却後、児童相談所として使われたが、2000年に修復されてレストランの会社に貸し出された。庭のど真ん中に、スペインから移植した樹齢500年のオリーブの大木がデーンと立っていた。オリーブは同じ木から500年間も収穫できることに驚いた。2018年頃だったか、『オリーブの樹は呼んでいる』（イシアル・ボジャイン監督、スペイン映画、2016）を観た。孫娘が、樹齢2000年の祖父のオリーブの木を取り戻すという話。ここの庭の木も、スペインが取り戻しに来そうなくらい存在感のある木であった。

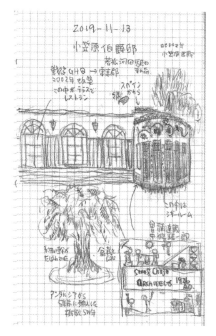

図 4.3 (f)

NOTE その20　鎌倉旅行　　　　　　　　　　　　2019/11/23

　鎌倉に妻と1泊旅行に行った。この日は、江ノ島駅を降りて龍谷寺を訪ねた。日蓮が処刑直前で許されたという、有名な寺である。そこのおみくじが面白い。どこにでもある「凶」と、それ以上に怖いことが書いてある「恐」が入っている。幸い、我々2人はそれらを免れ、筆者は「遅」という小吉だった。漢文を読むと、「災いは去ったが、一部は残るので祈れ」という意味が書いてあった。筆者と同時に本堂に入ってきた高校生5人は、2人が恐、1人が凶と出て、「ヒドーイ」と叫んでいた。その後鎌倉に戻り、Nature et Sens（自然感？）というレストランに行った。ノートによると、馬肉や牡蠣が入ったコンソメロワイヤル、藁の香りの鰤、フォアグラをドライフルーツで挟んだもの、豚ロースの燻製が美味しかったと書いてある。

NOTE その21　創造設計の発表会3　　　　　　　　　2019/12/27

　これも創造設計の発表会。学部3年生の24人が1人ずつ作品を創案して試作した。創造設計の演習の中で作りあげた。規定課題で電子工作の基礎を学び、自由課題で設計思考を鍛える。午後4時間×12回＋残業でヘトヘトになる。

　1位はAir Live。これは女子学生が設計したものだが、Tシャツに描かれたギターの弦を弾く真似をすると、指に付けた加速度計が腕の動きを検出して、ギターの音がそれに同期して鳴りだす。ちょうど、駅前でギターをかき鳴らしながら歌っているような気分になれる。

　2位はスマートペンシル。中に3軸の加速度計を内蔵し、生徒がどんな数字や文字を書いているのかがわかり、勉強方法を提案してくれるそうだ。12章ではカンニングペンシルを紹介するが、この試作品を見ているから、実現可能と思ったのである。

NOTE その 22　創造設計の発表会 4　　　　　　2020/1/19

　これも創造設計で、留学生向けの英語講義の発表会。1 位はドイツ人留学生が作った自動販売機。日本の自販機はガタンと飲料缶が出てくる出口が低すぎて、背の高い彼はかがむのがしんどい。そこで、高い位置に出口を付けて、そこに缶が出てくるようにした。バネを使えば簡単に設計できる。実は、特許庁のデータを調べると、20 年前に、このようなバネを含む、いくつか機構特許が出願されていた。背の高い顧客のニーズはその頃から指摘されていたのだろう。

NOTE その 23　たたら製鉄の見学　　　　　　　2020/2/7

　出雲まで、たたら製鉄を見学しに行った。ゴーゴーと美しく炎が躍っていた。昔は人間がたたらを踏んで送風していたが、現代はモータとポンプで間欠的に送風している、しかし、もし停電して送風が止まったら木炭だけが酸素なしで燃えることになり、自分も一酸化炭素中毒で死ぬのではないかと思い始めて怖くなった。しかし、ちゃんとそのリスクは対策済で万全だった。停電時は原子力発電所のように、非常用エンジンが緊急始動して発電するようになっていた。また、作業者も着ている服は江戸時代のようだが、腰にはちゃんと一酸化炭素センサをぶら下げていた。鉄の温度も色だけでなく、熱電対で測定していた。形は江戸人でも、頭は現代人であった。たたら炉は地下構造に特徴がある。湿気が取れるように大きな空洞をあらかじめ作った結果、連続操業できるようになった。見えない所に知恵が隠されている。

NOTE その 24　雲州そろばんの見学　　　　　　2020/2/8

　次は雲州そろばん。いままで、そろばんの玉は丸棒から旋盤で切り出している、と思っていた。でも博物館で見ると、実は平板の表と裏の両方から、中心が凹んだエンドミルのような総型工具を押し込んで切削していた。残った被切削物が、表も裏も上凸の円すい形状のそろばん玉になる。また、そろばんの玉を差す通し棒の竹ヒゴも、旋盤で削るのでなく、丸穴のダイスを通して引き抜いていた。昔の人は賢いなあ。

　パリにて。ル・コルビュジェが設計した、ラ・ロッシュ邸に行った。吹き抜けの絵画の展示室が美しかった。片方の壁が湾曲して、そこに階段ではなく、スロープが壁に沿って 2 階への道を作っている。スロープの下には円弧状の棚があり、円弧状のガラスが扉として使われていた。凝っている。彼は間接照明灯まで設計した。壁にかけた絵画を直接に照らさないように、ライトは上に向けてある。なお、日付が 2022 年になっていた。2 だらけの日にちだったので間違えた。この建物はパリの格子状の街路の中心、つまりビルに囲まれた中庭のようなところにあるので、入口が見つけにくかった。

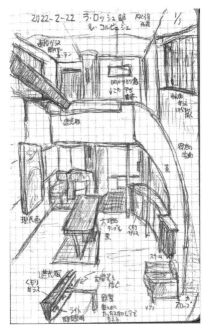

図 4.3(g)

　NOTE その 25 と同日同所。筆者のような機械屋にとってみれば、建物よりも家庭用エレベータのほうが面白い。施工時の 1923 年には、上流家庭にはこれがデフォルトだったらしい。食事の配膳用のものであり、木箱を持ち上げる昇降用のロープと、落下させないブレーキ用のロープがぶら下がっている。女中さんがそれぞれ左手と右手で操作した。木箱の重量はカウンターウェイトで相殺され、落下しないようにラチェットがついている。このラチェットを梃子で外して、木箱を上昇させる。

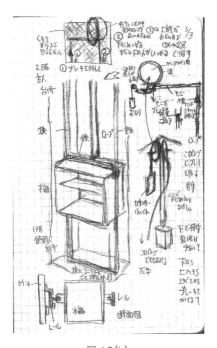

図 4.3(h)

NOTE その27　ル・コルビュジェのアパルトマン　　2020/2/22

　NOTE その25、26と同日。これもル・コルビュジェの設計（1934年）だが、彼のアパルトマン。斜めの窓の下にお風呂があって、夜空を見ながらここに入ると幸せだろうなあ。寝室は天井がかまぼこ形になっているので、お風呂の窓も斜めに付いている。彼の部屋は8階と9階にあり、住居者用のエレベータが7階までしかないので、最後は階段を歩く。しかし、サービス用のエレベータは別個に8階まであって、食料とか荷物とかはそれを使って女中さんが運んでくれる。日本のマンションとは違うなあ。このアパルトマンも、どのビルの8階にあるのかわからずに迷った。フランス語の張り紙が出ているだけなので、たまたま来た他の観光客の後ろに付いて行った。パリは不親切。

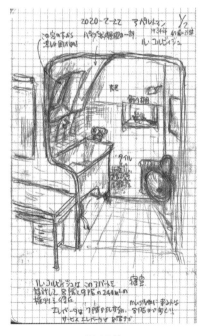

図 4.3(i)

NOTE その28　パリ市内のローマ時代のテルマエ　　　2020/2/23

　パリにもローマ時代のテルマエ（公衆浴場）が残っていた。いまのクリュニー中世美術館のところ。お湯風呂に浸かったあと、床暖房でポカポカした大部屋でくつろいでいた。壁は煉瓦と石灰岩のミルフィーユケーキみたいな層構造になっていた。よくぞ2000年ももちこたえたものだ。

　ちなみにこの図は、ノートの右上に書いたように、パリのCDG（シャルル・ド・ゴール）空港で描いた。KLMの飛行機はアムステルダムの強風がやむまで遅延し、筆者は飛行機の中で2時間待たされた。そこで、気を静めるために美術館で買った説明書の図を丁寧に模写した。

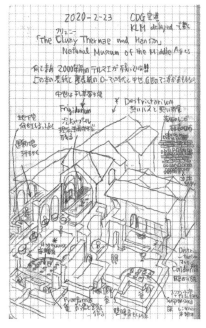

図 4.3(j)

NOTE その29　ドイツの大学の生産技術研究室を見学　2020/2/25

　ハノーファー大学のデンカノ教授の研究室を訪問した。研究室と言うより工場である。工作機械が40台くらい並んでいる。博士課程の学生も88人いる。これが本当の"左うちわ"である。教授はスキーで遊んでいても（その日はスイスで休暇中だった）、彼らが論文を自動的に産んでくれる。教授は個々の学生を教育するのではなく、競争させて優秀な者だけを選択しているのだろう。予算は2006年から年間10億円で、筆者の研究室ではどうあがいても勝ち目がない。出資先は、連邦政府、州政府、民間企業共同研究、業者団体寄付、一般的競争資金から各20%くらいずつ。申請書と報告書を提出するのが教授の仕事になるのだろう。帰りには自分が情けなくなり、無口になって路面電車に乗った。

　翌日に訪問したカールスルーエ大学も同じように、シュルツ教授が66人の研究者（2人の教授と3人の主任エンジニアと残りの博士課程学生）と10億円の予算とを握っていた。筆者の研究室の長藤准教授は、ここの金属3Dプリンタ（買ったら1億円）を借りて実験していた。ドイツと仲良くして国際共同論文を大量に執筆することが、日本の研究者の生きる道の一つであろう。情けない。

　前日、図4.4に示すように、パリ、アムステルダム、ハノーファーと飛行機を乗り継ぐはずだったのに、前述したように、アムステルダムが強風でパリ発が遅れて乗継便に乗れなかった。仕方がないから、搭乗口のグランドスタッフの提案どおりに、アムステルダム、ブリュッセル、フランクフルト、ハノーファーと乗り継いだ。しかし、バッゲージは筆者の動きに付いていけず、ブリュッセルで迷子になり、次の日にハノーファー、カールスルーエと筆者に1日遅れで送られてきた。腹も立つが、ルフトハンザだからこそできた芸当であろう。他社だったらlostで片付けられる。しかし、シャツ1枚で2晩寝たら鼻風邪をひいたみたいで、帰国したらコロナではないかと妻に叱られた。

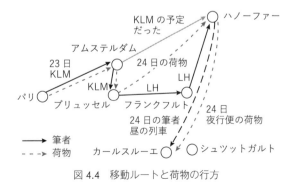

図4.4　移動ルートと荷物の行方

第 5 章

_第**5**^章

失敗学の履歴書

——————————— この 20 年間の失敗の歴史を見てみよう

> 100 年に 1 回しか起こらないはずのリスクが、
>
> 数年に 1 回の割合で起こっていいのか？

　2020 年 7 月 8 日に、岐阜県と長野県に大雨特別警報が発令された。特別警報は「最大注意を有すべき警報」を意味する。その注意すべき相手は、「『数十年に一度』と、稀にしか起こらないような『最悪のレベル 5 の災害』である。しかし、それはその 1 年前の 2019 年 10 月 12 日にも長野県に発令されて、北陸新幹線の長野市にある車両基地が冠水した（8 章で詳説）。数十年に一度のはずの異常リスクが、毎年起こってもいいのだろうか？　気象庁は、繰り返して村人に狼襲来を警告する "オオカミ少年" のようである。

　気象庁によると、近年は地球温暖化が進み、揚子江の河口から九州にかけての東シナ海の水温が、30℃ 以上と高くなることが主因だそうだ。海水が盛んに蒸発して雨雲は大量の水蒸気を含むようになり、その雨雲が地球の自転によって東から西へ流されて、毎年、西日本に豪雨を降らせるらしい。「風吹けば桶屋が儲かる」式のメカニズムであるが、大元の真犯人は地球温暖化をもたらす二酸化炭素濃度の上昇であろう。上陸時に 900 hPa 以下の超大型の台風も、次の 10 年間で出現すると予想されているが、これも二酸化炭素濃度の上昇が真犯人である。GX（Green Transformation）のブームも一理ある。

　また、その雨雲は東から西に延びる線状降雨帯に沿って豪雨を降らせるらしい。そういえば、その「線状降雨帯」も、「大雨特別警報」と同様に、数年前

くらいから頻繁に使われている新語である。気象庁の分析によれば、「台風を除く豪雨の6割が、東西に延びる降雨帯の下で生じている」という事実が最近わかり、それを基に「線状降雨帯」という言葉ができたらしい。

　要するに、10年というスパンで見れば、豪雨の頻度もメカニズムもどんどんと変わるくらいに、異常な天災リスクが頻発している。従来どおりに「梅雨はシトシト降るものだ」と信じていたら、逃げるチャンスを失って救助をよぶ羽目になる。

　豪雨の襲来は、本書の「はじめに」で述べた「巨大リスク」の一つである。気象衛星や降雨計のデジタル化で、豪雨が降ることは予想できるようになったが、どうやって洪水や土石流を防ぐかは別問題である。数十年に一度の災害が、毎年起こるくらいに当たり前になってきた。そして、その異常な巨大リスクの最たるものが、2019年に中国で発生した新型コロナウイルスである。1918年のスペイン・インフルエンザ以来、101年ぶりに強力パンデミック（世界的流行）が起こった。これはデジタル化しても予想し難い。

　最近、局所的な流行はいくつか起きていた。WHOなどの専門家はその流れの先を読んで、「この10年の間にSARS（重症急性呼吸器症候群、2002年）やMERS（中東呼吸器症候群、2012年）の親戚の新コロナウイルスが、いつ猛威を振るってもおかしくない」と警告していた。そして、「やっと、その警告が役に立つときが来たか」と思いきや、あっという間に超特大で制御不能の巨大リスクに急成長した。

　世界中には霊感の優れた占い師がたくさんいるはずだが、誰一人として「コロナ禍を予言できた」とはコメントしていない（スピリチュアルの江原啓之氏は2019年末に「2020年は破綻と崩壊の年」と週刊誌に書いていたけれど）。それくらいに人類にとって想定外であった。まるで悪夢である。自宅に籠もり、忌々しいこと限りない。まずは、事態終息まで身を隠してサバイバルし、アフターコロナで元気に生きる手立てを考えよう。

　しかし、もうこれで打ち止めだろうと思っても、異常な巨大リスクは次々とやってくる。東京ならば、富士山噴火、東南海大地震、首都圏大震災の「天災3連発」であろう。過去を思い起こせば、1707年の富士山の宝永大噴火が有名である。その49日前にM9クラスの南海トラフ震源の東南海大震災が起こっているし、その4年前にはM8.2の千葉県野島崎を震源地とする首都圏大震災（元禄地震）を被っている。3連発は決して起こらないことではない。そ

れどころか、確率的には、明日に起こってもおかしくない。日頃から、自宅に居てもタンスやピアノが直撃してこないところでくつろぎ、非常用飲料や懐中電灯を玄関に準備しておくべきである。

いまから思えば、第二次世界大戦が終わってから 75 年間、地球も幸いなことに穏やかだった。いまから 500 年後の歴史学者が、もし、横軸を時間に、縦軸に人口とか生産量をプロットしたら、「この戦後 75 年間の日本は、右肩上がりの幸せな高度成長期だった」と解説するだろう。戦後 75 年間はちょうど、元禄時代の高度成長期に匹敵する。つまり、1615 年に大坂夏の陣が終わって「元和偃武」の平和が到来し、その後、人口も耕作面積も 2 倍になるまで増加の一途をたどり、1704 年に元禄とともに終了する。この 90 年間が、戦後から現在までの 75 年間に匹敵する。その直後に前述した「天災 3 連発」が起こって、長い停滞期が始まる。

同じように、令和になると巨大リスクが増えるだろう。というよりも、終戦から今日までの 75 年間の日本は、たまたま巨大リスクが少ない、幸せな「間氷期」だったと解釈したほうがよい。長いスパンで見れば、令和になって通常のちょっと高いリスクレベルに戻るのである。

失敗学の盛衰は、日本の経済や人口の推移に影響される

ここで、「はじめに」で述べた「失敗学の盛衰」を歴史的に見てみよう。実のところ、前述した「巨大リスク」や「デジタル化」を偶発的な外乱と仮定してその影響を消去すると、盛衰の基調が現れてくる。つまり、失敗学は日本社会と別個に独立して盛衰したのではなく、日本の経済や人口の推移に強い影響を受けて従属的に盛衰していたのである。

図 5.1 に、日本の人口の推移を示す。上凸の 2 次曲線のような人口のグラフから、人口は明治・大正・昭和で単調増加し、平成で飽和し、令和で単調減衰を始める、と読める。経済の GDP のグラフは省略するが同様に単純で、1990年のバブル崩壊まで昭和で単調増加し、その後、平成は 500 兆円近傍で飽和してゼロ成長し、令和は人口の減少に比例して緩やかに単調減少と予測されている。すなわち、「昭和は成長、平成は停滞、令和は減退」という傾向で、人

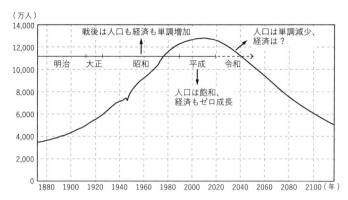

図 5.1　日本国の人口変化（1872-2015 年は実態データでそれ以後は予想）
『第六十八回 日本統計年鑑 平成 31 年』(https://www.stat.go.jp/data/nenkan/index1.html) を基に筆者が
作成。2017 年以降は将来統計人口、出生中位（特殊出生率 1.40）・死亡中位のデータ。

口と経済は同期して推移した。

　そして、失敗学も人口と経済のリズムに合わせて盛衰した。つまり、昭和は
「失敗してもめげずに続ければ、元がとれて結果オーライ」の低調期（失敗学
なんて無視してもあとで穴埋めできるから平気）、平成は「失敗に学べば損失
が抑えられて、儲けが出る」の成長期（失敗学は実に有効だから学ぼう）、令
和は「失敗が尾を引くとジリ貧になるので、改革して早いところもう 1 回勝負
しよう」の転換期（失敗学も程々にして創造学の挑戦に移行）にあたる。すな
わち、「昭和は低調、平成は成長、令和は転換」という傾向で推移した。この
ように考えると、筆者らは、自分たちの力で平成の時代に「失敗学」を発展さ
せたような気になっていたが、実は時代に翻弄されただけの話だった。

　「失敗学」は、バブル崩壊・"失われた 10 年"のあとの 2000 年に、筆者の講
座の上司だった畑村洋太郎先生が、退官直前に『失敗学のすすめ』（講談社、
2000）でブレークしたことで始まる。筆者もついでに「失敗学」を副業にして、
研究費を集め、講演会で広めた。

　20 世紀の間、失敗とは隠し通すものだった。経済が右肩上がりだから、隠
している間に逆転勝ちで成功する確率が高く、失敗にめげずに仕事を続ければ
損失はチャラになった。たとえば、山一證券のように、昭和の時代には、債務
を系列会社に付け替えるという「飛ばし」処理を続けられた。とりあえず歴代
社長だけの秘密にしておけば、飛ばしもあとで穴埋めできてチャラにできた。
しかし、平成になって早々、バブルが弾けた。こうなると損失額が大きくなり

すぎて、チャラにしたくとも、そうは問屋が卸さなくなった。山一證券は1997 年に自主廃業したが、最後の野澤正平社長の「社員は悪くございません！」という絶叫が耳に残っている。彼も社長になって初めて教えてもらった秘密なので、社員も彼も悪くない。

　1989 年から始まった平成時代の 30 年間は、損得を相殺すればゼロ、つまり、まったく成長しない時代だった。経済も人口も増えない。もちろん、中には好調な組織もあったが、倒産や廃業で消えた組織も数多く、結局、利益は損失と相殺された。また、逆転勝ちの確率も低いので失敗を隠し通せない。どうせ逆転勝ちできないのならば、早めに公表して損切りし、出直したほうが得である。このように失敗学は、成長できる背景が整ったので世の中に浸透した。筆者も副業を大いに楽しむことができた。

　そして、2019 年から令和が始まった。経済が人口と同期して推移するならば、令和になると衰退するはずである。令和では、平成とは違う気持ちでリスクに立ち向かわないとならない。同じビジネスを続けていても、10 年後にはジリ貧になり、20 年後にはドカ貧になって倒産する。街から活気が失せて、市場に中国製品があふれる。だから、いまが転機だと確信したら、従来の安定体制を多少崩しても、リスクを冒して挑戦しないとならない。

　組織だけでなく、個人においても、自分の力でリスクを避け、チャンスをもぎ取る必要がある。ただ黙然と受動的に、他人の命令・指示・推薦・示唆を聞いているだけでは、自分は失職・無気力・貧困・疾病に陥り、むざむざと生命・財産を失う羽目になりかねない。

筆者はこの 20 年間、何とかリスクとチャンスに対応できた

　筆者は、停滞期の平成においても、成長期の昭和のようにイケイケドンドンの気持ちでいた。それは 2004 年（平成 16 年）に勤務先の国立大学が法人化されて、企業と積極的に共同研究できるように制度改革されたことの影響が大きい。この頃に一種の「研究費バブル」が起こった。実際の経済のバブル時期と比べると、15 年間の時間遅れの現象が起こったことになる。3 章の最後のCOLUMN で述べたように、筆者の研究室も、企業から年間平均 3,500 万円の

援助をいただいて運用する「社会連携講座」を、2007年に東大初でコマツからいただいた。それ以降、「寄付講座」を含めて15個作っては4個潰れ、結局、2021年4月1日には、11講座が同時進行している。2010年頃から、民間企業は社長直轄の中央研究所を縮小し、すべて自前で開発するという方針を捨てて、よい技術ならば大学とでも提携しよう、という文化に変わった。すなわち、筆者は、いわゆる「オープンイノベーション」というチャンスの波にうまく乗ることができた、とも言える。

COLUMN

　その一方で、筆者の専門の生産技術はグローバル的にチャンスの波に乗り損ねた。2010年からの最近10年間で、じりじりと中国やドイツの有名研究室に追い抜かれ、いまや大差が付いた。4章のNOTEその29に記した、ハノーファー大学やカールスルエ大学がその勝ち組の典型例である。日本の大学は研究費でも1桁の差を付けられ、論文数や特許数でも研究費に比例して負け続け、"終わりの始まり"のような衰退期の暗雲が立ち込めている。国別の生産技術の研究成果（たとえば論文数）で比べると、日本は平成元年（1989年）では首位だったが、その直後から転げ落ちて、もはや"モノづくり大国"と威張れないくらい、たとえばドイツの半分のレベルに落ちている。

　ドイツも、東西統一後の10年間は、自動車産業のような機械工業が衰え、大学の機械工学専攻は軒並み定員の半数しか学生がこない「氷河期」が続いた。ところが、メルケル首相が2005年に就任したあたりから風向きが変わり、manufacturingの産学連携予算が年間2,000億円と激増した。ハノーファー大学のように、大学では、1人の選ばれた教授が年間10億円レベルの豊富な研究費を運営し、100人の博士課程学生を雇って一斉に研究させるようになった。もう日本の大学に勝ち目はない。しかし、いまのドイツの大学の好況は、逆に言えば、政治家の気持ちひとつで学問の強さが変えられることを示唆しており、日本も逆転勝ちの目がないわけではない。「真実究明」や「地球環境」のようなキレイごとではなく、「国力増強」や「産業発展」をモットーにするだけで状況は変わってくる。

　上述したように、2000年から筆者は「失敗学」の伝道師を務め始めた。この伝道師による講演、コンサル、演習などは、20年間ずっと繁盛した。ここで、「失敗学」とカッコを付けたのは、単に失敗の事実を列記した歴史学でも、失敗を忌避する文化論を論ずる社会学や心理学でもなく、「再発を防ぐための手法を編み出す工学」という意味をもつからである。これまで隠していた事実を明らかにして、科学的に分析して知識化すれば、その知識を再発防止の教育資料として再利用できるし、新しい安全装置の開発の手助けになる。でも、学術論文のネタにはならないから、本業の研究対象ではなく、副業のコンサルタントという位置付けで研究を続けた。

　さらに、2000 年頃から同時に、筆者は、「創造設計」というのも商売の看板に掲げて学生を教育した。4 章の NOTE 16、17、18、21、22 で紹介したように、毎年、お金と労力を注いでいる。ブレーキとアクセルの両刀使いである。創造設計と言うからには、顧客の求める価値を見つけ、要求機能を設定し、新しくて面白い設計解を求めなければならない。明治以来、日本は技術導入・国産化を繰り返してきたが、創造設計はその模倣体質からオサラバするものである。企業は体質改善された学生を欲するが、学生はいまひとつ変われない。

　やってみると、失敗学のリスクも創造設計のチャンスも、ちょっとした思い付きから始まることに気付いた。失敗と成功はコインの表裏のように 180 度異なるが、脳の思考形態はまったく同じである。できる人はリスクとチャンスの両方に気付くし、できない人は両方ともスルーである。

　しかし、創造設計の成功確率は低く、短期間の演習中にビジネスに直結するような商品を生むことは、ほぼありえない。筆者が「専門が創造設計」と言えば、すぐに「米国のシリコンバレーや中国の深圳のように、若者に起業させているのですか？」と問われる。創造設計は、起業の前段のアイデア出し、つまり、発見・発明のほうに注目する。起業の前段の発明・発見は、一休さんの虎退治の話における「屏風から描かれた虎を追い出す」ことに等しい。これは、ゼロからイチを生むことを意味するが、やってみると本当に難しい。その後の起業の後段は、「屏風から出てきた虎を縛り上げる」ことに等しいが、創造設計に比べれば簡単である。起業の後段は 1 から 100 にアイデアを発展させることを意味するが、米中のように投資用のお金が潤沢ならば何とかなる。

　もちろん、日本でも昔からノーベル賞級の発明・発見を重視していた。でも、「創造設計」では、人類史上初の大発明・大発見だけを目指さなくてもよい。もっと軽いもの、たとえば、従来の主力製品に何かをトッピングして潜在的な付加価値を見出し、目新しい別の新商品に育てあげる、というような小発明・小発見でもかまわない。そして、そのトッピングする「何か」の主たるものが、2020 年現在、AI、IoT、DX などの情報技術である。それでも、創造設計は「千三つ（0.3％）」といわれるくらいに成功確率は低く、当たればホームラン、当たらねば三振、という多産多死の状態で行わなければならない。ところが、日本は勝ち負けに異常にこだわる投資家が多いから、三振が多いとすぐに代打を送られ、馘首（かくしゅ）される。だから起業しても、日本では事業化に至った例が本当に少ない。

　一方で、出塁率を重視し、コツコツと粘って四球やバント、右打ちを心掛けるのが、「失敗学」である。MLBのスモールボール（機動力や小技を重視）や日本のプロ野球みたいである。過去の顕在的な知識をかき集めて合理的に対処すると、再発防止の成功率は確実に高められる。打者の運動能力がたとえ低くても、地道にかつ正直に活動していれば必ず成果が出る。創造設計よりも失敗学のほうが、真面目な日本人向けの競技であろう。

　このように、2000年頃に、「失敗学」はコストパフォーマンスがよい、と日本中の経営者が判断し、大々的に学問としてブレークした。筆者は、失敗学の伝道師の1人として、1年間に50から多い年は80回、それも20年もの間、各所から依頼された講演をこなし続けた。幸いにも、社会全体が「失敗学」の主張と同じ方向に流れていったからである。対照的に、「創造設計」のほうは、いまでもサッパリ振るわない。毎年、2社くらいから数日コースのセミナーを依頼される程度である。そうだとしても令和になれば、失敗学と創造設計の講演数が逆転するのではないだろうか？

これまでの「失敗学」が行った手法は、
「失敗のナレッジマネジメント」である

　この20年間、実際に筆者や失敗学の使徒たちが行っていた活動は、一言で言えば「失敗のナレッジマネジメント」である。つまり、片端から組織内の失敗の情報を集めて、その中から共通的・普遍的・一般的・反復的な上位概念を知識として抽出し、それを構成員に教育し、安全装置を設計した。たとえば、機械の事故を調べると、疲労・摩耗・腐食の"失敗三兄弟"が全事故の半数を占めることがわかった。そのくらい頻繁に起こるのならば、あらかじめそれを想定した設計を行えばよい。たとえば、表面に圧縮の残留応力が発生するように工夫するだけで、クラック（ひび割れ）の進展は防げ、損傷が阻止できる。航空機の工場では、現場の作業員が板厚0.2 mmの薄板（シムとよぶ）を常に携帯し、それ以上の隙間が空いていたら、シムを挟まずにリベットで固定するのを禁止するそうである。無理に力をかけて隙間がなくなるように固定すると、その変形の根元に大きな引張応力が生じて、疲労破壊を引き起こすからである。

このような努力の結果、大方の"失敗三兄弟"は防げ、信頼性が上がり、顧客満足度が上がり、利益が出るようになった。これが、本書の「はじめに」で上述した「データ重視の失敗学」である。もはや、どの分野でもこの方法がデファクトになっている。

技術的ではないが、組織的な失敗の上位概念として、よく起こる失敗が「不作為」である。不作為では、当事者はリスク低減を行わねばならないことを理解しているが、ナンダカンダと言い訳して先送りする。2005年頃、多くの経営者がコンプライアンス（法令順守）という言葉に敏感になった時期があった。工学的な「失敗学」の使徒以上に、経営学や法学のコンプライアンス・コンサルタントが一世を風靡し、「ルールをとにかく順守せよ」という精神論を経営者に説いていた。筆者もその手の仕事を請け負ったが、工学者は、華々しい精神論の前に、事実を観察するために失敗データを地道に集めた。そうすると、その組織のコンプライアンス違反事例のうち、何と8割が役所や顧客への書類未届け（あえて積極的に届けない、つまり不作為）であった。悪いのは虚偽ではなく、怠慢なのであった。もちろん、「ちょっとでも工程や管理を変えたら、変更点を役所や顧客に届けて承認してもらう」というのが基本的・信義的・紳士的ルールである。とくに、役所に変更点を伝えないのは、明らかに法律違反である。それなのに、変更の伝達義務範囲を拡大解釈して、「それくらいの変更は『まぁ、いいか』の類で許容される」と勝手に判断し、十数年間、不作為を貫いたのである。

不作為を貫けられた理由は、顧客の誰も困っていなかったからである。たとえば、不作為の例として、2017年、日産の無資格者が完成検査を行っていた、という事件が有名である。3か月間も訓練を受ければ、誰でも簡単に資格が取得できたのに、日産は無資格者に完成検査させていた。明らかに「法破り」だから100％悪い。でも、十数年間、無資格者検査による新車の事故やクレームは皆無で、顧客も困っていなかった。そもそもこの完成検査のルールが過剰で無意味だったのである。しかし、日本では法律と現実が乖離しても、法改正に至ることは滅多にない。

COLUMN

不作為の失敗のうち、筆者の身の周りで起こった特筆すべきものは、未成年者（20歳以下）の飲酒である。「お酒は（18歳以上で）大学に入ってから」が昭和の解釈だった。18歳から20歳までがグレーであり、おかしいと思いながらも、日本人の得意技の不作

為で、誰も表沙汰にしなかった。しかし、2006年、福岡市海の中道大橋で、飲酒運転車に追突されて海に乗用車が転落し、3児が亡くなるという痛ましい事故が起こってから、これまでは飲酒運転を黙認していた国民の目の色が変わった。ついでに、未成年者飲酒禁止法という、1922年の施行以来、大甘だった法律が厳密に適用されるようになった。ついでに、罪人は20歳未満の学生だけでなく、彼に酒を勧めた教授にも広がり、一発で馘首になった。昔はぬるかった。思い起こせば43年前、筆者も新歓コンパで酔いつぶれ、目を覚ましたらカビ臭い学生寮の床だった。これが有罪ならば、当時の学生の半数はトラ箱に収監されたはずである。でも、20歳の誕生日当日に人間は、蛹から蝶に変わるのか？

　お酒は18歳からでもいいじゃないか。日本の法律は無謬（理論・判断に間違いないこと。法学者がよく使う）で、絶対に不磨の大典（擦り減らず、長く価値を保つ法典。これも法学者の専門用語）なのか？

　法律が時代遅れでも、日本では法律を改正しない。文言の読み替えで、例外のケースが起こってもフレキシブルに運用するほうを選ぶ。たとえば、「日射病」は20世紀では怠け病の類に思われて、労働災害の範疇にも入っていなかった。中学生や高校生の部活では練習中に水は飲むなと言われてしごかれた。いまは、水泳部でも水筒をプールサイドに置いて練習している。高齢者がクーラーを付けずに熱帯夜を過ごすと脱水症状を起こすことが注目されると、正式名称として「熱中症」と命名されて、21世紀に入ると労働災害の主要事故に分類されるようになった。かといって、熱中症対策に関する法律が別個に制定されたわけではない。これまでの対象病名の何々等の「等」に当たると読み替えて、十分に対処できた。「等」は将来の変更に備えた、「保険」のような言葉である。

　しかし、いくら法律やマニュアルが時代遅れで過剰品質であっても、それを監督する人間（特に役人）がいる限り、誰だって監督業務のような割のよい仕事を失いたくないから、ルールは一向に減らない。かえって再発防止対策がルールに加わるから逆に増えていく。そして、ときには、自分で自分の首を絞めるような過剰品質ルールを不作為に改正せずに無視していたことが暴露され、たとえば、2021年6月の三菱電機の鉄道向け空調設備の不正検査事件のように社長が退任する。上述の飲酒防止でも、年齢確認がデフォルトの対処方法となり、63歳の筆者がコンビニでビールを買っても年齢確認されるし、学生も飲み屋で運転免許証や学生証の生年月日を確認される。でも日本国民は従順である。全員が、未成年者飲酒禁止法をナレッジとして知っているから、確認方法をルーティンとして一度覚えれば、面倒な年齢確認にも「いつものことだ」と諦めて腹を立てない。実際に飲酒事故が減少したことを考慮すれば、これも失敗のナレッジマネジメントの成功例の一つとも言えるが、国民が覚えなければならない法律も丸々と太っていくので不便になる。

「失敗学」による助言も AI がやってくれるようになる

　上述したように、令和になると、失敗のナレッジマネジメントの威力がストンと落ちてきた。原因は、巨大リスクの発現と、デジタル化の驀進である。

COLUMN

　まず、異常な巨大リスクの発現の影響を考える、何しろ 100 年に 1 回の天災だと、100 年前は科学的なデータがとれなかったから、ナレッジマネジメントの出番がない。さらに、巨大リスクを「個人では対応できないくらいに巨大なリスク」と定義すると、それは何も天災だけでなく、たとえば、10 章で紹介するように、東芝の巨額減損事件や京都アニメーションの放火事件も含まれることになる。いくら個人がリスクを負わないようにと、日頃から態度や動作に細心の注意を向けていても、青天の霹靂というか、天罰のようにリスクが降ってくる。これに対応するには、個人個人が「自分で考えて自分から行動する能力」を、鎧兜のように重装備しなければならない。

　たとえば、今回のコロナ禍では、感染防止の医療器具が不足して病院は崩壊寸前になった。そこで、看護師は自ら工夫して対応した。たとえば、テレビで放映していたが、「医療用保護服がなくなったらもう治療できません」とは患者の前で言えないから、ポンチョやゴミ袋を養生テープで貼り合わせて「簡易保護服」を作り出していた。マスクも同様である。使い捨てマスクの洗浄・再利用は、平時ではご法度だった。でも自分たちで主体的に提案してやってみれば、「すべてないよりはマシ」の状態まで向上し、医療崩壊寸前でも 8 割の安全は保たれていた。自分を正当化するために、役人が作ってくれるはずの標準マニュアルを無為に待ち続け、それに盲従する人ばかりではなかった。日本人も捨てたものではない。

COLUMN

　この 10 年間で、自分で考えて自分から行動する能力を、「考動力」と称して、多くの教育機関や企業で熱心に教育されるようになった。素晴らしい教育方法であり、賛同する経営者も多い。しかし、筆者が裏話を聞く限り、平時では事故後 1 年も経つと教育はおざなりになり、中間管理職もほどほどにしか熱を入れなくなる。なぜならば、ヒラの構成員に好き勝手に考えて動かれたら、統制がとれなくなるからである。たとえば、1,000 人の構成員のうち、1 人でも身勝手な人間が出てくると、事故は再発する。

　筆者が安全衛生管理室長だったとき、最も腹の立つことが「自己責任で実験するから口を出すな」と不良教員に罵られることであった。自分が事故に会うのは自己責任として自分で償えばよいが、事故が起これば東京大学全体の過ちになって、全員が営業停止になることを忘れてもらっては困る。事故の被害者が学生だったら、なおさらである。学生は労働者ではないので、労働基準法も適用されず、救済のために民事裁判で法外な賠償金を払わねばならない。教員の誰もが大好きな研究をやりたいので、仕方なく、面倒な安全教育や安全装置設置を受容するのである。

　会社でも同様に、暴走型の社員は警戒される。大学でも、身勝手な学生には実験させない。専攻長が陰でそっと配属希望表を操作して、コンピュータを使って計算するだけの理論屋の研究室に配属させる。多少、後ろめたいが、これが最も有効な事故防止策である。企業でも同じような配属をしているはずである。

　後述するように、考動力は「自分で考えて」と「自分から行動する」の間に、「上司や同僚に自説を納得してもらって」が手続きとして必要になる。そして、上司に納得してもらうためには、意見を戦わせる argument（議論、論争、主張）の能力が必要になる。しかし、上述したように、この論争を激しくやりすぎると、日本では上述のように身勝手だ、

生意気だ、うるさい、和を乱す、とか言われて排除されるから、多くの人は無駄な努力を回避して黙ってしまう。結局、個人個人で考動力を身に付ける、という教育プログラムを立ち上げても、受講者は上司や同僚の期待するような模範解答を暗記するだけで（模範解答も、普通は前回の受講者がマル秘サイトに載せてくれている）、論争を戦わせる必要もなくなって、教育効果が出なくなる。

　受講者のカコモン（過去の試験問題）探しが無駄になるように、教育者は常に「新しい教材（事故事例）を分析して準備する」という努力を怠ってはならない。技術者倫理の教育でも同様であり、20年間連続で、チャレンジャー号の墜落やタイタニック号の沈没を教材にして議論させているようでは、学生もバカでないから、全員模範解答を仕上げてくる。

COLUMN

　「はじめに」でも述べたように、最近、ファシリテーションとよばれる、国際的に標準となっている合意形成の"お作法"を学ぶ演習が、大学や企業で盛んになっている。しかし、日本人は議論がダメで、目を合わせないように黙っているか、さもなければ目を吊り上げて喧嘩になる。それくらいならば、目をつむって挙手して、恨みっこなしの多数決で決めたほうがマシ、と考える。何しろ、多数決は民主的に正当な決定プロセスだから、先生も文句は言えまいと開き直る。

　これではいけない。お互いに脳が活性化しない。それに、出てきた結論が平凡でつまらない。議論しないと、わざわざ会議をするまでもない、と思うような、平均的な模範解答の結論しか出てこない。たとえば、「研究員が率先してテレワーク促進方法を考えて、社長に提案しよう」という目的の会議を始めるとしよう。設計解は数限りなくある。たとえば、「パソコンとルータを支給する」「腰痛防止用のイスを支給する」「ハンコやサインを撤廃する」「労働時間は管理しない」「残業手当・通勤交通費を撤廃する」「毎日10時からZoomで定例会議を行う」「毎月末にジョブディスクリプションを提出する」「リモートデスクトップで事務所のパソコンを動かす」「SlackやLINEでリアルタイムに連絡をとり合う」「実験装置に10台のWebカメラを設置する」「リモートデスクトップで実験装置を動かす」などなどである。しかし、多数決をとると、十中八九で「労働時間は管理しない」だけが決まる。残りは、個人ごとに状況や能力が異なるから、準備が面倒なので先送りにする。でも、そんな結論は会議をやらずとも予想できる。ちなみに、東大では「労働時間は管理しない」も実現しなかった。筆者のスマホのメールには、3人の秘書さんからパソコンのオン・オフの報告が労働の開始・終了の証拠として送られてくる。筆者がほしいのは事務処理の成果であり、時間ではない。

　失敗のナレッジマネジメントの威力低減に話を戻そう。「はじめに」で述べたように、異常な巨大リスクに続いて、もう一つの威力低減の原因は、よく言えば「デジタル化の驀進」、悪く言えば「デジタル化の強要」である。たとえば、AI（人工知能）の活用が具体例である。この5年間で急激にAIが使えるようになった。ビッグデータが自動的に収集され、クラウドコンピュータで分析できれば、あとは誰でも支配的な要因を導ける。最も基礎的な多変数解析で数式

をいじればすぐにわかることだが、要は「固有値」を求めているのである。固有値が、エネルギの最高点や最低点、最適解や特徴量、共振や振動モードのような、とくに考慮すべき状態を意味する。

COLUMN

　AI が発展した分野として、将棋があげられる。元禄時代から現代までの棋譜（たぶん、50 万くらい）だけでなく、AI 同士に戦わせた棋譜（たぶん、10 億くらい）も集めてから、次の一手の候補を選び出し、それぞれの候補ごとに 30 手先くらいを読んで、最善手を決める。AI は定石になればなるほど最善手の過去事例を知っているので、当然、AI が人間よりも強くなる。1 年後にバージョンアップされた AI は、1 年前の AI と戦うと勝率 70％で勝つと言われているから、強さはいつ飽和して上げ止まりになるのだろうか。

　従来の人間が行う「失敗学」の助言は、たとえば、「高所作業では上を向いただけで眩暈が起こって落下しますよ」「エアコンを付けて寝ないと脱水症状で熱中症にかかりますよ」というような頻発事故への助言だった。今後は、AI と IoT（モノのインターネット）が生体センサの情報を検出して助言を代行してくれる。たとえば、スマホの中のセンサが、位置、姿勢、高度、振動、気温、湿度、風速、心拍数、血圧、血中酸素量、乳酸値、などを読み取って、身体の異常時には必ず音声で警告してくれるようになる。たとえば、上の例では、上を向いた時の首の角度や、脱水時の血流量や汗中塩分濃度を自動的に計測する。筆者はベンチャー投資の審査も副業にしているが、一部の技術はすでに実現されており、実に感心する（けれども、日本の役所の審査は長く、パーフェクト主義で厳しいため、一番乗りは常に米国や中国になってしまう）。

　AI が強くなると、失敗学の伝道師の出番が無くなる。伝道師の祈祷に払うお金があるならば、ビッグデータ解析機能付きの AI ソフトか、センサ満艦飾の IoT 付きの安全装置を買ったほうが有意義な失敗防止のご託宣が得られる。筆者の専門分野の機械設計においても同じで、深く考えないで設計したときは、3 次元 CAD の中の AI が、構造上のリスクを警告してくれるようになった。たとえば、組立できない、削れない、重心が高いとかを教えてくれる。ワープロで、スペルや構文のミスを指摘するのと同じである。さらに、その企業の失敗情報を集めれば、コストが高い、発注先がない、納期に間に合わないということを 5 年先まで予想して警告してくれるようになるだろう。ますます便利になる。

　こうなると、「失敗学」はどちらの方向に進めばいいだろうか？　衰退消滅か方向転換か？　その答えを 6 章で解いてみよう。

第**6**章

「情報の民主化」がもたらすもの
―――――――――― アフターコロナの失敗学はどのように変化するか

脱・(従来の) 失敗学を宣言して、もっと「違和感」を大事にしよう

　「失敗学」の伝道師は "事故や不祥事の対策係" として、令和の時代でも組織に貢献したい。しかし、人間がアナログ的に失敗のナレッジマネジメントをやっていても、仕事は自然に、デジタル的な AI にとって代わられる。何か「人間だけができる最強の能力」というものがないだろうか？

　答えの一つが (前章までにしつこく述べてウルサイだろうが)、自発的・無意識的に想起される「違和感」や「好奇心」の受信である。「おやッ、何か変だゾ？」「あれッ、以前と似ているナァ」「なんとマァ、美しいコト」と感じるような直観、疑問、感心、驚き、悲しみ、などの微弱信号を捉えればよい。このときは、いちいち「どうしてか？」「なぜか？」と論理的・合理的に深掘りしなくてもかまわない。違和感は前述の「考動力」が発揮されるまえの起点・きっかけ・トリガーになる。

　きっかけさえつかめたら、活性化エネルギや心理的障壁と言われるような、始動を遮る "静止摩擦力" は小さくなって、スルッと滑り始めるように思考が始まる。たとえば、ホテルでエレベータを降りて、廊下を 2 度曲がって部屋に入る。窓から海が見えると思いきや山が広がっている。はてな？　この違和感を起点に非常口をたどれば火災のときに逃げられる。感じなければ頓死するだけである。

　たとえば、筆者は、今年の安全大会で講演してほしいとか、学会に講演論文

を出して欲しいとか頼まれると、さて、どの実験結果や調査結果（素材）をどのようなストーリー（料理）で仕上げるかで悩む。このときの悩みがイライラにつながる。モレスキンノートに書き始めて、やっと3ページ目でストーリー案が創出されると、便秘が解消したような爽快感が湧き出てくる。この悩みは、芸術家や作家が悩むモチーフ探しに等しい。彼らは、いつも白紙のキャンパスや原稿用紙を前に呻吟している。

COLUMN

　筆者の2020年4月の経験だが、コロナ禍で外出自粛していた。ふと時刻を見ようとしたとき、自動巻きの腕時計が止まっているのに気付いた。これにはガーンときた。今の自分も同じだ！　つまり、閉塞感のイライラは「使わないと止まる」というおそれが原因だったのである。この違和感が想起されたあとは、脳の活動は再開され、類似のリスクも想定できた。たとえば、「自動車のバッテリーがあがる」「自転車のタイヤの空気が抜ける」「配管が腐食して水道水が赤くなる」のような技術的なリスクから、「定期が切れる」「頭が錆びる」「足腰が弱くなる」などの個人的なリスクまで、連想ゲームのように出てきた。でもいずれも昔、経験した失敗だから、再発防止対策は簡単に見つかる。

　コロナ禍の中、オンライン講義した教員ならば、「あれッ、オンラインでも双方向で実時間に知識伝授できるゾ！」という違和感をもったはずである。つまり、デジタル化は「食わず嫌い」だった。コロナ禍以前は（略してB.C.。このCはキリストではなく、コロナ）、教育学の有識者が唱えるご託宣、たとえば「対面で生徒の目を見て教えないと、相手の能力に合わせて知識を伝授するなんて絶対無理！」をよく考えもせずにパクっていた。でも、オンラインでも、生徒の目は画面を通して見える。オンラインでわからないのは、その人の体格や歩く姿である。顔より下は見えないから当然である。4月に研究室に配属された4年生を10月に初めて対面で見たとき、顔と声は覚えているのに名前がわからなかった。筆者の脳は、これまで体格と名前を紐付けしていたのである。

　「オンライン教育が有効である」とわかれば、持論（妄想？）も次のように続く。これまでは、大学の教室の最大定員は200人くらいだから、学生の総数をその教室定員数で割ると、多くの講義室が必要になり、多くの教員も必要になった。しかし、Zoomで一度に2,000人の学生をぶら下げて教えれば、講義数も教員数も1/10になる。つまり、10人中、9人の教員は馘首でき、人件費が減少して経営者も喜ぶし、学費も下げられるので学生も喜ぶことになる。もちろん、2,000人の学生の目をパソコンの画面で見ることは不可能である。しかし、模範的・積極的・典型的な学生を10人選んで日直に任命して、彼らに実時間で質疑応答してもらえれば、残りの1,990人も双方向で議論したような気持ちになれる。

　でも同時に、「オンラインで不要になったから、僕がクビになるかも？」という違和感が想起されると、教員に将来の不安が持ち上がってくる。とくにグータラ教員は黙ってはおられず、よからぬ妄想を始める。まず「オンライン講義こそ人間性蔑視、文化破壊、合理化手段である」と国鉄の労働組合風に叫んでデモ行進する。しかし、大学も倒産したら元も子もないから、そこでたとえば、「2022年4月までにオンライン講義に移行できな

い人材は、終身雇用の正社員から早期退職者用の不適正社員へと格下げする」と公表する。1969年の安田講堂事件以来の抗争が52年ぶりに始まるかもしれない。サバイバルのためにグータラ教員でさえも活性化されると考えれば、これも悪くないか……。

　大学教員が今後も生き残るには、常日頃から、「そもそも学校で学生に教えなければならない知識とか知恵は何か？」を、教室のキャパシティや雇用の制約条件とは無関係に考えておくべきである。そうすれば、教育すべき知恵（物事の筋道を立て、計画し、正しく処理していく能力）の一つが、「学生が自ら仮説を考えて、その自説を実験で立証し、それを皆に納得させる」という仮説立証・議論形成の能力であることは容易にわかる。ちょっと頭を冷やせば、これまでも、大学内ではこれと似たような教育を施してきたことに気付く。つまり、理系ならば卒論で、または、文系ならばゼミで、先生と学生とが一対一で議論するという教育を実行していたのである。ここで仮説立証・議論形成の能力が醸成される。

COLUMN

　このように、「違和感と好奇心によって励起された仮説立証・議論形成のプロセス」の醸成は、「失敗学」でも大学教育でも、次にやるべき目標である。逆に言えば、それ以外の作業はホドホドに手を抜いたほうがよい。たとえば、卒業論文前の知識詰込みの講義は、オンラインにして省力化するほうがよい。テレビのネットワークのように、全国の大学を10のチャンネルに分けて講義配信すれば、教員の数が大幅に減らせる。

　米国ではMOOC (Massive Open Online Courses) という講義配信システムが2012年からスタートした。2020年のデータによると、大手のMIT系のedXは145パートナーが2,800コースを提供して利用者は2,800万人、スタンフォード大系のCourseraは213パートナーが4,478コースを提供して利用者は4,700万人もいる。教員は超一流であり、プロのスタッフがビデオ教材、演習課題、オンライン教科書、ディスカッションフォーラムなどを用意するので、卒論前の知識を得るためだけの講義はこれを買ってくれれば十分である。でも、米国では、全国共通のMOOCを買ってくるだけでは、その大学の独自性が失われることが問題になった。そこで、MOOCと並行して"反転講義"とよぶ、自前の補習講義と議論の場を大学ごとに設けている。

　MOOCは、言語が英語だから、グローバル化にも適している。航空アライアンス網のように、たとえば「東京大学はMIT系だけど、京都大学はスタンフォード系だよね」と世界中の大学でアライアンス網が生まれてくる。同じ教材を使うのだから、留学もアライアンス内では自由にできる。こうなったら、講義するだけで研究がパッとしない、英語も不得手な国内派の教授なんて、確実に不要になる。

　『大学は何処へ』（吉見俊哉著、岩波書店、2021）によれば、もう一つ、オンライン講義を有効活用した教育の設計解が存在する。それはミネルバ大学で、世界の7都市の学寮しか施設を持たない。学生は少数精鋭で、学寮を回りながら、同時双方向型のオンライン講義と街に出て行う現場プロジェクトを実施する。1クラス18名以下というから、

Zoom の 1 画面に映る人数で決めたのかもしれない。学寮しか資産がないから、学費も安い。いまは大人気で、合格率 2% 以下だそうだ。筆者も若ければ、この大学で学びたい。

時代は動いている。明日の答えは、昨日の答えと必ずしも同じではない。自分で感じた違和感を起点に、自説を展開する能力こそ、いま、必要である。それなのに、逆方向に顔を向けて「結局、偉い人の命令に逆らっても無駄だから、自分は黙ってそれに付いて行くだけサ」と嘯いていると、後述の「AI 失業者」になるのが関の山である。

脱・失敗学宣言をしたあとの組織はどうなるか？

さあ、いまこそ、従来の「失敗学」、つまりナレッジマネジメントの「データ重視の失敗学」を程々で切り上げて、次の「ICT 活用の失敗学」に進もう。本書の題目のとおり、脱・失敗学を宣言する。実行後は、過去のデータに頼るのではなく、自分の脳ミソを使って将来を予想する。とりあえず、違和感や好奇心を起点に、リスクやチャンスの持論を作り、ICT を使って片端から上長に報告してみよう。

20 世紀のこれまでの組織は、図 6.1 (a) に示すように、生産実績の情報が下から上へ流れる「ピラミッド組織」であった。一方で、命令情報は、独裁者のような社長から、トップダウンで中間管理職を経て上から下へと流れ、最後は最下部のヒラに落ちてきた。失敗学で問題になるルールやマニュアルも、図 (b) に示すように、トップから五月雨式に構成員に落ちてきた。もちろん、図 (a) のように日々の活動報告が逆に、下から上へと文章で伝達されるが、情報量を比較すると、圧倒的に図 (b) のような上から下へのトップダウンの命令のほうが多い。

このピラミッド型の命令過多は、軍隊の組織体制と同じである。というより、20 世紀の会社は押しなべて軍隊組織を模倣していた。社長にはエリート参謀が補佐している。社長がヒラの兵隊の意見をイチイチ聞いていたら、決断が遅れるだけなので、あえて聞かない。リーダが下々の構成員の名前や行動を覚えられるのは、脳科学の教科書を見る限り、最大 150 名の組織までである。それまでは家業のように社長がオヤジになって家族経営できるが、社員が 1,000

(a) これまでのピラミッド型

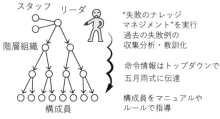

(b) 昭和・平成の失敗学

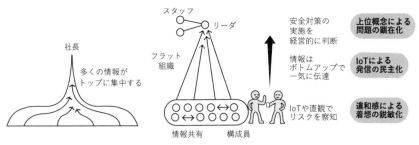

(c) これからのフラット型　　（d) 令和の失敗学（民主化でリーダから構成員に主権交替）

図 6.1　次の 10 年間に組織が変わり、失敗学も変わる

人にもなれば立派な事業になり、もはや軍隊組織を真似るしかなかった。

　21 世紀のこれからは、図(c)に示すように、たとえ社員が 1,000 人でも「フラット組織」になる。リーダが 1 人なので、ピラミッドの三角形を上に摘まんだような形になる（NOTE その 2 の左ト⑤に、上摘まみ形を手書きで描いていた）。つまり、リスクやチャンスのネタ話が大勢の部下からボトムアップで 1 人の上長に直接、報告されるので、膨大な情報が下から上へと逆方向に流れるようになる。失敗学に関係する違和感も、ネタ話として、図(d)に示すように、下から上へと一気に伝達される。

　このとき、「上位概念による問題の顕在化」「IoT による発信の民主化」「違和感による着想の鋭敏化」が同時に進行する。2 番目と 3 番目はこれまでに詳述した。1 番目は、リーダに上げられてくる情報が余りに多くなるので、リーダとそのスタッフは上位概念ごとに分類分けして問題点を顕在化させなければならない、ということを意味する。これはリーダにだけ要求される能力である。現在でも企業の統括部長くらいの上位役職にいるリーダは、1 日に 200 から 1,000 件のメールの処理をしなければならないので、自然と身に付いている。

メールを処理していけば、「Aプロジェクトは停滞気味である」「情報のハブ役のBさんは仕事過多である」「来月にはC社への発注が予算超過になる」というような問題点に気付くのである。逆に言えば、それくらいの処理能力がないと、リーダには不適である。といっても、AIを導入すれば、全メールを調べてホットな話題を簡単に示してくれる。高給取りのスタッフをAIに置き換える動きが、今後、加速するだろう。

　また、上長がそれらのすべてのネタ話を無視したら部下にリコールされるので、いくつかは命令情報として実行しないとならない。それでもどちらが力を握っているかというと、それは上長よりも下っ端の構成員のほうである。つまらない命令を下せば、クレームが何倍にもなってリーダに返ってくる。

　アフターコロナに主権交代が起こる。リーダよりもヒラの力が強くなる。構成員も自分の意見が運営にフィードバックされるから、「わが組織」という自覚が生まれて、皆の脳が能動的になる。

COLUMN

　このフラット組織は、1990年頃に流行った。ミッションやプロジェクトごとに一致団結しやすく、多くの企業が採用した。しかし、終身雇用や年功序列は依然として存続したので、ガチンコの能力主義だけのフラット組織は、たとえ任期限定であっても日本の会社では実現しなかった。日本では「わが組織」という自覚を「家族主義」で醸成していた。これが20世紀では大成功していたので、年功序列が残ったのだろう。しかし、いまの若い人は、工場長を「オヤジ」とはよばない。家族主義以外のイデオロギーが必要である。

　筆者が、2019年11月のJR東日本の安全大会に参加したときの話である。会社は全社員にタブレットを配布して、全部署で各人のネタ話を拾い集め、それを基に安全化や合理化の集団活動をしていた。そのいくつかの実録を聞いて感心した。日本人は、組織の底辺の構成員までモラルが万全なので、「積極的に脳を動かして多くの違和感をキャッチせよ」と命令されれば、褒賞や罰則を与えなくてもそれなりにできてしまうことがよくわかった。1980年頃から流行った現場の小集団活動がよい例である。さらに、小さいころからスマホやゲームに慣れ親しんでいる若者にとって、ICTの扱いは至極簡単なことであるから、オジサンも若者の真似をして、ICT経由でネタ話を上長に上げることができた。

　といいながらも、オジサン世代にとっては、デジタル化は自分の存在否定の刑罰に等しくなる。たとえば、2020年4月のオンライン講義の強要は、当時61歳の筆者にとって早期退職勧告のように聞こえた。でも筆者はラッキーなことに、若い教員や学生、若い秘書が助けてくれた。ふと気付くと、企業で定年退職を迎えた同期生は、世の中に「1周遅れ」のデジタル難民状態になっていた。もう、デジタルによる働き方改革について行けず、もう1回働きたいと言っても、出戻りは許されない。パソコンでZoomが開けないと、その身がこの世に存在しないのと同じ扱いになる。

情報の民主化が実現すると、失敗学が変わってくる

　このように、毎日、下々がネタ話を上長に献策するから、組織がこれまで願ってもできなかった「情報の民主化」が簡単に実現した。下々の構成員全員が、組織の目や耳、鼻になってリスクを見つけるのである。高給の専門員を雇わなくてもいいから、こんなに効率のよい話は他にない。

　またリーダは、その下々から寄せられた、多種多様で1日に数百通の情報群を基に、上述したように、上位概念を正確に組み立てられる能力が課せられた。これは容易なことではないが、それができる「スーパーマン」だけが生き残りを許される。仮に、彼にその能力がないと、組織自体が回らなくなるのは火を見るより明らかである。自然とリーダには、年齢にかかわらず、衆目一致する人物が指名される。決して年齢順に指名されるわけではない。

　こうなると、図6.1(d)で示したように、中間管理職が要らなくなる。図(c)のヒエラルキー（hierarchy）のピラミッド組織から、不要な中間管理職が抜け落ちて、ヒラ社員とリーダだけのホラクラシー（holacracy）のフラット組織に速やかに移行することは、至極自然の振る舞いである。確かに、構成員に各自のICTをもたせると、連絡メールを本部長や社長に直接、直訴のように送るのは容易になる。これまでの稟議書類、つまり、中間管理職のハンコが端から数個押してあった書類は不要になる。また、毎朝、社長の訓話が目の前で話しているように聞け、結果的に情報伝達者であった中間管理職が淘汰される。

　といいながらも、日本にはいまだに年功序列が抜けずに、年齢に応じたお飾りの役職も存在する。たとえば、副や補佐が付くような職種、副課長、課長補佐、副参事、副部長、副技師長が各組織に数人ずつ存在する会社もある。そんなに大勢のスタッフは要らないのに……。まあ、令和10年までには一掃されるだろう。

　フラット組織は、歴戦の分隊長が数人の兵士を統率して橋頭堡を築く、という海兵隊の組織に似ている。同じ軍隊といっても、海兵隊は、敵の情報量が少なくても緊急に強襲するという役目を持つ。企業や大学の研究開発部門でも、同じような役目を担っているリーダは、玉石混交の違和感情報を、毎日100件以上即断しないとならない。従来のように、終身雇用で順送りに出世してき

た人材では役不足である。リーダはヘッドハンティングされた、いわゆるジョブ型のスペシャリストが就くべきである。彼は「期日までに何をやるべきか」を記した job description（職務記述書）を社長と交わすのである。これは欧米型の戦う組織そのものであるが、日本の企業もいよいよ変わらないとならない。

COLUMN

　筆者が教授なりたての 20 年前の話である。副研究科長と一緒に、各講座に配属されていた約 120 名の技術職員と、1 人ずつ面談した。講座を越えて、共同設備を運用するプロフェッショナルになってもらいたかった。そこで「A4 の紙に job description を書いて、当日おもちください」と頼んだ。そうしたら半数の人が、お習字のように「技術補佐」「研究支援」と意地悪く大書してきた。これには驚いた。そもそも日本では採用時にそのような契約を結んでいなかったのである。筆者が米国の会社に勤めていたときは、事細かに job description を書いた。それを書かないと、毎年の評価が決まらず、昇給も決まらないのである。

　大学では、すでに教授は公募が普通になってきた。たとえば、准教授で 42 歳まで講座の番頭として励んでいても、上司の教授が定年退職したあと、自分独自のカラーが出せないと講座を継げない。准教授のポストも実験室も学生も取り上げられて、講座は「サラ地（建物を撤去しただけでなく、借地権などの権利も設定されていない土地。次の新任教授が移りやすくしておく）」にされてしまう。そこまでいかなくても、同じ年齢のライバルが落下傘で上長の教授に就任する（准教授はそれ以上、出世できないから異動するしかない）、という悲劇も起こる。会社よりも大学のほうが、「正社員ならば終身雇用が当たり前」という前世紀的な状態からいち早く脱皮している。能力主義の主要指標が、主に学術論文数だけで決まるので、温情や忖度が入りにくいのも一因だろう。リーダーになるのも大変である。

　さらに、フラット組織では、部下のほうも大変である。違和感や好奇心のネタ話を献策できない者は、AI が分析した施策に従うだけの存在になり、いまひとつ影が薄くなる。もしその組織が、今回のようなコロナ禍に襲われると、影が薄い人から "いの一番" に馘首され、いわゆる「AI 失業者」になる。影の薄い人の多くは、とにかく変わることが不安の種になるので、結果的に過去と心中するしかない。

　一般的に、フラット組織の結果は見事なものである。部下のヒラは違和感や好奇心に基づくネタ話を毎日リーダに上げ、リーダのエリートも毎日、上げられたネタ話を速読して対応する。「失敗学」が大幅に進展することは間違いない。実際、数人の事なかれ主義の中間管理職に段階的に判断してもらうより、1 人の賢いリーダーに 1 回で判断してもらうほうが、ミスがないし、決断も速い。

　でも、こうなると「日々、これ戦場」という状況になる。情報のやりとりは ICT の技を駆使して、少しの動作でもできるだけ簡単に実行しないと体が潰れる。メールは面倒だから、Slack にしようというのもこの流れである。たぶん、ネタ話は長々とした文章ではなく、たとえば、写真や動画も添付したものになる。さらに、それを撮影したところの位置情報や天候データまで自動的に添付されればもっとよい。全員がデジタル技術という鎧を

まとった重騎兵になる。

COLUMN

ICT を極端に利用していない職場の典型例として、『ブラック霞が関』（千正康裕著、新潮社、2020）に描かれた職場が参考になる。著者は厚労省の役人だった。彼のグチは、霞が関の官庁に勤めている筆者の研究室の若手 OB のグチと同じだった。つまり、国会、とくに参議院はタブレットやパソコンの持ち込みは禁止なのである。だから、国会議員の先生の質疑応答は、役人が作った紙の答弁書を使って喧嘩しないとならない。それも、先生は前日の夜に質問を送ってくるから、役人はその晩、徹夜になる。目先の答弁書作成や議員向けレクチャーに追われ、午前様帰りのブラックな労働環境になる。次いで肝心の政策作りの時間はなくなり、そのネタとなる現場を見る時間もなくなり、精神が摩耗して家族も崩壊して、千正氏のように最後は離職する。そのようなブラックの噂で、この 10 年間で東大から霞が関に就職する学生も半減した。まず国会議員からタブレットをもって、オンラインレクチャーに文化を変えるべきであろう。役人をよびつけるたびに、議員になった喜びを感じているようでは、この国はお終いである。

2020 年 2 月 20 日に、東大の「Beyond AI」の発足記念シンポジウムで、台湾のオードリー・タン情報担当大臣が Zoom で出演してくれた。『オードリー・タンの思考』（近藤弥生子著、ブックマン社、2021）によれば、彼（彼女）はもともと天才プログラマーであり、2020 年 3 月、マスクがどの店で売っているかというアプリまで自分で作ったそうだ。英語も堪能で、しかも自分の意見をカンペなし、メモなしでしっかり言える。ソーシャル・イノヴェーションとよぶ、社会問題を解決するための ICT 活用の変革を目指している。日本の政治家と比べて、リーダシップに大きな違いがある。

COLUMN

AI 失業者になりそうな人々は、単純でいくらつまらない仕事でも命令されたことは確実に粛々と反復できる。さらに、真面目だから逃げずに完遂できる。しかし、困ったことに、単純で反復的な仕事はロボットや AI のほうが適している、という世の中になった。福祉、清掃、土木、農業、配達、食品、組立、経理、レジ打ち、庶務などの仕事は、誰かがやらねば世の中が回っていかないが、とくにスペシャリストである必要もないし、省力化も簡単である。その結果、南欧やアフリカのように、日本も失業率は数十％になり、日長一日、店先でお茶を飲んでいるようなオジサンたちが多く出てくるのだろう。

幸いなことに、日本は令和になってから人口と経済の縮小期に入るから、上述の単純反復作業の省力化への投資さえも、貧乏でできなくなる。だから、AI 失業者も何らかの職に就けるだろう。でも、年収は 200 万円以下と低くなり、一軒家を買うなんて夢のまた夢になる。今後、高齢者が大量に亡くなって空き家が急増するが、それをリフォームして、さらにシェアするのが普通の生き方になる。

上述した『ブラック霞が関』の中で、ブラック化防止対策として、(1)不要な業務は廃止する（たとえばハンコの廃止）、(2)不要でないとしても、人力の作業を自動化する（たとえば OCR（Optical Character Recognition、光学文字認識）によるデジタル化）、(3)人力でしかできないとしても、専門性のない

仕事は外注化する（たとえばデータ入力の外注化）、が提案されている。これらは、すべての作業効率化のプロジェクトに当てはまる施策である。しかし、この外注化が国内で閉じていればよいが、海外にばらまかれると、国内の AI 失業者数は拡大する。いまから 5 年のうちに、国境を越えて 1 時間 4 ドル程度と日本の最低賃金の半額で、喜んでインターネット経由で働く人が海外に生まれてくる。10 章で後述するが、日本文化の象徴のアニメ番組の動画マンは日本人ではなく、デジタル機器を使って国境を越えて働く、中国人や韓国人である。彼らが制作単価をどんどん下げて、日本人アニメータを圧迫している。

　いったい、日本人はどの職業で働けばいいのだろうか？　筆者もいろいろな本を読んでいるが、いままでにナルホドと思うような提案に出会っていない。SDGs（Sustainable Development Goals）の 1 番目が「貧困をなくそう」である。世界中の人が設計解を考えている。

　さらに、数十年に一度の異常な巨大リスクが起こると、正社員もクビにはならないだろうが、ミッションを大幅にかつ頻繁に変えることを強いられる。このとき、図 6.1(d) の民主化されたフラット組織は、開放的・多様的・流動的で変幻自在に実情に対応できる。警察の重大事件の捜査会議がよい例である。事件に合わせて、構成員を指名して、期間限定の mission oriented のフラット組織を構成する。決して、所轄の捜査 1 課だけが縦割りに担当するのではない。ということは、フラット組織であれば、たとえ明日に異常な巨大リスクが起こったとしても、「失敗学」はフレキシブルに対応できるようになる。日本では、危機管理監が 2000 年の有珠山噴火のときは即断力を発揮したが、その後はサッパリで、2020 年のコロナ禍のときは時代遅れのファックスを使って情報を伝達し、判断は遅れに遅れた。日本の公的機関は歴史的に見れば、フラット組織に変わったことがない。とすると、情報の民主化は、役所では実現不可能かもしれない。

COLUMN

　本当に日本の民間企業は、フラット組織に変われるのか？　今でも終身雇用が社会規律の根本だと信じている経営者も多いから、そうは簡単に移行しないだろう。2021 年 6 月に設計工学の講義でソラコムの玉川憲社長（彼は筆者の研究室の OB）に講義してもらった。彼は、IoT のソラコムを起業して 2 年後、KDDI に一部売却し、200 億円を得た。ちょっとしたユニコーン（創業 10 年以内に評価額 10 億ドル（1,000 億円）以上）企業である。彼は Amazon でも働いていたが、研究開発部門は平均して 8 人のフラット組織（ホラクラシー）で構成されるそうである。そこでは自律的な構成員が分業しているが、情報は共

有される。構成員の人数は、ピザ2枚でランチ付きのミーティングができるくらいがちょうどよいらしい。確かに8人より多いと、Slackの共有情報も多すぎて読めなくなる。

　しかし、日本のほとんどの組織は、令和の時代になってもヒエラルキーを続けるだろう。その結果、異常な巨大リスクに対応できずに、江戸末期の徳川幕府のように、黒船が来ても祖法を守って弱腰で硬直な決断しか下せなくなる。なぜならば、社長がリーダとして、バランス重視の調整型人材を選ぶからである。岸田首相のように聞く力が重視される。平時ならば、融和策でもよい。無駄な組織内摩擦を生まないので、見た目の作業効率は高くなる。しかし、戦時には、明治維新の元勲のように、決断の優れたリーダを能力主義で選びたい。独裁的な中国共産党は、強いリーダシップを振り回し、コロナを強制的に収束できた。一方、独裁者は間違いを自ら訂正できないので、最後はどこかで暴動が起こって転覆する。独裁者も長所と短所があるが、こと日本の令和時代に限っては、ほどよく強いリーダのほうが適切である。

　といいながらも、筆者個人の気持ちとしては、情報統制化の独裁組織よりも、情報自由化の民主組織のほうに生き残ってほしい。NOTE その3で述べたように、歴史家のハラリ氏もそう言っている。でも希望と現実は乖離している。たとえば30年前から、「人民が豊かになれば中国は民主化するはず」と世界中の人々が予想していたが、そうはなっていない。民主化どころか、中国はますます共産党が強くなり、米国を抜いて世界一の経済国家になる可能性が高い。ついでに世界一の軍事国家になろうとも考えている。マンガの『空母いぶき』（かわぐちかいじ著、小学館、2020）のように、東シナ海から太平洋に出るために沖縄の島々を占領しに来たら、日本は面倒なことになる。

　アフターコロナの先は見えず、不安が絶えない。こうなると、筆者のように「変化が大好きでワクワクする」と答えるような、前向きの人間だけしか不安を克服して生き残れないだろう。変わることを恐れてはいけない。この世に不変で安定なものはない。「盛者必衰の理」と言われるくらいだから、今後、米中がこれまでどおりに覇権争いを続けられるとも思えない。10年以内に両国の内部が劣化して、もうこの辺で競争をやめようという選択肢も出てくるかもしれない。そのときが日本のチャンスである。他人の話を聞くのではなく、自ら立ち上れる首相を選ぼう。

　今後、情報の民主化が進み、組織がフラット化されることは間違いない。少なくとも、日本、それも研究・開発の部門ではその流れが顕著になろう。実際に、大学は教授が神様、学生が奴隷のような講座制に代わって、教員・学生がパートナーとなって働く、工房のような体制に変化している。そこでは、学生もリスクやチャンスを違和感としてとらえ、実験ノートに記している。学生も十分に戦力になっている。いわんや中堅・老練をや。誰でも自ら活性化できれば戦力になる。

第7章

文豪に学ぶ科学の基本姿勢
—————————— リスクを感じてから仮説生成してみよう

まず街に出て、違和感や好奇心でリスクに気付こう

　受験勉強のように知識を貪欲に脳へ入力し続けても、コンピュータの保存操作と同じで、あまり創造的でもなく、面白くもない。ここでは勉強場所を移してみよう。4章で示したアイデアノートの内容のように、好奇心のおもむくままに、テレビ番組を見て、書籍を読んで、講演会を聴き、芝居を観る。そこで違和感を見つけてから、いろいろと自分で考えて、作り上げた自論や設計案を誰かにぶつけてみる。「はじめに」の図 0.1 で説明したように、「ICT 活用の失敗学」では違和感・仮説・自説・実行の順で進めるが、その最初の段階の違和感は、普段と違うことを経験しないとなかなか思い浮かばない。

COLUMN

　2021 年 2 月 25 日、録画していたコズミックフロントの NHK 番組を何気なく見た。我々の天の川銀河は、100 億年前に中型の銀河と衝突してから、平穏な日々を 100 億年過ごしたそうである。いまから 20 億年後に 16 万光年離れた大マゼラン星雲と衝突する予定だが、このときは太陽系がピンポン玉のように弾き出され、地球にも隕石が雨霰と降り注いで生命体は全滅するらしい。また、「最新技術で観測される 133 個の直径 10 万光年レベルの大型銀河のうち、100 億年も銀河衝突なしで平穏だった銀河は天の川銀河を含めてたった 6 個しかない」と英国人の研究者が言っていた。感動が込み上げてきた。この地球は、広大な宇宙の中でも稀にしか存在しないような、生命体を育める「奇跡の星」なのだ。非常に愛おしい。この感情も違和感の一種である。

　2020 年 6 月 23 日に、オンライン会議で、東大経済学部の高名な藤本隆宏教授の日本の生産文化の話を聞いた。筆者は、せっせとスマホで検索しながら、横文字の経済用語の意味を調べながら拝聴した。「なるほど、そうなのか」と論旨がわかったらうなずくけれど、

眠たくなってきた。ガマンガマン。そこで開き直って「エコノミストでなく、エンジニアから見た生産文化を私が考えてみよう。講演が終わったら、その妥当性を質問しようっと」と気持ちを切り替えた。そうしたら俄然、脳が動き出して面白くなってきた。これが方向転換への好奇心である。

講義している側としては、講義中の学生には、常に質問してほしい。小学生からの学習文化、「先生の話は正しい」「反論はご法度」「講義中はご静粛に」をリセットしよう。Zoom だったらチャットすればよい。CommentScreen（プレゼン中に聴衆のコメントがスクリーンの右から左へ流れるアプリ）でリアルタイムに意見を聞く講義もある。大学生なんだから、大人の議論に挑んでみよう。教授という人間は、そのような議論に耐えられるように設計されている。耐えるどころか喜んで参加する。

議論するときは勇気をもつ。ゆめゆめ、「私の自論はすでに誰かの持論と同じかもしれない。恥ずかしい」とは考えない。どのようなニッチの研究テーマでも言えることだが、いくら本人が独創的・新規的と信じたところで、「世界中に同じことを考えている人は、最低5人いる」らしい。それならば、ここではその5人を探す前に、「自分は人類初めての見解をもつ5人のうちの1人だ」と開き直ってみよう。ドーパミンが出てきて俄然、やる気が出てくるはずである。私は場を乱していると心配するほど、周りは君を気にかけていない。

COLUMN

これまで学生の目標は、「正答が一つしかないテストでよい点をとること」だった。2＋3は、5以外に正答はないから5と書く。しかし、指を使って数えていては解答時間が長くなるので、"できすぎ君"は2＋3＝5と丸暗記して瞬時に解答する。脳は反応ではなく、反射の運動を起こす。このように、単なる暗記・反射運動は、脳の小脳や海馬の "やっつけ仕事" にすぎず、大脳の演算回路はすぐに仕事から干されて委縮してしまう。

もしも、大学の期末テストの問題が「人工知能の定義を述べよ（それも穴埋め問題）」とか「鋼のヤング率はいくつか（それも選択式）」というような、暗記で解けるものばかりだったら、脳にとっては悲劇である。解いたところで、新しく発見・発明するわけでもなく、さらに、世界中に向かって独自な見解を発信するわけでもない。つまり、解答者が創造的でも生産的でもないから、誰からも尊重されない。有能な脳にとってみれば "無駄使い" や "空回り" に過ぎず、楽しくもない。

そもそも「調べ学習」で正答が簡単に見つかるような、知識の有無を調べるだけという、つまらないテスト問題を出題した教授たちも悪い。暗記結果を確かめる問題ではなく、思考方法を確かめる問題を出すべきである。このときは、スマホ持ち込み可で、友達相談やグーグル検索が全部アリアリだけど、解答がバラバラで百家争鳴になるような問題が好ましい。そうすると、評価が採点者によってばらつくので、マスコミは公平性に欠けると批

判するだろうが……。でも中国の科挙のように、段階ごとに受験者 100 人に 1 人の割合で合格させる、という低合格率のテストならば、これで十分である。東京大学は講義ごとに、優のうえに、優上 (excellent) という評価を受講者の 5％に与えている。小論文方式の設計問題を出した場合、確かに、誰が読んでも素晴らしいと思うような解答は、それこそ 5％くらいであり、優上を簡単に選べる。

工学部ならば、たとえば「IoT と AI を使って、誰でも乗れる一輪車を設計し、図示せよ（実際にメカトロ演習で学生が挑戦したが、加速度計を直交 3 軸に付けただけでは、なかなか安定制御できない）」という問題を出せばよい。図示させているから、第一次審査では、ズラッと解答を並べて眺めればよい。第二次審査では全文読む。出題者も正答がいくつあるのかがわからないから大変である。筆者の設計工学の試験では、受講者が 100 人もいれば、5 人くらいは出題者さえ想像できなかった珍答を出してくるが、珍答に出会うと楽しくなる。筆者は一輪車に乗れないが、乗れる小学生に聞いてみると、自転車と同じで漕がないと安定しないそうである。フライホイールを内蔵した自転車が最も簡単な解であるが、ジャイロモーメントに対して左右の倒れをどうやって制御するかが見ものである。設計初心者の学生でも、持てる知識を総動員して論旨を組み立てて、相手が納得するまで持論を展開してみよう。

人間の脳がどんなに頑張っても、記憶力ではコンピュータに負ける。脳をコンピュータよりも生産的・創造的・独創的に動かすための「はじめの一歩」は、前章で強調した「違和感」や「好奇心」である。ルーティンワークで忙しい時間帯の中で、たとえ数秒間でも、「アレッ変だな」「何かに似ているな」「面白そうだな」と感じる瞬間を捉えればよい。

しかし、信号が微弱なので、すぐに忘れてしまう。そこで、この一瞬の気持ちを何かに記録することが大事である。筆者の記録体は 4 章でしつこく紹介したモレスキンノートである。

COLUMN

幸いなことに、最近は ICT が急激に進歩したので、アイデアノートとしてこれを用いてもよい。ICT は、その違和感や好奇心の対象を、即座に記録・分析できる。たとえば、先日、筆者の自動車のラジオから何やら調子のよいピアノのメロディが流れていた。何という曲だろうか。車を脇に止めて、スマホに向かって「NHK の FM でいま、流れているクラシックは何？」と聞くと、たちどころに Google が「ドヴォルザークのピアノ協奏曲」と教えてくれた。なるほど、筆者は、彼の弦楽四重奏曲のアメリカが大好きでいつも BGM で流しているから、それに曲調が似ていて心地よさを覚えたのだろう。

これも先日の話。ユニクロでヒートテックのタイツを買って、セルフレジでバスタブのような凹みに投げ入れた。すると、商品名と値段が表示されるではないか？　なぜ？　もう好奇心が止まらない。タグを見ると左上に RFID とある。そうか、チップが隠されているのか？　グーグルで「ユニクロのセルフレジ」と音声入力すると、誰かが「RFID が付いている」と答えてくれた。そこで、隣接のスーパーの野菜売り場の前で立ち止まり、タ

イツのビニール包みを外し、型押しの紙をバリバリと破り、爪を立ててタグを捲り、やっとのことで 1 mm 角の RFID とアルミ箔のアンテナを見つけた。自分はヤッターと満足したが、妻は「恥ずかしいからやめて」と囁いてサッサと行ってしまった。

　夏目漱石の日記の中に、上記の内容に似たような名言がある。「真面目に考えよ。誠実に語れ。摯実に行え。汝の現今に播く種はやがて汝の収むべき未来となって現れるべし」である。言葉を変えれば、「持論を創出し、それを仲間と議論し、最後に正しさを実証すると、君の未来は明るい」となる。

　これは、サイエンスのお作法の「仮説生成」+「仮説立証」そのものを説明している。漱石先生は、ロンドンの下宿に籠って英文学を勉強するうちに、神経衰弱になった。そもそも日本人が、英国人になりきって英文学を毎日、缶詰で勉強していると、脳は従属的な作業に従事することになり、楽しさが湧いてこない。帰国後、漱石先生は上記の名言を実行した。つまり、自宅の猫を観察して、逆に猫が人間を観察していたらどう映るか（好奇心、違和感、モチーフ）を思い付き、そのストーリーを膨らませて（仮説、自論、持論）、『吾輩は猫である』を書き上げ（実証、実験、実行）、最終的に明治の文豪になった。

COLUMN

　お作法の前半の仮説生成は重要である。いまは小学校でも、理科の実験を始める前に生徒たちに仮説を発表させる。しかし、先生は実験結果を知っているから、どうしてもそれに合わない仮説には感動しない。昔、息子の授業参観に行くと、「ビーカーに沈殿した砂糖を溶かすにはどうしたらよいか」という作業の仮説を、子供たちは順に発表していた。塾で予習している "できすぎ君" は、「水を加える」「温める」「かき混ぜる」などの設計解を知っていた。しかし、予習せずにその場で考えた子は、「塩を入れて甘さと中和させる」「メダカを入れて食べさせる」「日光に当てて元気にさせる」「ストローでブクブクと泡を立てる」とかの奇妙な仮説を唱えた。先生は親の前で慌てて、最後は「それもありだわね……」とごまかして、子供たちの貴重な意見をなかったことにした。

　2019 年 12 月 19 日の日立製作所の研修会で、この沈殿砂糖の排除問題をブレーンストーミングしてもらった。受講者は 30 歳代前半の課長直前の若いエンジニアたちである。この時の課題は「排除」だから、上述の「溶解」だけに設計解を限定していない。さすがに大人だけあって、ろ過、遠心分離、超音波破壊、蒸留、凍結、ゲル化、スポンジ吸収、静電気分散、酵素分解、などの高級な設計解の仮説を、各人、最低 20 個は挙げてくれた。講義中は質問もせず静かに沈黙している割には、脳は眠らずに柔らかく動き、こちらがコンッと叩けばゴーンと美しく鳴る鐘のようである。日本人の若者にはこのような優秀な人物も多い。その能力がビジネスに反映されないのは、若者が問題なのではなく、そういう若者に育てた大人の教師・上司の仮説軽視の姿勢に問題がある。小学生以来の仮説軽視の教育の積み重ねで、大人になっても「突拍子もない仮説を述べることは恥ずかしい」という気持ちが行動信条になる。そして、「仮説も議論も出しゃばらずに、男は黙って謙虚に

立証だけをやろう」という職人のような生き方が目標になる。

　大学４年生の卒業研究でも同じである。一部の学生は「他人の論文どおりに実験して、他人の提唱した法則が立証できた」ことに満足する。それでは「二番煎じ」「調べ学習」「調査報告」にすぎず、学術論文ではない。自分が最初に法則を提唱できれば最良だが、それができなかったら少なくとも、自分が人類で最初に立証すべきであり、または他人の気付かなかった別の実験方法で立証すべきである。卒論に取り掛かる前に、指導教員は「研究とは新規性と進歩性がなければ意味がない」と根本から教えるのだが、どうもそれを理解してくれない。学士号は、「教授の奴隷となって汗を流した代償であり、論文を提出すれば自動的に取得できる」というモノではない。仮説立証のお作法を含めて、その道の「型」を覚えました、という初許しのようなものである。

　研究は、結果がどうなるか誰も保証していないから、本来、ワクワクするものである。それなのに一部の学生は、まるで方程式を解くみたいに、アクセクと教科書の模範プロセスをたどっていく。型や定跡を学ぶことも初心者には重要だが、エキスパートになったら、型を破り、定跡を疑わないと、学術論文は生まれない。上述の漱石先生の名言のうち、最初二つの「真面目に考えよ」と「誠実に語れ」の仮説生成プロセスは、科学の基本姿勢であり、根本的に欠けていると科学の進歩はない。

　筆者は大学院向けの講義で、飯野謙次博士と一緒に創造設計を教えている。ここで「君が違和感をもった対象物を、来週までに 10 枚、写真に撮ってきてください」という課題を毎年出している。これは留学生向けの英語の講義で、留学生と日本人が半々ずつくらい受講する。このとき、留学生のほうが圧倒的に面白い違和感の写真を撮ってくる。なぜならば、留学生は日本で見るもの、聞くものが目新しいからである。一方、日本人は、どこもかしこも周りはルーティンワークの１コマにすぎないので、「変だな」「目新しい」「面白い」「はてな」とは何ら感じない。毎年同じように紹介される留学生の違和感の写真は、たとえば、マスクした日本人の多さ、ゴミの徹底的な分別収集、落下した銀杏の悪臭、満員電車の人間の沈んだ顔、道路に見える電信柱と電線、通りの派手な看板、飲み屋のおしぼりなどである。次に、そこを起点に「なぜだ？」と考え始めれば、将来のリスクに備えることもできるし、何か新しいビジネスが生まれてくるかもしれない。2020 年度は、「スマホにはソケットが一つしかないから、充電しながらイヤホンで音楽を聴けないのが困る」という点に対して、２人の学生が違和感を想起した。もう一つソケットを増やすとコストがかかるが、その顧客価値をコスト以上に評価する顧客も多いのではないだろうか？設計を変えてみよう。売れるかもしれない。

　筆者が助教授だった頃、共同研究先の日立製作所の小林二三幸事業部長が「"叩き大工" のような仕事をするな」と筆者を含めた部下の若手に注意された。

つまり、柱が傾いているからあっちをトントン、逆に傾いたからこっちをトントン、傾きすぎたのであっちを再びトントン。傍から見ると、忙しそうに見える。そうではなく、作業に違和感をもったら、次の設計時にちょっと考えるべきであった。傾かないように柱と梁の対角線に補強材を入れるとか、交差部分に三角形のリブをはめ込むとか、事前に対処しておけばよい。

この試行錯誤を繰り返すと、そのうち、図面を見ただけで「これでは傾くだろう」と脳に電気が走り、設計改善に取り掛かれる。違和感なしの"万年"叩き大工は、結局、出荷直前までトントン、トントンと調整し続ける。健康的に大汗はかくし、生真面目な職人に見える。しかし、労多くして功少なしで、大風でも吹くとまた家は傾く。

違和感や好奇心は、リスク回避だけでなくチャンス到来にも有効である

違和感や好奇心は、失敗学に効果的である。一般的に、それらをトリガーとして考え始めれば、リスクだけでなく、チャンスも事前に捉えられ、その結果、損失を抑え、利益を増やせる。違和感や好奇心を起点に、誰も気づかなかった事故原因や新規機構（これらが持論にあたる）を導けるところがミソである。

多くの企業では、「お客様相談室」があり、毎日、数百件のクレームが寄せられるだろう。それはリスクでもあるが、派生した新商品を作るチャンスでもある。たとえば、花王のお客様相談室を訪ねたときに聞いた話であるが、「男性が女性用の顔用シートを使ったら、寸法が小さくて鼻に貼れない」というクレームを受けたという。それを起点に、男性用の顔用シートを商品化した。リスクもチャンスも一つのコインの裏表である。勘の鋭い人がいれば、エンジニアでなくても新商品が設計できる。

違和感や好奇心は非論理的・情緒的だけど、いまの日本人は全員がしっかり義務教育を受けているので、違和感や好奇心を起点にちょっと分析すれば合理的・論理的な持論を構築できる。

災い転じて福となす、という意味で有名な話であるが、三菱電機は、高温蒸気で幼児が火傷したというクレームを起点に、2008年に蒸気を外に出さずに内部で凝縮させる機構を付けた炊飯器を発売した。同社の蒸気レス炊飯器は蒸

気を 95％も捕捉する。もしも、これが有効なリスク低減の公知例であると裁判官が認めると、そのあと、顧客が蒸気で火傷した場合、家電メーカはリスクを見過ごしたと訴えられて、過失に問われる可能性が出てくる（現段階では、「火傷に注意」という警告を無視した、顧客のほうに責任があるらしい）。そして、将来、高温蒸気は危ないと世間が認識すると、炊飯器だけでなく、やかんでも湯沸し器でも蒸気の出るものはすべて、顕在化リスクとして対策を練らないとならない。「100℃の水蒸気なんてホモ・サピエンスは 3 万年前から使っている」と反論したって無駄である。さらに犠牲者の救済を目的とする民事裁判では、何でもかんでもメーカの責任になる傾向がある。どのあたりに安全設計のラインを引けばよいのか……。このように、連想ゲームで話を展開できる能力を、日本人は結構もっている。この高温蒸気の話は、ある家電メーカと Zoom で議論した内容である。いまでは荒唐無稽なリスクまで考えないとならない。

COLUMN

　今回のコロナ禍では、2020 年 3 月のニューヨークや北イタリアの医療崩壊の映像を見て、日本人も「明日はわが身」と観念した。1858 年、長崎の異人から感染が拡がったコレラ流行のとき、日本人は感情的になり、薬効もないコロリ退散の赤いお札を拝み、一部の市民はパニックになって踊り狂った。でも現代の日本人は、科学的にウイルスに対応している。テレビ番組が飛沫感染を流体力学的に可視化した動画を紹介したが、そのイメージによって、多くの国民が使い捨てマスク、アルコール消毒、フェイスガード、室内換気の効果に納得し、積極的に使いこなした。さらに「飛沫感染は 2 m 以上離れれば安全だから、手を水平に回してぶつからない程度に拡がりましょう」という教えを固く守っている。2 m はマジックナンバーである。

　コロナで外出禁止中、『日本を襲ったスペイン・インフルエンザ』（速水融著、藤原書店、2006）を再び読んだ。100 年前の新聞記事に載っていた設計解は、マスク、うがい、換気であった。いまと大して違いはない。しかし、当時は、ECMO（人工肺とポンプを用いた体外循環による治療）がなかったから、罹患したら最期、耐えるしかなかった。また、PCR 検査（遺伝子解析でウイルスの有無を調べる検査）もなかったから、確実に陽性者を隔離することもできなかった。そう考えると、あれからの 100 年間は無駄ではなく、今回は科学が一段と進歩した状態でパンデミックを迎えたのである。

　100 年前、科学者は光学顕微鏡を使って、梅毒や赤痢の数 μm の細菌を発見できた。しかし、天然痘やインフルエンザの数 10 nm のウイルスは、光学顕微鏡では見えない。エルンスト・ルスカが電子顕微鏡を発明したのは 1931 年だから、そもそもスペイン・インフルエンザのときは “犯人捜し” が不可能だった。でも当時は、全世界の研究者が必死に光学顕微鏡を覗いて、何人かは “インフルエンザ細菌” を発見したと誤報した。細菌発見のスタートからして間違いだったから、抗原・抗体・PCR 検査も、タミフルもワクチンもできなかったし、中途半端に「流行感冒」と認識していたので、ロックダウン（都市封鎖）や “三密防止” もやらなかった。

　それなのに、幸いなことに、日本帝国の死亡者は、内地で45.3万人、外地で28.7万人、つまり、日本帝国の人口の0.96％で済んだ。この死亡者数はその当時の平常年の日本帝国の死亡者数の40％に相当するが、それだけ死んでも出生のほうがまだ多かったので、総人口は減少しなかった。古事記では、黄泉の国で姿を見られたイザナミノミコトは怒って1日に1,000人殺すと叫んだが、イザナギノミコトは1日に1,500人産むと言って逃げかえった。2020年は出生者数が87万人（1日あたり2,380人）、死亡者数は138万人（同じく3,780人）で51万人減になっている。コロナで亡くなった方は2021年2月27日までに7,818人だから、人口減の基調にほとんど影響を及ぼさないが、令和の時代は多く殺すほうのイザナミノミコトの勝利が続くのであろう。

　スペイン・パンデミックの当時は、驚くことに、誰一人としてウイルスの形状や感染メカニズムがわからなかったのに、「感染形態は飛沫感染である」ということは、皆が薄々理解していた。上述の当時の新聞記事を読む限り、ウイルスの混ざった唾液からなる、直径5 μm程度の飛沫が問題であることは、大多数の国民が理解していた。明治維新から50年経っただけで、幕末のコロリ退散のときとは大違いであり、国民も科学的に考えるようになっていた。

　それから100年後の我々は、もっと科学的に教育されている。自分の持論を信じるべきである。結構、当たっている。

リスクを感じとれるような職場を作ろう

　現在、企業の安全担当者はどこでも「小言幸兵衛」のように邪魔者扱いされ、現場の目の敵にされている。何しろ、現場の労働者諸君は常に日々の仕事で忙しく、リスクに気付く余裕がない。余裕がないから、誰も有効な失敗データを検索せずに死蔵させている。まずは労働者ひとりひとりに「自分の身は自分で守ろう」という意識を醸成させて、たとえば「作業前にSafety Data Sheetを検索してみよう」という動機を想起させないとならない。筆者が安全管理室長だったとき、化学薬品の爆発事故が何回か起こったが、事前に化学薬品のリスクを調べておけば爆発は防げた、という事例が多かった。「あれとこれを混ぜたら危なそう」と感じるからこそ、パソコンで化学薬品のリスクを調べるのである。逆に、感じなければ調べずに爆発に至る。

　現在、『モモ (Momo)』（ミヒャエル・エンデ著）の中に出てくる「時間貯蓄銀行の灰色の男」のような暗い影が、現場のあちこちに漂っている。我々は、

仕事の効率化で稼いで取得した余裕時間を、自分のために豊かに使いたい。しかし、この灰色の男はその前に余裕時間を盗むのである。盗まれると、ちょうどデジタル化で残業しなくてもよくなったはずなのに、惰性で夜遅くまで働き続ける自分みたいになる。上記の「危なそう」という違和感を想起するには、ホ〜と一息つきながら、集中を解いている時間が必要である。でも、その余裕時間さえ、無意識のうちに時間貯蓄銀行に預けてしまい、結果的に働き続けて労働者の影が薄くなっていく。まずは、職場のひとりひとりが自分の余裕時間を積極的にこしらえることが大切である。

「時間泥棒」の次に悪いのは、時代遅れの「小言」である。違和感や好奇心とはかけ離れた「精神論」がいまだに横行する。これも筆者が安全管理室長だったときの話である。年に一度の安全パトロールに、技術士の先生や消防署の予防課員のような外部のプロをご招待して、いろいろなご指摘をいただいた。でも、ほとんどのご指摘は毎年同じで、しかも教条的だった。最も多いのが「安全文化の醸成」と「法律順守の不作為」に関するご託宣である。15年前は、そのご託宣でもきわめて有益であり、面倒な安全対策をひたすら拒むような、不良教職員を外的圧力によって抑え込むのに役に立った。しかし、安全パトロールを5年間も続ければ、現場だって愚かではない。モラルや法律に抵触するようなリスクを全部排除するので、プロでもなかなか指摘できなくなる。

もちろん、いつでも残存リスクは存在する。たとえば、「1 kWときわめて強力なファイバーレーザの安全な使用方法（残存リスクは、保護メガネも溶かしてしまうこと）」「冷却用の液化ヘリウムが漏洩したときの排煙方法（気化すれば酸欠に陥る）」「高濃度のジエチルエーテル溶液の廃液処理方法（許容濃度まで水で薄めると、廃液量が100倍に増える）」である。でも前述のプロは、それは専門外だと言って逃げてしまう。専門的な法律云々でなく、自分らと同じ目線で違和感をもって指摘してほしいのだが、いつもの「小言」しか返ってこない。

こうなると、安全を指導する側も指導される側も、両方で違和感や好奇心の感度上昇が不可欠になる。従来の安全に関するモラルや法律では、リスク低減の設計解が見つからないのである。ヒラであっても、設計解を調べるのではなく、自分で考えて見つけるという姿勢が肝要である。さらに安全管理者になったら、まずはリスク感度の高い職場を作ろう。マンネリ化が最もいけない。

職場に必要な人材は、専門家ではなくリスク感度の高い人である

　この感度を基準に周りを調べると、科学に素人の一般市民でも、鋭い人は結構、重要な勘所を抑えていることがわかる。たとえば、化学実験室の室内空気の汚染を調べるためにこれまで、高価な装置を使って ppm オーダーで定量測定をしていたが、驚くことに隣室の秘書さんの嗅覚のほうが漏洩濃度をより正確に言い当てた。

　また、安全パトロールに出かけると、金髪でアホそうに見える学生でも、「よくぞ気付いた」と感心するようなズル賢いアイデアを生み出していた。最初に罪を問わないという「司法取引」をすれば、彼は、「警報を鳴らさずに回転部分の安全装置を外す方法（アイデアは、閉じた扉を感知する磁気センサが常時オンになるように鉄片を貼り付けること）」「廃液を適当に希釈して下水道に流す方法（次の三つの解決策のアイデアは秘密。犯罪に近いから）」「隣の研究室から電気を盗む方法」「間違って買いすぎた資材を隠す方法」などを教えてくれた。構成員全員からこのようなアイデアを吸いあげれば、それらが文殊の知恵どころか千手観音の知恵くらいに膨大になって、リスクの発見や低減も期待できるようになる。専門家でなくても、リスク感度の高い人ならば、失敗を事前に防ぐことができる。

COLUMN

　大学では 2008 年頃に、薬品の管理システムを新しく導入した。コンピュータの脇に重量計を備えて、使用前と使用後の薬品瓶の重量を測れば、重量差から薬品使用量をシステムに自動入力してくれた。在庫管理（消防法で義務付けされている）も廃液管理（違法に高濃度廃液を下水に流すと、下水道局からこっぴどく怒られる）もチェックしやすくなる。しかし、学生にとってみれば、いちいち使用前後にそれも薬品ごとに重量を測るのは面倒である。ある日、安全パトロールで、「処理済み」というシールを貼った薬品瓶を見た。違和感が走る。学生を陰によぶ。「処理済みって何だ？　白状すれば無罪にする」と約束すると、彼曰く、薬品瓶が入荷されたら、まず使用前でその瓶を測り、使用後として空瓶を測る。つまり、全部の薬液を使ったことにする。そうすれば、いちいち使用前後に重量を測る必要がなくなる。彼が自慢げに話したのが癪に障ったが、そこは我慢。ズルの手口がわかればこっちのものである。薬品使用データを調べて、頻繁に薬品瓶を空にする研究室（実は筆者の研究室もその一つだった）を急襲して取り締まった。

　そういうブラック研究室は、一斗缶単位で薬品を大量に使うくせに、少量の廃液量しか記録していないことが多い。廃液処分費は 1 リットル 300 円で有料と高いので、貧乏研

究室はこっそりと下水に流す。戦前からの古い校舎は、実験排水の下水管が東京都の下水管と直結している。途中に pH センサがなく、違法廃棄をチェックできない（もちろん、新しい校舎には排液タンク設置の条例が課されるが、条例発布以前の古い校舎は既存不適格が適用され、タンクがなくても直結排水が許される）。こういうブラック研究室は、流しの下に簡易タンクを設置し、pH をチェックしながら排出させた。

　現在の下水道局の廃棄基準は厳しく（pH ＝ 7 ± 2）、多くの場合、薬品というよりも、酸性やアルカリ性の洗剤でも使えばたちまち pH に引っかかることが多い。ちょうど、ラーメンのどんぶりにラー油を一滴垂らすくらいはセーフだが、どんぶりの上で垂らし続け、表面をラー油で真っ赤にしたらアウト、と感覚的に覚えるとよい。

裏取りが十分でなくても、数値的に桁が合っていて矛盾がなければ、そのデータは使える

　次章からの失敗事例の記述の前に断っておくが、筆者が使ったデータは、Google やテレビ番組などから、お手軽に得た情報ばかりである。21 世紀のいまは、インターネットが発展して、容易に失敗情報が入手できるようになった。20 世紀の失敗学とは違うのである。昔は、新聞記者と同じように、未公開の調査報告書のコピーをこっそり入手するとか、事故を起こした本人に "突撃独占インタビュー" するとか裏技を使わないと、失敗学の研究は始まらなかった。しかし、21 世紀の失敗学では、誰かが意図的に重要な事実を隠蔽した、ということは起こりにくい。事故が起こったときは、多くのセンサが一つの事象を自動的に検出・記録しているし、周りの多くの市民が事故現場を観察してスマホで記録している。しかも、SNS の発達に従って情報を拡散することが容易になり、権力者が事故の噂を封印することは不可能である。2011 年の福島第一原発事故だって嘘はない。決定的な操作ミスや指示ミスは、すべて公開されている。もしも、格納容器の地下空間で、放射能によって巨大化したゴジラが飼育されていたら、すぐに都市伝説のように噂になるはずだが、そのような噂はいまのところまったくない。

　筆者も、福島第一原発事故はもちろんのこと、多くの事故に対して刑事のように、自分で事故現場を歩いたり、事故時のリーダを訪ねて昔話を聞いたりもした。しかし、新聞記者や歴史学者のように、データの隅々に至るまで矛盾をチェックし、完全性や正確性をトコトン追求したわけではない。つまり、"裏"

を取る作業は、科学論文を書くときのようにしっかりとやっていない。仮にこ
こで「インターネットの情報はフェイクニュースばかりである」と疑い始めた
ら、ほぼすべての情報が信用できなくなり、ストーリーが構築できなくなる。
筆者の経験から言えば、データの数値の桁が一致する程度に妥当であり、かつ、
自分の組み立てたストーリーが別の発信源の情報と矛盾しないのならば、大筋
でインターネットのデータは合っている。

つまり、筆者は「まず、勇気を出して自分のストーリーを口に出し、次にそ
の後 10 年間かけて裏取りに走り回る」方法を使った。もちろん、丸きり嘘だ
と困る。そこで、後述の多くの事例には参考文献として、ノンフィクションの
書籍を記し、裏取りの一つに使った。これらの書籍は、プロの作家やジャーナ
リストが自前の調査結果を記したものであり、非常に参考になる。2020 年の
コロナ禍の自粛中、暇だったからか、3 月からの半年間に読んだ本を積み上げ
たら 60 冊以上と、自分の目の高さまであったので驚いた。妻には「本は学者
の友である」と嘯いて、本屋に行くたびに数千円分の本を買っている。デジタ
ル化が進み、「すべての国民がインターネット経由で知識を得るから、本屋と
新聞屋は消滅する」と言われている割には、素晴らしい労作のノンフィクショ
ンの書籍が次々と発行されている。ジャーナリストが速報性から深読み性へと、
仕事の重心を移したからだろう。

COLUMN

2013 年頃、『続々・失敗百選』を書いていたときである。福島第一原発の 1 号機、3
号機、4 号機が水素爆発して原子炉建屋の上部が吹っ飛んだが、「なぜブローアウトパネ
ルが開かなかったのか」がわからなかった。軽水炉において、燃料棒が溶ければ金属（ジ
ルコニウム）が水と反応して酸化し、水素が大量に発生する。しかし、原発の設計者には、
水素発生は百も承知の常識だった。だから、水素が発生したら、爆発下限界の 4％に達す
る前にパネルが自動的に開き、水素を大気に放つ機構を採用していた。たとえば、ブロー
アウトパネルにかかる圧力が高くなったら、ピンが折れてバネの力でパネルが開くはず
だった。

原子炉を見学すると、ブローアウトパネルは建屋のあちこちにあり、原子炉建屋の上部
階にもあった。もし事故時にこれらが開けば、分圧で 30％以上あったと予測された大量
の水素が抜けて、水素爆発を防げたはずである。水素爆発がなければ、配管配線の復旧作
業がもっとスムーズに進んで、（急速に炉心が露出して手遅れだった 1 号機を除いて）2、
3、4 号機は冷温停止できたかもしれない。

しかし、それ以前の 2007 年の中越沖地震のとき、柏崎原発のブローアウトパネルが
振動で揺れて外れるという不具合があった。マスコミから「放射能の閉じ込めに対する大
失敗である」と攻撃されて、東電は「柏崎と福島の原発のブローアウトパネルのピンを強

化した」と噂されていた。

　逆に強化していないと仮定すると、水素分圧があれほど高くなったのにブローアウトパネルが外れなかった理由が説明できない。そこで、前述の『続々・失敗百選』では、"羹に懲りて膾を吹く"を実行した結果、残念なことにパネルは落ちなかった」と書いた。しかし、政府事故調の先輩を通じて東電に確認したところ、「そのような安全を覆す工事は実行していない」の一点張りで、逆に「嘘を書くな」と怒られた。

　事故から6年後、2017年10月18日に、筆者は福島第一原発の廃炉作業を見学した。このとき、責任者の増田尚宏常務に会ったが、彼はブローアウトパネルを何かしら強化したことを認めてくれた。別ルートの話では、福島第二原発では点付け溶接までしたそうである。別にいまさら東電を責めるわけではないが、生きるか死ぬかはわずかな判断の差で決まったのであり、つまり、"板子一枚下は地獄"だったことがわかる。

　ちなみに、増田尚宏氏は、ハーバード・ビジネス・レビューという米国の一流マネジメント誌で、ソフトバンクの孫正義氏に次いで2番目に有名な日本人であった。福島第二原発の事故収集を成功談として記述した論文が有名になり、日本人の得意なセンスメーキングを学ぼうという人が多いそうである。原発事故を一括りにして、全部を失敗として扱う日本人とは大違いである。

　津波の4日後の朝、2号機の原子炉が破裂し放射能が漏れたが、このとき、たまたま海側の南東から風が吹いて放射能は流れ、さらにたまたま飯舘村に雪が降って放射能が地面を覆ったのである。これも板子一枚の話である。もしもこの日に、陸から海に向かって風が吹き、雨と一緒に海に放射能が降れば、何となく地球が希釈してくれて、いまの地獄のような除染作業が不要だったのである。

　人類は1945年から原爆や水爆の実験を繰り返し（Wikipediaによれば2,379回、大気圏内実験はそのうちの502回）、広島原爆の35,000発分、TNT換算で530Mトン（大気圏内では440Mトン）も爆発させ、放射能を地球中にばらまいた。半減期が30年と長いセシウム137の放射能で比較すると、福島第一原発で放出した放射能は27 PBq（ペタベクレル、ペタは10の15乗、たとえば100 Bqは人間の1 kgあたりの放射能、人間の体の中にもカリウム40という放射性物質が取り込まれている）である。広島原爆が89 TBq（テラは10の12乗）だから、核実験による放射能は35,000発分で3,100 PBqとなる。すなわち、核実験の3,100 PBqのほうが、福島第一原発の27 PBqよりも、100倍多く放出していたことがわかる。だからと言って、福島の海にトリチウム（三重水素、浄化装置でも取り切れず、タンクに貯留している放射能物質）を放出してよい、という言い訳にならない。でも、人類は核実験でそれくらい多くの放射能汚染を引き起こしていた、と言う事実は伝えられるべきである。

　事故が起こったら、その時点で公開された少量の情報から、原因や経緯を仮説生成してみる。以前、筆者が、米国のカリフォルニア州の失敗分析のExponent社を見学したとき、そこの役員が「scenario-basedの考え方が重要なので、博士号取得の研究者を積極的に雇っている」と言っていた。たとえば、賢い博士号取得者は、「A車種の運転者はオフロードで荒い運転を好む人が多いので、事故が多い」というシナリオ（仮説）をまず立てる。その後で、オフ

ロードで馬のように駆り立てるのが大好きな、乱暴な運転者が多くて事故も多い A 車種と、同じメーカだが、大人しい運転者が多くて事故も少ない B 車種とを比較する。言い換えれば、この 2 車種だけの少量の事故データを恣意的に集め、仮説を立証するのでコストパフォーマンスがよい。一方、賢くない者は、全米中から膨大な事故データを真面目に集めて、前提なしのゼロベースで A 車種と B 車種のパラメータを比較し、主要因を帰納的に導く。一般に、後者は労働力が膨大に増えて大仕事になるし、いろいろな制約条件が干渉して、普通は明確な結論の抽出に至らないことが多い。結果的にコストパフォーマンスが悪く、作業も泥臭い。

　前者のシナリオベースはアブダクション（abduction、仮説生成）、後者のデータ分析ベースはインダクション（induction、帰納）とよばれる。上述の米国人の役員は、前者の考え方のほうが賢いと言っていた。一方で、日本人の研究者は、前者を当てずっぽう、当て推量、憶測、ホラ、などとよんで忌み嫌う。前者は、ワンマン刑事が勘に頼って犯人を 1 人に絞ってから捜査を始めるようなもので、当たればよいが、外れると振出しに戻って事件はお宮入りする。

COLUMN

　日本人の専門家による事故調査委員会は、おしなべて後者が好きである。確かにすべてのデータを読み込んで一般法則を導く方法こそ、科学的である。例外は許さない。一般に、事故調査委員長は事故直後の記者会見では、「必要情報がすべて揃った時点で真実をお伝えします」とはぐらかす。警察も証拠 (evidence) を中心に、ストーリーを構築する。憶測禁止である。

　役所は、念には念を入れて真実を解明したい（できれば国民が忘れるほどの遠い未来の「後日」に報告したい）。しかし、マスコミが早く公式見解を出せと急かすので、中間報告書という名前の速報を出してガス抜きをする。そして、誰もが忘れたころ、たとえば、3 年後に最終報告書がひっそりと発表され、8 年後に刑事裁判がしめやかに結審する。万全を期すことは大事であるが、1 年以内に一連の処理を終えるくらいに頑張らないと、再発防止の情熱が冷め、対策も遅くなり、後世にとってよいことではない。8 年後に結論が出ても遅すぎる。2011 年にベルギーの EU 本部を訪ねたが、EU は製品にリスクが見つかった場合、3 年以内に安全基準を作るそうである。日本は度を越して遅い。

　まず、情報が少なくても勇気を出して仮説を生成すべきである。そのあとで多くのデータを集めて、その仮説を立証すればよい。もちろん、仮説には漸次、修正も加わるから、世間には朝令暮改のように見える。日本人は子供のころから、「軽々にあやふやな憶測を口に出すな」と徹底的に教育されるから、誰でも仮説の軽々な発表を嫌う。失敗学の学徒に言わせてもらえれば、事件当時者

が真実を語らずに墓まで持っていくことだけは、あとで困るからやめてほしい。

　筆者は軽々な発表を嫌っていない。子供の頃からずっと、テレビを見ながら「事件の犯人は彼だ」「彼女が好きなのは彼のほうだ」「彼は主人公の隠し子だ」とか憶測を言うから、いつも家族から「静かに見なさい」と注意された。普通の日本人は、その証拠第一、確定発表、憶測禁止で教育されすぎた結果、大人になっても仮説の一つも言えなくなった。

COLUMN

　2011年の福島第一原発事故では、事故後数か月でいくつもの薄い中間報告書が報告されたが、それらの発表後に世間の熱が一気に冷めた。あとで読み返せば、すでに薄い中間報告書の中に、次のような必要十分な情報が含まれていた。すなわち、福島第一の原子炉は停電になって冷却水が供給できず、そのうちに、燃料の崩壊熱を抜熱できずに水は蒸発し、燃料棒が溶けて（メルトダウン）、放射能が拡散したのである。決して、地震によって制御棒が挿入できず、連鎖反応が止まらず、最後は原爆のように放射能を放出しながら核爆発した、わけではない。これだけでも今後の高校教科書に載れば、9割がたの知識が国民に伝わることになり、失敗学としては大成功になる。

　しかし、政治家も専門家も、事故当時は事故の経緯を正確に伝えなかった。メルトダウンと報道すると国民がパニックを起こすとでも思ったか、解説番組の中でも誰一人、その言葉を使わなかった。上述の憶測禁止の雰囲気がもたらした現象とも言える。しかし、近隣住民はメルトダウンを起こしていると感じて、さっさと避難を始めていた。直観が当たっていたのである。日本人の科学教育の賜物である。政府事故調の報告書にはそのあたりの事実も書かれてあったが、国民はあらためてそれを読もうともしなかったし、最初の経緯不明の事実を変更しようとも思わなかった。

　2021年4月16日に大学院の講義（110名出席）の小テストで原発事故の原因を問うてみた。25%が水で原子炉を冷却できなかったという正答を述べ、40%が大津波で原子炉に侵入した水が、小規模の核爆発を引き起こしたと誤認し、残りの35%は白紙だった。日本の工業の将来を担うべきエリートでさえ、1/4しか事故を理解していない。そこで、当時の5号機、6号機のユニット長だった吉澤厚文氏に事故当時とその後の技術を講義してもらった。講義の直後に、次の10年間に原発を使っても安全かを学生に再び問うた。安全が52%、危険が48%だったが、是非にかかわらず自説で理由を述べた学生は54%だけだった。逆に言えば、規制委員会の言うとおりにやれば「安全」と、他人まかせの説明をするものが46%もいたわけである。悲しくなる。

　原発は、軍事と同じように、教育現場ではタブーである。一部の学生から、「原発は危険だ、安全性を分析して再開を目論むこと自体、教育が間違っている」と非難された。産業総論という講義では、各界のプロデューサに講師をお願いするが、2020年は陸上自衛隊幕僚長の吉田圭秀氏がそのひとりだった。たまたま東大工学部出身のOBだからお願いできたのだが、原発と同じく「戦争は間違っている」と学生に非難された。好き嫌いはともかく、自分の頭で自論を形成することは、エリートの卵には不可欠な能力である。どこかのジャーナリストの話の受け売りでは悲しくなる。

大筋を定量的に分析すべきである

　失敗を分析して「それは危ない」と結論付けるときは、必ず、どの程度、危ないかを定量的に示すべきである。これがなかなかできない。

　2020年は暑かった。テレビのコメンテータが「夏バテ防止に酢がよい」と言っていた。ところが、「これだけ飲めば、これだけ元気になる」とは一言も言っていない。分析するのならば「数字を出せ」「定量的に言え」と言いたくなる。

　2020年の日本人（いや、世界中の人類）の最大の課題は、「どうやったら感染防止と経済回復が両立するか」ということに尽きる。ところが、両者が両立するようなバランス点を定量的に決めるのが難しい。有識者や政治家の先生のほとんどが、「命あっての物種だから、感染防止の絶対優先」を定性的に主張している。行政の役人にしてみれば、そう言われてもどこまで規制すべきかわからず、恐る恐る、口から出まかせの設計解を提案する。いまのところ、「PCR検査を増やせ」「県跨ぎの移動はするな」「飲み屋は20時まで」「対面会合は4人以下」というようなものに落ち着いている。でもこの設計解によって、定量的にどれくらいの感染者減少を目論むことができるのかがわからない。

COLUMN

　コロナ禍の政策として当事者の医者が「重症者数に注目して医療崩壊を防げ」と言うのは、自分の現場から見たバランス点の判断だから理解できる。しかし、「経済を停滞させるな」と主張していた経済学者までも、最後に「でも人道的に考えれば、感染防止は絶対優先」というからたまらない。日本中の飲食業と交通業と観光業が倒産しても仕方がないのか？　2020年10月から始まった「Go To トラベル」は、感染防止よりも経済回復のほうにバランスを動かした設計解である。しかし、日本中でこの是非をデータなしの観念だけで問うているうちに、ワクチンの承認審査が欧米に2か月遅れ、ワクチン接種のスタートも3か月遅れとなり、第4波、第5波の流行も止められず、いまいましいことこの上ない。

　何事も定量的に分析すべきである。たとえば、2020年は交通事故死亡者数2,839人と、統計開始の1948年以来の最小値を打ち立てた。1970年頃は約17,000人だったから隔世の感がある。でも、その最小値は、コロナ禍で人とモノの流れが減じた結果であり、交通事故撲滅運動の成果ではない。人やモノも流通量のグラフはいずれも2020年で落ち込んでいるから、これが交通事故減少に影響したことはすぐにわかる。分析も定量的に行うべきである。

COLUMN

　2020年1月から4月までは、全世界でコロナウイルスの正体がわからず、治療や隔離の方法を手当たり次第に試していた。武漢やロンバルディアの病院の画像を見て、筆者もペストを連想して心から恐れた。この時期、感染防止が最優先されたのは当然の結果である。しかし、2020年9月になると相手の素性もわかってきた。しかも、幸いなことに、日本人は、人口あたりのPCR検査数が欧米の数%と少ないのに、どういうわけか人口あたりの重症者数や死亡者数も欧米の数%と非常に少なく、善戦している。それだったら、「重症患者数だけを注視して、医療崩壊直前まで経済活動を許す」ことが最もバランスのとれた設計解のはずだった。

　欧米各国の9月以降の政策も、医療崩壊だけを注視しており、日本と同じであった。でも政策は同じでも、日本のジャーナリストが経済活動の自粛緩和を熱弁するとSNSは炎上した。建前として「命は限りなく重い」と発言しないと、日本中から批判される。判断はイチかゼロであり、その中間はない。リスクとチャンスを秤にかけると、常にリスクが重くなる。東京オリンピックも開催反対を表明しないと叩かれた。

　2020年、コロナウイルスで死んだ人は12月31日現在3,504人である。一方、日本ではインフルエンザで毎年数千人、たとえば2019年には3,571人が亡くなっている。この値はコロナウイルスによる死者数とほぼ同数である。つまり、定量的に見れば、今回のCOVID-19は、例年のインフルエンザと同程度のリスクを持っていると言える。今後、「変異して狂暴化する」という不安だけはあるが、「秋になればワクチンが効いて抑え込める」はずである（実際は2021年1月にイギリス変異（アルファ）株、5月と7月にインド変異（デルタ）株が狂暴化し、2021年7月15日現在の死亡者数は15,016人となり、上述の不安が的中した。2021年10月25日現在、ワクチン2回接種率は70%で第5波も収束したので、「秋になればワクチンが効いて」の予想は正しかった）。

　COVID-19を過度に恐れてもしょうがない。COVID-19よりも、「経済不況に陥って、大勢の国民が倒産・失業・自殺の道を辿る」というシナリオのほうがもっと怖い。たとえば、2019年の日本人の自殺者数は19,959人であり、数を比較すればCOVID-19の死者の5.6倍である。日本人は不満に強いが、不安に弱い。平成9年にバブル後遺症で山一證券が自主廃業したころ、倒産・廃業が連鎖して、平成10年には前年比8,000人増の32,864人にもなった。COVID-19後も自殺者がそうなったら困る（実際の自殺者数を調べたところ、2020年は21,081人、2021年は6月までに10,784人だから、2019年の5%増、8%増なので、そこまでの事態にはなっていない。世界中の人が苦しんでいるから、仕方ないと自殺を思い留まったのかもしれない）。

　コロナは恐るるに足らずと調子に乗って、ブラジルのボルソナロ大統領のように、「コロナはちょっとしたインフルだからたいしたことはない」と口を滑らせれば、どこの国でもマスコミから叩かれる。しかし、日本は異常に敏感である。テロリストや異常者が引き起こす無差別乱射のような"進行型殺傷事案"であっても、直ちに犯人との撃ち合いを許可することは滅多にない。仮に警察幹部が「若干名の犠牲者はかまわないから犯人を即時完全制圧せよ」と言ったら、「人質の命の重さを何と考えるか」とマスコミが突っ込みを入れて、幹部や現場責任者は左遷される。

　日本人はゼロが大好きである。原発はゼロリスクでないと世間は許してくれない。毎朝、工場では「ゼロ災で行こう、ヨシッ」と気合を入れている。そのうち安全管理者も賢くなっ

て、イチにならないように、「消防車はよばない」「軽傷事故として隠蔽する」「補償は直ちに払って和解する」「和解内容は秘密にする」「第三者委員会を顧問弁護士に頼む」ようになる。結果は見かけ上、ゼロになる。

　理系の学生が大学に入って最初に驚く講義は、数学の微積分の解析学、とくにイプシロン・デルタ法である。「限りなくゼロに近いがゼロではない」という表現がよくわからない。さらに教員から、「x がゼロに近づいて半径イプシロンの円の中に入っていると、y も半径デルタの円の中に収束する」とか言われたらチンプンカンプンである。しかし、それが頭に残っているから、文系の人に「リスクはゼロですか」と問われれば、理系の人は「リスクは限りなくゼロに近いがゼロではない」と哲学的に答えるのである。タイタニックの沈没の事故事例を 9 章で後述するが、「タイタニックは不沈である」と表現するのが文系のマスコミである。一方、「水密区画の浸水が 4 つまでならば、タイタニックは沈まない」と理系の設計者は前提条件を定量的に設定する。ゼロかイチで不沈を使うのではなく、その中間の状態を定量的に示して、それ以下ならば不沈、と言うべきである。

　このように、仮説を立証するときは、定量的に判断しなければならない。学部 4 年生が初めての学術論文として卒業論文を書くとき、「目的」を転写し、現在形を過去形に変えて、「結論」に張り付けることが多い。たとえば「本研究では、脳波を分析すれば、ストレス状態が判別できることを実証する」が目的ならば、学生は過去形に直して「○○を実証した」とコピペする。しかし、これでは安直すぎる。実験で立証した結論なのだから、「たとえば、スマホが動かないというストレス発生時に、試験者 10 名のうち、7 名は事故原因を考察して前頭前野の脳波（δ 波）の振幅が約 3 倍に増加した」とか、定量的に実験データを示すべきである。

COLUMN

　2021 年 9 月 14 日号の日本版ニュースウィークに筆者の記事『ゼロリスク信奉をやめる時』が掲載された。ビジネス誌は理系の学術論文誌の 1 万倍の読者がいると言われているが、そのとおりに多くの賞賛と非難を受けた。記事では東京オリンピックは感染リスクを無視して大失敗だったという説に反対したのである。無観客試合に変えて 1 兆円の大赤字がでたと言われているが、コロナ対策費の高々 2% である。選手が健気に自己実現して日本の金メダルも 27 個と多かったから成功と言ってもよい。デルタ株はオリンピックの開催にかかわらず、世界中で第 5 波の流行を引き起こしていたのである。同僚に「こんな記事書いて平気なの？」とマジに心配された。まだ抹殺されていません。

第**8**章

誰でもリスクは見つけられる
―――――――――― シナリオの追体験で違和感の検知能力を鍛えよう

他人が起こした事故の記事を読んで違和感を持つ

　本章から 10 章まで三つの章に分けて、いくつかの失敗事例を紹介する。紹介する目的はこの事例から、教訓を求めることではない。この事例をきっかけに、自分の回りの社会や職場、家庭や自分自身のリスクを考え直すことである。筆者がこれまでに書いてきた『失敗百選』シリーズのように、事例ごとにシナリオを記述したが、勉強すべきはシナリオの中の事実ではない。シナリオ内の一つの事実から沸き起こった違和感である。シナリオのあとに、筆者や他の分析者が捉えた違和感を、例として記述してみた。

　新聞やインターネットで、事故に関する記事を読むときも同じように、違和感を持つことが大事である。他人事だからと言ってスルーしてはもったいない。たとえば、2021 年 2 月 20 日、ボーイング 777 がデンバー空港を離陸した直後に、右側のエンジンが小爆発して、カバーが住宅街に落下した。幸いにも飛行機は空港に戻れて、乗客と住民は誰も怪我をしなかった。乗客が撮影したエンジンが動画で掲載されていたが、エンジンから綺麗にカバーが剥がれて、燃焼室の赤い炎がゴーと圧縮空気管路の周りを覆っていた。動画が直ちにニュースに映されることが現代的である。タービンブレードが折れて飛散すればどこかに大穴が開いているが、穴は見えなかった。鳥かドローンがエンジンに吸い込まれたのかもしれない。もし悪意のある誰かが低空でドローンを飛ばしていたら、このような事故は止めようがない……。というように、自分で考えを進

めていくのである。直ちに事故調査が始まったが、実際は、エンジンの先頭の大きなファンブレードのうち、2枚が金属疲労で一部破損したことが原因、と報告された。いまのところ、犯罪性はないらしい。

権力者が事故調査しなくても、市民が情報を提供し、真実が明らかになる

市民もICTという武器をもつようになった。いくら独裁者や国家権力、警察が監視していても、市民はこっそりと撮影した画像をリークする。これを本章では三つの事例で示してみよう。いわゆる「情報の民主化」が起こっている。情報は、権力者が独占できない。嘘を言えば、いつかは発覚する。

ケース8-1 京急の特急電車が神奈川新町駅通過後の踏切内でトラックに衝突

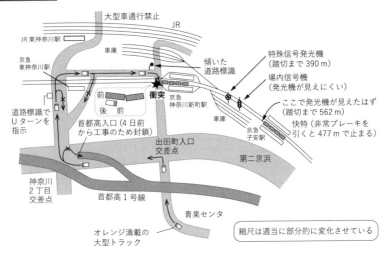

図8.1 京急の特急電車が神奈川新町駅通過後の踏切でトラックに衝突（2019）

シナリオ（前半）

▶ 2019年9月5日、成田市の大型トラックは青果センタから帰途

▶ 重さ13トン、長さ12m、運転手67歳、大型用ナビは不使用？

▶ 第二京浜を左折、東神奈川2丁目でUターンし、首都高に入る予定

▶ しかし、信号をUターンせずに右折。先のトンネルは大型車通行禁止

- ▶ 道路上部の標識は、大型車はＵターンして第二京浜に戻ることを指示
- ▶ 東神奈川駅横の京急ガードを潜ったのち、Ｕターンせずになぜだか右折
- ▶ 次の鋭角交差点を右折すれば第二京浜に戻れたが、なぜだか直進
- ▶ 京急線路脇の道が細くなり、神奈川新町駅手前でＴ字路に突き当たる
- ▶ Ｔ字路を左折しようとしたが回れず、次の4分間、切り返しを続け右折

　オレンジを満載した大型トラックは、青果センタから第二京浜、首都高1号線と進むはずだったのに、神奈川新町駅手前のＴ字路まで迷い込んでしまった（残念ながら、運転手は事故死し、その経路上で当該トラックを撮影した映像もいまだに公開されていないので、上記シナリオは推測の域の話）。運転席には大型用のナビゲーションシステムが付いていなかったか、または運転手が使えなかったらしい。Ｕターンして首都高に入れなかった時点から、悪い方向へと迷い込み続け、67歳・入社1年目の運転手はパニックになっていたのかもしれない。何度か来た道を戻るだけだったのに正規ルートを外れ、警察もよべずに踏切で立ち往生してしまった。

シナリオ（後半）

- ▶ 警報機が鳴り、遮断機が下り、1号踏切の中でトラックは立ち往生
- ▶ 京急職員が踏切の非常スイッチを押す。トラック運転手は避難せず
- ▶ 特殊信号発光機が作動。時速120kmの特急電車でも停止可能な設計
- ▶ 川崎から左カーブの先に神奈川新町駅。四つの赤い光が点滅したはず
- ▶ 発光機は踏切から394m手前に設置。踏切から562m手前で見えたはず
- ▶ 左カーブ途中左側の支柱に場内信号機、次の支柱の発光機は見えにくい
- ▶ 11時44分、京急快特三崎口駅行き1088SH列車が時速120kmで接近
- ▶ 運転手は562m手前で発光機が見えた。4秒後に常用ブレーキ操作開始
- ▶ マニュアルは「速やかに停止せよ」。「非常ブレーキをかけろ」ではない
- ▶ 見えてから2.5秒後に非常ブレーキを操作しないと停止は無理だった
- ▶ 神奈川新町駅を通過しトラックに衝突、その後部を50m引きずる
- ▶ 電車は3両目まで脱線。しかし、先頭車前面潰れず、オレンジが飛散
- ▶ トラック運転手死亡。乗客・乗員は軽症。避難状況を乗客がスマホ録画
- ▶ トラックの切り返しを、ドライブレコーダや防災カメラが自動録画
- ▶ 事故から1時間後、テレビ実況番組が市民証言や運転台録画を公開

　この日、筆者はたまたまテレビを見ていた。民放が突然、ニュース特番に変わった。トラックの積荷のオレンジが、脱線電車の周りを飾るように大量に散逸し、なかなかシュールであった。

　報道の最初は「トラックが第二京浜の出田町入口交差点（図 8.1 の中央）の方向から（図の下から上へ）踏切内に冒進した」と説明していた。しかし、筆者はどう考えても、衝突具合がわからなかった。衝突されたトラックは、電車の前方方向左側に、それも運転席が電車と逆方向の後方に向けて引きずられていた（図 8.1 の中央部の吹き出しに描いた）。電車とトラックの運転席同士がぶつかるように衝突していれば、トラックの運転席は電車と同方向の前方に向くはずである。これがテレビを見たときの筆者の最初の違和感であり、それから 2 時間、番組を見続けた。

　そのうち、番組内で次々に、踏切を通過した自動車のドライブレコーダや、駅前の店舗の防犯カメラの映像が紹介され、トラックが第二京浜とは反対方向から、つまり T 字路から切り返しで踏切に入ってきたことがわかった。これならトラックが逆向きになっていたことが納得できる。

　京急の車両は衝突事故に備えて、先頭車にモータ付き台車を配置して重くし、正面にも補強構造を加えていることが有名だった。今回の事故ではそれが功を奏し、大型トラックは大破したが、電車のほうは凹んでもいなかった。先頭車から避難するとき、乗客がスマホで車内を撮影していたが、車内は傾いただけで、乗客も大きな怪我をした者は皆無だった。日本の車両は軽量化が進み、衝突事故でペシャンコになることが多いが、米国の車両は竜骨が入っていて車内の乗客を守る構造になっている。

　話は戻るが、トラックが切り返しのときに京急社員が付き添っており、警報機が鳴ったので踏切脇の非常停止ボタンを押した。踏切にはレーザを用いた障害物検知装置もあり、警報機が鳴った 4 秒後に異常信号を発報し、特殊信号発光機が停止信号を現示し始めた。これで一安心のはずだった。快速特急は踏切の 1,290 m 手前を走行中だった。その 21 秒後の踏切の 477 m 手前で、運転手（28 歳）が停止信号を視認し、非常ブレーキをかければ、踏切直前で停止できた。ではなぜ、快速特急は止まれなかったのだろう。これが第二の違和感である。

　そのうちに、電車運転手の目線で列車前方を撮影した運転台映像が、インターネットにアップされ、「神奈川新町駅直前では場内信号機に隠れて特殊信号発

光機が見にくく、ブレーキが遅れる」ということも明らかになった。京急の特殊発光は四つの赤灯が 0.7 秒ごとに点滅するが、これは夜間だと見やすい。でも、昼間の動画を見る限り、点滅していない発光機は見にくいので、筆者はブレーキ操作遅れ説に納得した。

　このように、多くの市民が、違和感や好奇心を持って、各種の手持ちのICT 装置で現場を撮影し、またはネットから現場の特徴を検索し、マスコミに情報を提供できた。現代的である。

　そして、事故の 1 時間後には、現場に鑑識の警察官や鉄道事故の専門家が誰一人いなくても、事故の経緯がほとんど判明した。悪いのはトラックである。何で、わざわざこの狭い路地に迷い込み、T 字路で無理に右折したのだろう。近所の人がテレビ番組のインタビューで次のように証言していた。つまり、「T字路の脇の道路標識はもともと曲がっていた。なぜなら、以前にも大型トラックが入ってきて、やっとのことで左折したときに曲げたから」と語り、過去にも同様なインシデント（アクシデントではなく、大事故に至らなかったが危ない出来事）が生じていたことを示唆した。もし、今回、事故車に大型トラック用のナビが設置され使用していれば、仲木戸（2020 年に京急東神奈川と改名）駅前で、ナビは「絶対にそっちの細道に入るな」と注意したはずである。そもそもその前に、大型車進入禁止の道路標示を設置しない警察も怠慢である。危険を薄々知っていたのならば、不作為で責められるべき話である。また、日本の鉄道の踏切の遮断棒は竹竿である。これはイザとなったら、踏切内の自動車が脱出できるように設計された結果である。非常スイッチを押したことに安心したのか、運転手は脱出も避難もしなかった。なぜだ？　妄想は続く。

　事故後、1 年半の月日が過ぎた 2021 年 2 月 18 日、ついに国土交通省の運輸安全委員会が、事故調査の最終報告書を出した。筆者は本書を脱稿する直前だったが、書き換えが必要になった。迷惑な話である。でも大筋は、事故発生後、1 時間で推測した経緯・原因と同じだった。専門家でなくても、推論は当たる。筆者が驚いた新事実は次の二つだけだった。

　一つは、図 8.1 左下の首都高入口が 9 月 1 日から 11 月 20 日まで（事故日は9 月 5 日）閉鎖されていたことである。首都高 1 号線子安入口の料金所の改修のためである。なぜトラック運転手が U ターンしなかったか、理由がわかった。もしも大型用のナビのうち、工事情報が自動的に登録される機種が設置されていれば、あらかじめ帰路のルートを別に設計できたので、事故は防げたはずで

ある。

　もう一つ、快特の運転手は特殊信号発光機の停止信号現示を設計どおり、562 m 手前で視認していたことである。すばらしい動体視力と集中力である。しかし、視認したら躊躇なく 2.5 秒後に、電気回生の常用ブレーキではなく、機械的摩擦の非常ブレーキをかけ始めないと踏切手前で止まれなかった。マニュアルには「速やかに停止せよ」とあったので、快特の運転手は停止信号を視認してから 2 秒後にモータのノッチ（自動車のアクセルと同じ）を切り、4 秒後に常用ブレーキをかけ始めて強さを 1 段階ずつ 5 段まで強くし、10 秒後に非常ブレーキをかけ始め、21 秒後に衝突した。あまりに滑らかな減速操作だったので、衝突するまで急減速に気付かなかった乗客もいた。いきなり非常ブレーキをかけると、立っている人の半分は倒れるので、たとえば、JR 東日本では発車直後に非常ブレーキを引いた経験を持つ車掌は半数にも満たない。自動車で、道路にブレーキ痕が付くほどブレーキペダルを奥まで踏んだ経験のある人がほとんどいないのと同じである。過去 5 年間に 3 回だけ、この踏切で特殊信号発光機が発報（誤作動を含む）したそうであるが、本当に快特が止まれるのか、というイメージトレーニングが不足していた。実際に訓練すれば、特殊信号発光機が見にくく、直ちに非常ブレーキをかけないと止まれないことは直ちにわかったはずである。1981 年にこの踏切の特殊信号発光機は設置されたが、京急はそれ以後 40 年間、設置場所を変更しなかった。

　ここで筆者は第三の違和感をもった。なぜ本気の非常停止訓練をやらなかったのだろうか？　福島第一原発 1 号機の非常用復水器は、非常用冷却装置の機能をもっていたが、東電は設置以来一度も作動させて強制冷却させたことがなかった。定期点検のときは直列配置のバルブを一つずつ開けるだけだったので非常用復水器は作動しない。イザ本番の大津波直後では、非常用復水器が作動しているのかさえもわからなかった。自動車のエアーバックを体験したくて、わざわざ衝突させる運転手がいないのと同じで、非常用の安全装置の操作体験は、重要なのに軽視されている。

COLUMN

　最終報告書は、京急だけでなく、日本国中の鉄道の特殊信号発光機による緊急停止を一斉点検することを提言した。京急は事故後、特殊信号発光機をさらに遠方にもう 1 台増備し、マニュアルも「直ちに非常ブレーキを引け」に変えたそうである。ついでに非常停止訓練をしてほしいが、摩擦ブレーキをフルパワーでかけると車輪がロックしてレールの上

を滑走して摩耗し、車輪の円弧の一部が弦になり、それが回転するとゴトンゴトンと異常振動を生むので、普通はやらないそうである。警察もさっそく、線路脇の狭い道の入口に、大型車両通行止めや右折指示の表示板を設置した。

　また、ATC（自動列車制御装置）で自動的に急停車させることも提言していた。考えてみれば、人間が赤信号を見てブレーキを踏むというのは、前世紀のシステムである。安全工学の専門家曰く、人間はミスを犯す動物なので、人間の判断を介さないシステムが最良であり、ヒューマンエラーを防げる。デジタル化が何でも可能な時代なので、もうATCによる自動停車は実現していた。京急が遅れていた。

　しかし、いつもATCが最良とも限らない。2017年9月10日に、小田急線参宮橋駅付近で線路脇の住宅で火事が起こり、列車は急停車したが、列車の屋根が延焼した。このとき、警察官が列車に危険を知らせるために、近くの踏切の非常停止ボタンを押し、最新式の小田急のATCは自動的に電車のブレーキを作動させた。しかし、停車したあと、運転手がマニュアルどおりに踏切の安全を確認しているうちに、後続の車両が延焼してしまった。もしもこのとき、警察官から運転手へ直ちに「火事を知らせるために踏切の警報装置を流用した」と伝えれば、すぐに運転手は「再発車するほうが安全」と判断できたはずである。ATCが常に安全とは限らない。応用問題を解くために人間が乗車しているのだから、人間はその場で考えないとならない。

　次に安全なのは、車内信号機である。運転手は寝ていない限り、必ず赤信号が見える。2019年10月29日、筆者は東北新幹線の運転室に同乗させていただいたが、新幹線の駅には出発信号機さえないことに驚いた。信号は運転手の目の前の車内にある。新幹線は速すぎて、人間の目で線路脇の信号機は見えにくい。運転台の車内信号機が赤になれば、運転手はすぐに非常ブレーキをかけて、停車するまでの間に「次に何が問題になるのか」を考える。2015年6月30日に東海道新幹線の車内で焼身自殺があった。直ちに、そのボヤ発生の列車だけでなく、それと対向の列車もブレーキをかけたが、少なくともトンネル内に停車しないように、運転手は徐行して停車位置を調節した。トンネル内で停車すると乗客が避難するのが大変になるし、煙に巻かれればさらに避難は難しくなる。新幹線の運転手は、運転手の中でも最も技量の優れた者が選ばれる。しかし、車両はほとんどコンピュータ制御で運転され、運転手は停車直前、時速35km以下のブレーキ操作だけを担当する。動物園のおサルの電車と同じようなものだが、やはり、事故時では、想定外の状況で最良の判断が求められる。最も優秀な人間でないと、トラブルシューティングは成功しない。このように連想ゲームで次々に思考を展開することが大事である。

ケース8-2　テヘラン郊外でロケット弾がウクライナ航空機を撃墜

シナリオ（前半）

- 2019年12月31日、群衆がイラクのバグダッドの米国大使館を襲撃
- 米国トランプ大統領が報復攻撃を指示。2020年1月3日に実行
- イスラム革命防衛隊のソレイマーニー司令官を米国のドローンが爆殺
- 1月9日、イランは、在イラク米軍基地を弾道ミサイルで報復爆撃
- 米国籍の旅客機はイラン空域から直ちに避難、米軍はさらに報復続行？

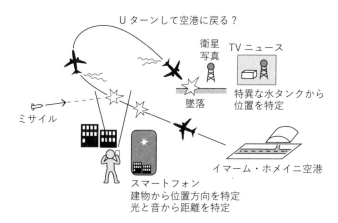

図 8.2　テヘラン郊外でロケット弾がウクライナ航空機を撃墜 (2019)

▶ しかし、イラン当局はテヘラン空港を閉鎖せず（民間機を盾にした？）

　要するに、米軍とイラク軍は一触即発の状態であった。それでも、紛争の中立国の航空機は、自国民をイランから避難させるために航空便を止めていなかった。日本からテヘランに直行する便はないから、在留日本人はどこかの航空便に乗らないとならない。1985 年のイラン・イラク戦争のときは、トルコ航空が特別便を出してくれたので、在留日本人はテヘランから脱出できた。当時の外務大臣は安部晋太郎氏で、国会でトルコとの長年の友好外交の結果と答弁した。その昔、1890 年にトルコ海軍エルトゥールル号が台風に遭って和歌山県沖で沈没し、500 名以上が亡くなったが、日本国は 69 名を救助し、祖国へ送り届けた。これが長年の友好の始まりである。2020 年、武漢から日本人を脱出させるのに、日本政府は飛行機（ANA）をチャーターした。このときの総理大臣は安部晋太郎氏の息子の安部晋三氏である。飛行機が撃ち落とされる危険もないし、避難民は自国で治療できると判断したのだろう。このときは成功したが、2021 年 8 月末のアフガニスタンのカブール陥落のときは、民間機派遣を躊躇して自衛隊機派遣となった。しかし、時すでに遅く、退避希望のアフガニスタン人スタッフの 500 人は空港にたどりつけなかった（その後、10 月 12 日までに 300 人は出国できた）。菅首相は判断が遅い。

　動画は公開されていないが、「イスラム司令官がドローンで爆殺された」というニュースには驚いた。キーワードはドローンである。これからは、警護対象が要人だけに限らず、国宝、原発、鉄道など、それこそ何であっても、「爆

弾を積んだドローンがカメラ画像で遠隔操作されながら『神風特攻』する」という恐ろしいリスクを、いつも想定しないとならない。2020 年現在、原発の建屋には、竜巻対策で「鳥籠」のような金網が張ってあるが、これはドローン対策にもなる。自衛隊の幹部から聞いた話によると、ドローンは侵入速度が目で追えるくらいに遅いくせに、歩兵が小銃で乱射しても当たらないそうである。それが数十機、群れになって襲ってきたらやりようがない。米軍は、イージス艦のように、多数のドローンの軌跡をコンピュータで並列計算して、強力レーザを使って次々に撃ち落とす装置を開発したらしい。しかし、人混みの中を地面すれすれに侵入してきたら、人間を誤射するかもしれない。

　日本経済新聞の記事『変貌する攻防―湾岸戦争 30 年』（2021 年 1 月 19 日）によると、米国、イラン、トルコ、イスラエル、ロシアなどの各国は、中東でサイバー（情報戦）やドローン（無人機）を使って、局所的に静かに戦っているらしい。サイバーやドローンはお金がかからず、圧倒的な戦力を誇る米国に立ち向かう貧者には最適の手法である。前述したボーイング 777 のエンジン爆発も、まず報復戦争のドローン・テロかもしれないと疑ってしまった。

シナリオ（後半）

▷ 2020 年 1 月 8 日 6 時 18 分、ウクライナ国際航空 752 便 (B737) が離陸
▷ 離陸直後に遭難信号を発せずに、大きく右に旋回。空港に戻る？
▷ 空港の北西 15 km に墜落。乗員乗客 176 人全員が死亡
▷ イラン当局は即座に、事故原因は機械的な故障と発表
▷ ミサイルが航空機に命中するシーンを、偶然多くの市民が撮影
▷ 1 月 9 日、ベリングキャット社は機体が空中で爆発する映像を公開
▷ 同日、ニューヨーク・タイムズ紙が動画の信憑性を確認して発表
▷ 1 月 9 日、米国は偵察用軍事衛星のデータを分析して撃墜を示唆
▷ 2 発の地対空ミサイル（ロシア製 Tor）を発射？　イラン当局は否定
▷ 1 月 11 日、イラン当局も観念して、ミサイルの誤射が事故原因と訂正
▷ 7 月 11 日、防空部隊のレーダシステムの調整ミスが原因と正式発表

　筆者は、2020 年 5 月 17 日に、NHK の『デジタルハンター　謎のネット調査集団を追う』という番組を見た。そこで紹介されたのが、上記のベリングキャットという会社である。2014 年、当社はエリオット・ヒギンズというオンラインゲームの達人が創業した。その会社は、市民の写真や動画を分析する

のが仕事だが、たとえば、多くの既存映像や衛星からのデータを駆使して、写真の背景の建物や山岳の形や影から、いつどこで撮影したのかを謎解きする。テヘランの事故も、ベリングキャット社で修行して、その後、ニューヨーク・タイムズに転職したクリスティアン・トリベートという若者が分析した。図8.2 に示すように、彼は墜落現場の写真の背景の水タンクに注目し、その特徴的な形状を衛星写真から見つけて墜落位置を確定した。また、市民が偶然、夜空を撮影した画像を探し出し、同じく背景の建物を衛星写真から見つけ、撮影位置と撮影方向を確定した。さらに、爆破光と爆発音との発生時間差から距離を求め、撃墜位置を確定した。お見事。この動画は、Google で適当に検索言葉を入力すれば、簡単に探し当てて見ることができる。犬が吠えていた。

　いま、欧米のマスコミは、旧来の口コミのアナログ情報網だけでなく、オープンソースの大量の画像・文章・音声などのデジタルデータから、事件を分析し始めた。たとえば、兵士が余暇にジョギングするときに用いたフィットネスアプリのランニング経路を集めて、米国の秘密基地を特定した。また、2014年 7 月 17 日にマレーシア航空 17 便がウクライナで撃墜されたが、そのミサイルを搭載した車両の映像を追いかけまわし、実際にロシアから移動してきたルートを確定し、ミサイルが 1 発減っていたことから発射場所を特定した。同様に、中国の Telegram（インスタントメッセージシステム）や、GitHub（ソフトウェア開発プラットフォーム）の中の情報を分析して、コロナ禍の市民の生情報や、ウイグル族の強制労働の情報を集めた。これからのニュース記者は、卓越したデジタル能力が求められ、事故現場から離れていても、海岸の砂粒からダイヤモンドを探すことができる。もちろん、最後は現場の記者が裏を取ったらしいが、最初の手掛かりは市民の何気ない情報発信から始まる。

COLUMN

　Google ストリートビューを見てみると、2020 年暮れの時点では、東京大学の本郷キャンパスの中は、市ヶ谷の防衛省や米軍の秘密基地みたいに、データがなく空白地帯になっている。それは大学が撮影を断っているからである。しかし、個人が勝手に撮影した360 度画像が、地図の中に青点で示されており、開いてみると安田講堂の中が隅々までしっかり見えた。スマホを持った市民が公園のように大学に入れるのだから、隠しようがない。

　一方で、個人が自分のデータを転載する Mapillary には、すでにたくさんのルートが記載され、一目瞭然で道路がわかった（あとでわかったことだが、情報削除も依頼できるそうである）。もしもベリングキャット社に依頼すれば、これらの地図・建物の画像や、研

究室ホームページのデータから、防犯カメラがわかり、高価な装置や危険な薬品が満載の研究室がわかり、逃走経路も計画できるだろう。そしてドローンで有名教授が襲撃されるかもしれない。これがデメリット。

　もちろんメリットもある。たとえば、入学試験やオープンキャンパスに来校する高校生が、自分で下調べできる。内田ゴシック（東大の第14代総長、建築学科の教授、関東大震災後の校舎をゴシック形式に統一）の建物に学問の香りを感じて、魅力をもってくれたら、とても嬉しい。社会課題に対する画像解析技術は日進月歩であり、いまや、空き巣犯罪や交通事故の現場の360度画像のデータから、危険場所の特徴があげられている。

　もはや、画像の空白地帯を維持するのは難しい。現代は、役所が衛星写真から未届けの建物を見つけ、固定資産税をかけてくる時代である。天から見られたら隠しようがない。

ケース8-3　武漢の病院の女医が新型コロナウイルスの発生を警告

参考文献：『武漢・中国人女性医師の手記』（艾芬著、文藝春秋、2020年5月号）
　　　　　『疫病』（門田隆将著、産経新聞出版、2020）

シナリオ（前段）

- 2019年12月16日、武漢市中央病院南京路分院に患者Aが救急搬送
- 救急科主任艾芬（アイフェン）医師が担当、患者Aは65歳、華南海鮮卸売市場で働く
- 12月22日、高熱の患者Aを呼吸器内科に移し、内視鏡で検体を取る
- 同日、患者AのPCR検査でコロナウイルス発見、と口頭で報告される
- 12月27日、別の肺感染症の患者Bが呼吸器内科に救急搬送される
- 患者Bは別の病院で10日間治療したが好転せず、血中酸素飽和度90％
- 12月30日、上記市場で働く患者Cも救急科へ搬送され、肺感染症
- 16時、同僚が患者Aのカルテを見せた。艾医師は驚愕。感染を危惧
- カルテの「SARSコロナウイルス」を赤丸で囲み、各科の同期生に送信
- ウィーチャット（微信）の画像共有アプリで呼吸器内科や救急科で共有
- 眼科の李文亮（りぶんりょう）医師は微信で「海鮮市場で7件のSARS患者」と発信

　武漢の中央病院でコロナウイルス患者が見つかった。中国の医者ならば、2002年のSARS感染の悪夢を思い出すそうである。さっそく、仲間の医者にそのカルテをウィーチャット（微信、中国製のインスタントメッセージアプリ）で送り、感染防止をよび掛ける。ここまでは、どこの国の医者でも行うような行為である。医者の倫理観の高さは世界共通である。SARS再来となれば、至急、国民の活動に制限をかけて、感染を止めなければならない。ところが、事実は逆で、シナリオ中段で後述するように、共産党が「人民にパニックさせる

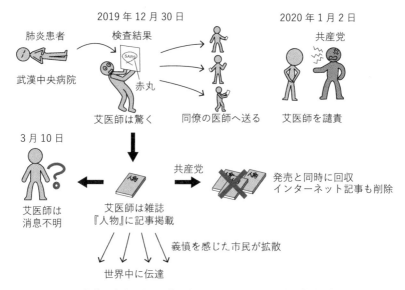

図 8.3　武漢の病院の女医が新型コロナウイルスの発生を警告（2019）

ようなデマを流すな」と言って医者を叱責するのである。

　2020 年 12 月 27 日の NHK 番組によれば、その後のウイルス遺伝子の変異を逆にたどることによって、COVID-19 は 2019 年 9 月中頃に武漢で感染し始めたらしいとわかった。また、下水の分析によって、11 月中頃には、イタリアの下水にもそのウイルス SARS-CoV-2 が含まれていたそうである。また、武漢のインフルエンザの患者数が 11 月に急増し、前年の 9 倍の 4,576 名になったそうである。この一部を COVID-19 の誤診と見なせば、12 月末には 1,505 人の「新冠肺炎」患者が市中にいたことになるらしい。COVID-19 が見つかるのは時間の問題だったが、中国人はとにかく数が多い。それぞれ 10 万人単位で日米欧に渡航したので、あっという間にパンデミックの温床ができあがってしまった。

シナリオ（中段）

▶ 23 時 20 分、艾医師は武漢市衛生健康委員会からの警告を受信
▶ 市民がパニックを起こすので肺炎の公表をするな、と指示
▶ 2020 年 1 月 1 日、病院の監察課長が艾医師へ翌朝の出頭を命令
▶ 2 日、「約談（共産党の法的手続きによらない譴責）」の処分通告

- 救急科 200 人全員に肺炎情報を口止めし、家族にも秘密保持を厳命
- 同時に微信やメールでなく、口頭か電話による伝達方法の採用も厳命
- 艾医師は人間として当然やるべきことをしたのに譴責（けんせき）されショック
- 李医師も 3 日に公安から治安管理処罰法で譴責、10 日、咳で発症
- 救急科は白衣の下に防護服着用。でも患者急増、医師や看護師も感染

　武漢市の共産党幹部は、コロナウイルス感染の事実を隠したかった。しかし、艾医師は患者を救うという尊い使命感から、当然のようにその情報を仲間と共有したのである。称賛されるべき行為なのに、逆に治安を揺るがすという理由で譴責されたからたまらない。艾医師も李医師も共産党員だったようで、艾医師は約談のような軽い訓戒でも、すっかりしょげてしまった。共産党員は中国の全人口の 6％の 9,000 万人を占めるエリート集団であるが、それでも大勢いるから、一度でも失敗すると出世競争から振り落とされる。20 世紀の日本企業のエリートみたいである。敗者復活戦がないので、最後の勝ち残りしか社長になれない。

　コロナウイルスは、あとで調べれば、2019 年 12 月 8 日に最初の患者が武漢で見つかっており、12 月 31 日に WHO の中国出張所から本部へ（中国政府経由ではなく）クラスタ発生が報告されている。また台湾政府は、どこで情報を仕入れてきたものか、12 月 31 日から武漢・台湾便の機内検疫を開始している。もし 12 月 31 日から武漢市の地方政府が直ちに感染防止対策を始めれば、パンデミックはもっと軽減されたであろう。

シナリオ（下段）

- 1 月 20 日、鍾南山博士がやっと「ヒト-ヒト感染」を認める
- 鍾南山（しょうなんざん）博士は、中央政府の国家衛生健康委員会専門家グループ長
- 艾医師は夫に譴責を打ち明ける。彼女の他に 8 人の医師が訓戒
- 21 日救急科は 1,523 人（通常の 3 倍）を診察、23 日武漢市封鎖
- 救急科は医療崩壊、ICU の受け入れ不可、死亡患者の病状確定もされず
- 2 月 7 日、李医師死亡。彼は「疫病の告発者」としてネット上で称賛
- 3 月 10 日、共産党系人民出版社の雑誌「人物」に艾医師の記事掲載
- 発売と同時に回収される。同インターネット記事も 2 時間後に削除
- 義憤を感じた市民が同記事を国内外に拡散、艾医師の消息は不明
- 中国語を外国語、絵文字、甲骨文字、モールス信号、点字、などに変換

▶ 3月19日に李医師は名誉回復、4月2日、英雄「烈士」となる

　1月20日に共産党が正式に人間から人間への感染を認めるが、それまでの20日間に、旧正月で大勢の人民が大移動してウイルスをばらまいた。また、1月23日の武漢封鎖直前に封鎖情報が洩れて、感染者を含む500万人の市民が市外へと大脱走して、感染を広げた。

　共産党の無策に対する恨み・つらみが、艾医師の記事や李医師のメールの"違法"拡散を後押しした。国内だけでなく、世界中に共産党が両医師に口封じさせた事実が広がり、医療崩壊に苦しむ国々はその失態を追及した。そして、もう隠しようがないと共産党は観念した。3月に入ると、習近平国家主席は、一転して地方政府幹部を更迭し、李医師を英雄として称え祭った。インターネットによる逆転勝利は見事なものである。Googleで調べれば、艾医師がSARSコロナウイルスを赤丸したカルテ（中国語だから読めない）や、李医師が公安に怒られてサインした訓告書（同じく中国語だから読めない）を見ることができる。

　2021年7月の時点で、最もホットなデジタルハンター絡みの話題は、武漢ウイルス研究所のコロナウイルス流出疑惑である。研究所は「雲南省の鉱山から2012年にコウモリ由来のコロナウイルスを採取したが、冷凍保存していただけ」と報告していた。しかし、デジタルハンターは、研究員が全部で9種類の遺伝子を発見し、しかも積極的に遺伝子操作していたことを示す国内学会論文を探し当てた。バイオ兵器として使う気があったかも？　すでにその論文も残り8種類の未公開遺伝子もインターネットから消去された。共産党の証拠隠滅は成功したようだが、内部告発もありえる。乞うご期待である。

専門家でなくても、実に有益な違和感を感知できる

　日本では、「これは私の専門ではありませんが」というフレーズを枕詞にして、討論を挑んでくる論客や記者が多い。彼は「ご専門の○○先生はすでにご存じでしょうが」と断ってから、誰も知りえないような秘密情報を開示する。言葉とは裏腹に「あなたのような専門家は視野が狭いからダメだ」という態度を示しているから腹が立つ。一方で、旗色が悪くなると、「私は専門外だから国民

目線でお話しした」と言い訳する。筆者も 2011 年の福島第一原発事故のときは、そのような評論家や記者と何回も討論した。たとえば、「年間 20 ミリシーベルト以下の放射線を浴びても、発がんの確率が高くなったというデータはない」といくら説明しても、「それならばあなたが放射能を浴びて試してみればよい」と論旨を飛ばして非難する。10 年経ってわかったことだが、年間 5 から 20 ミリシーベルトの土地から強制避難させられて、孤独の中で精神的に苦しみ、関連死に至る確率のほうが、放射能起因の発がんで死に至る確率よりもはるかに高かった。2021 年 1 月までの累計の関連死者数は 3,773 人であるが、放射線でがん死亡者が増加したという報告はない。がんは喫煙や肥満の影響が大きいので、年に 20 mSv 以下の放射線の影響はノイズのように小さくなって見つけにくい。

COLUMN

　お互いに論理的に討論すれば、専門内でも専門外でも、判断能力にそれほど大きな違いはない。日本人は専門家の言うことを盲信するが、専門家は専門知識には優れていても、違和感の検知能力まで優れているとは限らない。もちろん、専門知識がゼロだと何も感じないかもしれないが、常に広く浅くアンテナを張って考えていれば、専門外の素人でも微妙な変化を違和感として見つけることができる。逆に専門知識を持ちすぎると、過去の成功体験や法律規制に縛られ、脳の自由な発想に制限を及ぼし、違和感さえ生まれないことが多い。こうなると、それこそ予断なしのゼロベースの「国民目線」のほうが、よほどマシかもしれない。

　たとえば、2016 年 12 月 21 日に高速増殖炉「もんじゅ」の廃止が決まったが、その頃の話。筆者はその存続を討論する文部科学省の委員会に出席していた。その当時は、福島原発と同じ形の沸騰水型軽水炉 (BWR) はすべて廃炉、福島とは異なる加圧水型軽水炉 (PWR) はそのうち再開、というような雰囲気だった (2021 年も同じ)。現状がそうだから、"プルトニウムの焼却炉" のようなもんじゅは当然廃炉のはずなのに、存続の可能性を探るという委員会に違和感をもった。もちろん、もんじゅの専門家は、存続を信じて、その重要性や安全性を膨大な資料を用いて説明する。筆者は文系の専門外の委員を相手に、リスクについて喧々諤々の議論をしていたのであるが、突然、委員会の外の政治家の密談であっさりと廃炉が決まってしまった。自分たちは討論を重ねたという事実を作るために無駄に働いたのであり、いわゆる "ガス抜き" をしただけだった。あとで専門外の文系委員に聞くと、彼らもそのような違和感を正確に持っていた。もんじゅの専門家たちは、違和感も持たずに真面目にリスクを説明していたが、廃炉と聞いた時点ではらわたが煮えくり返ったと思う。

　2020 年 8 月 28 日に、安倍首相が突然辞任表明した。政局が急展開して、霞が関の内政管理能力に秀でる菅義偉官房長官が横滑りで首相になった。でもいまのコロナ禍と彼の能力はマッチするだろうか、という違和感が残る。彼はこ

れまで最強のナンバー2として、「首相の決断を正確に実行する」という、まるでエンジニアのような体質の仕事をこなしていた。だから、政権が7年8か月と史上最長になっても、「日本から何を外国に発信するか」「危機に遭遇したらどのように国民を導くのか」というような戦略を深く考える時間はなかったと思う。それよりも、安倍首相を助けて選挙という目先のハードルを6回連続でクリアーするだけで精一杯で、着順もタイムも二の次だったのかもしれない。

COLUMN

　もちろん、菅首相にも取り巻きの専門家がたくさんいるのだから、今後は新しいアイデアが出てくるかもしれない。経済が復活しない場合は、エキナカに毎日タダで抗原やPCRの検査ができる場所を作って安心して出勤してもらうとか、イスラエルのようにワクチンを3割高で大量購入するとか、何か新しいことができないか？　しかし、スマホの通信料が減額されるとか、デジタル庁でデジタル行政を進めるとか、断片的な政策が聞こえてくるだけである。

　台湾政府のように、総統の周りの大臣全員を広く民間から集めることができたらよいのかもしれない。前述したように、筆者は台湾のオードリー・タン情報担当大臣の話をZoomで聞いたが、彼（彼女）は英語がうまくて、天才プログラマーで、39歳と若く、自説を情熱っぽく説いていた。日本の大臣ポストは、派閥の論功行賞や選挙の年功序列によって国会議員の中から選ばれるので、新規的な政策立案に疎い。不幸にもその担当大臣に着任したら、どうしても従来からの有識者・専門家・役人組織に頼らざるをえない。安部路線の継続というのが菅首相の持論らしいから、日本も変われずに沈没していくのかなあ、という違和感を持つ。実際、1年後にこの違和感のとおりに支持率が74%から17%まで下落し、2021年9月に菅首相は退陣し、岸田文雄首相に代わった。菅首相は「東京オリンピックを安全安心な大会にする」とお経のように繰り返すだけで、具体的政策を述べず、実行はギリギリまで遅かった。昭和の政治家であった。筆者は『日本を前に進める』（河野太郎著、PHP新書、2021）を読んだが、変革が必要な令和こそ、このような持論をもつ人がリーダになってほしかった。もし、党員票が小泉首相の総裁選（2001年）のように、米国大統領選式の県ごとの総取り方式だったら、河野氏は37県で1位だったから岸田氏に勝っていたかもしれない。陰謀の匂いがする。

ケース8-3 広島・長崎の新型爆弾の次の投下地は新潟、と明示したビラを配って市民に避難勧告

参考文献：『新潟歴史双書2　戦場としての新潟』（新潟市編集発行、1998）

シナリオ

▷ 1945年7月16日、米国ニューメキシコ州で原爆実験、成功

▷ 7月25日、米軍は広島、長崎、小倉、新潟を原爆投下候補地に選定

此の新型爆弾は我国未被害都市として僅に残った重要都市新潟市に対する爆撃に、近く使用せられる公算極めて大きいのである

知事布告

本措置は敵の無辜の市民に対する殱滅的殺傷企図に肩すかしを喰わせんとするものである

原爆の専門家でない
畠田知事が発令

図8.4　新型爆弾の次の投下地は新潟と開示したビラを配って市民に避難勧告（1945）

▶ 8月1日、新潟県長岡市が空襲を受け、市街地8割が焼失、残るは新潟
▶ 6日に広島、9日に長崎にそれぞれ原爆投下。被害甚大
▶ 新潟県は職員を広島へ派遣、しかし広島は混乱し、市内へ入れず
▶ 内務省で広島の惨状報告を得て、新潟県知事らが10日に緊急会議
▶ 11日に畠田昌福新潟県知事が知事布告を発令し、市民の避難を勧告
▶ 同日、噂を聞いた市民は避難開始、市内は「もぬけの殻」になる
▶ 15日、終戦。18日頃から市民が市内に戻る
▶ 米軍は8月末までに1発、それ以降1か月に3発ずつ原爆を完成予定
▶ 1955年10月1日、新潟大火。892棟が焼失。美しい街並みが消える

　終戦直前と言いながらも、地方トップの知事が「全員逃げろ」という布告を出した。当然、陸軍や内務省から、敵前逃亡、戦意喪失、非国民と叱責されるに決まっている。しかし、畠田知事は実行した。筆者の母方の祖母は新潟市生まれだったが、終戦時は新潟県村上市のさらに先の海沿いの村に母と疎開していた。しかし、親戚から聞いたことには、15日の終戦時、新潟市内に人っ子一人いなかったそうである。なぜなのだろう、とずっと思っていた。5年前に新潟市歴史博物館にぶらりと訪ねたところ、茶色くなった知事布告なるものを見て感動した。とくに後半部分の「本（避難）措置は敵の無辜の市民に対する殱滅的殺傷企図に、肩すかしを喰わせんとするものである」というくだりが面白かった。精一杯の皮肉である。

　知事は大多数の日本人と同じように、原子爆弾なるものを知らなかったであろう。職員だって広島に入れず、実際にそのパワーを見たわけではない。しか

し、空襲を受けていない新潟市こそ、次にこの新型爆弾の餌食になると直観し、即座に避難勧告に踏み切ったのである。専門家は不要だった。

　昔の写真集を見ると、新潟は、堀端の柳がそよぎ、実に美しい町だった。幸いなことに、それが戦後も残ったのである。しかし、残念なことにその街も、1955 年の新潟大火で燃やされ、1964 年の新潟地震で引き倒されてしまった。巨大リスクは形を変えて襲ってくる。2017 年に長野県飯田市を訪れたとき、1929 年竣工の追手町小学校の美しい鉄筋コンクリートの校舎に驚いた。関東大震災後の東京の復興小学校の校舎に似ていた。小京都とよばれる美しい街並みは空襲されずに残っていたが、1947 年の飯田大火で市街地の 7 割が焼失した。タクシーの運転手が「自分たちで燃やしたから情けない」と残念がっていたのが印象的であった。筆者の妻は新潟市内に住んでいたが、新潟地震のときは幼稚園のトイレの個室に入っていて無事だったそうである。巨大リスクに対して、市民は生き残ることさえできれば御の字である。街はいくらでも再興できる。

ケース 8-3　ニューヨークのシティコープビルの設計不備を学部 4 年生が指摘

参考文献：『続・失敗百選』（中尾政之著、森北出版、2010）

シナリオ（前半）

▶ 1977 年、ニューヨークにシティコープビルが竣工、年内に入居終了

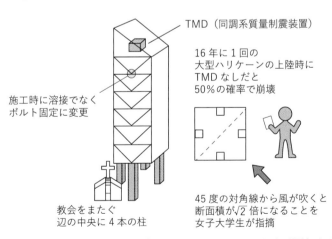

図 8.5　ニューヨークのシティコープビルの設計不備を学部 4 年生が指摘（1978）

▶ マンハッタン島ミッドタウン、59 階建て、高さ 279 m（世界で 7 番目）
▶ 構造設計はウィリアム・ルメジャー、独創的・前衛的設計で絶賛される
▶ 片隅の教会を跨ぐように設計、柱 4 本が辺の中間に配置
▶ ビル頂部に 400 トンの錘を揺らす、TMD（同調系質量制振装置）設置
▶ 1978 年 5 月、ルメジャー氏が建築会社の施工計画書を見て驚愕
▶ 構造鉄骨の接合方法が、当初の溶接でなく、安価なボルト固定に変更
▶ 6 月、大学 4 年生のダイアナ・ハートレイがルメジャー氏に電話
▶ ビルは側面の 45 度斜めから吹く風に弱く、160％の補強が必要と指摘
▶ 7 月、強度計算実施、交差筋交い部分の強度が低く、ボルト数が不足
▶ 16 年に 1 回の大型ハリケーン上陸時に、TMD なしだと確率 50％で崩壊
▶ 停電で TMD が止まると揺れは減衰できず、急いで非常用電源を設置

　このシティコープビルは、柱 4 本で上部を支えるが、その柱が正方形断面の一辺の中心にあるという変な構造を有している。なぜならば、建設予定地の一つの隅に、古い教会が存在したからである。その土地を使うために教会側に「教会を新築する」「その上の 9 階以上の空間を使用する」「教会を跨ぐようにビルを建てる」という条件を提示し、それらを交渉のうえ勝ち取った。側面の辺は東西南北に向いている。それぞれの方向の最大風速は、ニューヨーク市の建築設計条件で決まっているから、それらを入力して、ルメジャー氏は構造設計した。ところが、ビルを設計したという経験のない、素人の学部 4 年生が卒業論文でこのビルの構造をとりあげ、対角線の 45 度方向から風が吹くと、それを受ける断面積が $\sqrt{2}$（≒1.414）倍に増えることを指摘した。その外力に耐えるためには、いまの 1.6 倍の剛性をもたせるような追加補強が必要である。平面図を眺めれば、誰にでもわかりそうな話である。何でルメジャー氏は気付かなかったのだろう。

　しかし、悪いことにその 1 か月前のことだが、施工業者が鉄骨の接合方法を勝手に溶接からボルト接合に変えたことが発覚し、風に耐えるための余裕率が少なくなっていた。とくにビルの高さのちょうど中間の 30 階の強度が不足していた。そのうえでさらに外力が $\sqrt{2}$ 倍必要というのだから、あっという間に余裕率を失い、危険ゾーンに落ち込んでしまった。すぐに何とかしないとならない。計算すると、16 年に 1 回の大型ハリケーンによって対角線方向から突風が吹いたとき、たまたま停電になって、TMD (Tuned Mass Damper) とよ

ばれる、揺れの逆位相で錘を強制振動させる装置が止まると、50％の確率で崩壊するという。そこで慌てて非常用電源を設置し、台風上陸時も TMD は稼働すると仮定した結果、55 年に 1 回の大型ハリケーンに耐えるまでにはなった。しかし、それ以上のハリケーンが直近でこないとも限らない。

シナリオ（後半）

- ルメジャー氏は自殺も覚悟、8 月、シティコープ社に補強工事を提案
- 同時に保険会社とニューヨーク市とマスコミにも欠陥と対応策を説明
- 台風シーズン前の 3 か月間、夜間工事実施、柱をはつってリブを溶接
- ハリケーン・エラが接近、新聞各社がストでリスクが顕在化せず
- 10 月、工事終了。700 年に 1 回の超大型ハリケーンに耐えるはず
- 追加工事費用 400 万ドルは保険会社とビルオーナーが等分負担
- 幸いにルメジャー氏の新規設計は保険料率増加せず（名前に傷付かず）
- その後、追加工事を公表せず、それでも彼は工学アカデミー会長就任
- 1995 年『ニューヨーカー』誌が「59 階建ての危機」とスクープ
- 技術者倫理の好例として有名（悪例はチャレンジャー号の爆発）

　2020 年、日本のある有名新聞の記者 A 氏が、「このシティコープビルの事件をとりあげて、エンジニアの技術者倫理を批判したい」と筆者にメールしてきた。A 氏は、「有名な設計者が自分の名誉を守るために、倒壊のリスクをビル周辺の市民やビル内の入居者に知らせずに、コソコソと改修してしまった」ことを批判していた。確かにハリケーン・エラがニューヨークに接近したときも、ルメジャー氏は市民にリスクを公開していない。A 氏の言うとおり、技術者倫理の失敗例である。

　この事例は筆者の『続・失敗百選』でもとりあげていた。このときの筆者は、逆に、技術者倫理の好例として取り上げたのである。なぜならば、ちょうどその頃、日本では、鉄筋を減らしても強度は保てる、という虚偽の構造計算を行った「姉歯事件」が 2005 年に起こったからである。建築業界は世間から非難轟々なのに、発覚後も改修・建替のような後始末に資金調達できなかった。一級建築士だった姉歯秀次は、故意に構造計算書を捏造して、安くて壊れやすいビルを設計したが、有罪判決後も彼は補償していない（そもそも彼はお金がないからできない）。そこで、自前で改修できない施主は、泣く泣くビルを廃棄した。一方、シティコープビルは、施主の同意のもと、予算を追加してもらい、支障

なく改修してしまった。設計者の誠意が顧客である施主に通じたらしい。そして、技術者は誠意をもつべきである、という意味で技術者倫理の好例になったのである。

　技術者倫理は弁護士倫理と同じである。まず、顧客、クライアントのために秘密を守り、彼の依頼を実行する。しかし、クライアントの依頼が公序良俗に反する場合は依頼を断り、技術者のモラルに従って個人で対応する。上述の記者A氏は、シティコープビルの設計者が、前者の視点である「クライアントへの誠意」はよしとしても、後者の視点である「市民へのリスク開示」を怠ったので技術者倫理に反する、と言っているのである。

　ところが、この技術者倫理にも定量的な問題がある。それは、そのクライアントに楯突くべきとされるレベル、つまり、公序良俗に対する不合格ラインがはっきりしないことである。たとえば、この事例のようにリスクが16年に1回だと、市民にリスク開示すべきなのか？　開示すべきとなれば、関東大震災のように100年に1回だとどうか、東日本大震災のように想定外の1,000年に1回だとどうか、というように、低発生確率方向に当否ラインを転じて考える。最近の東日本大震災後の原発は、活断層による地震は4万年に1回でも許されない、というように、極端に合否ラインが振られている。この10年間でどの分野でも、公序良俗の合否ラインは次第に低発生確率の方向に移ってきたが、それを満足させようとすると高設計負担になり、コストは鰻登りに高くなる。どこかで、国民が納得するような合否ラインを引かないと、そもそも設計が成り立たなくなる。日本のマスコミのように、「リスクはゼロ、永久に壊れないものでないと許されない」と主張していては、設計解がなくなる。

　2012年に国会で、班目春樹・原子力安全委員会委員長（当時）は、「原発事故を想定してから、そこでいったん"割り切って"設計する」と発言したら、リスクを無視したと世間に叩かれた。筆者も消費省庁の会議で、「設計者は製品寿命を想定しないと設計できない。だから絶対に壊れない機械は作り得ない」と発言したら、もう二度とよんでくれなくなった。日本人の半分は"ゼロリスク教"の信者である。

ケース8-4 氾濫・浸水に備えて避難訓練し、車両基地の東海道新幹線を無事避難。または想定外で避難できず、車両基地の北陸新幹線は冠水

参考文献：『驀進』（齋藤雅男著、鉄道ジャーナル社、1999）

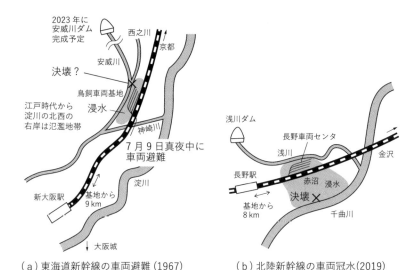

（a）東海道新幹線の車両避難（1967）　　　　（b）北陸新幹線の車両冠水（2019）

図 8.6　氾濫や浸水に備えて避難訓練し、車両基地の東海道新幹線を無事避難（1967）
または想定外で避難できず、車両基地の北陸新幹線が冠水（2019）

シナリオ（前半）

▷ 1964 年 10 月、東海道新幹線開業。東京・新大阪の両端に車両基地必要

▷ 新大阪の 9 km 手前、鳥飼に大阪運転所設置、淀川の遊水地跡だが広い

▷ 運転所は安威川と本線の間。安威川は天井川で洪水のおそれ大

▷ 開業以来、毎年 6 月に車両の避難訓練を実施

▷ 1967 年 7 月 8 日夕刻に大雨警報、21 時 36 分、安威川が警戒水位突破

▷ 東京の総合指令所の運転指令が大阪運転所停泊中の 13 編成の退避指示

▷ 22 時ごろに安威川決壊、水が構内に流れ込む

▷ 13 編成が大阪運転所から高台の上り本線に並び、京都方向に運行

▷ 信号所では水深は 1 m に達する。続いて保線用のモータカーも避難

▷ 翌朝、京都駅から新大阪へ逆に回送し、6 時始発から定時運転を実施

　参考文献の著者の齋藤雅男氏は、翌日の 9 時半頃に東京の国鉄本社の石田礼助総裁により出された。朝刊は、水浸しのヤードの航空写真が一面を飾っていた。総裁は心配そうに「何時から動くのか」と聞いたが、運転車両部長の齋藤氏は「定時運行している」と報告した。すると、総裁はハンカチを顔に当てて涙ながらに喜んだそうである。

　しかし、災難は続く。総裁に報告後、総合指令室に戻ると、電気部長が「ヤード（操専場）から水が引いたが、電動転轍機（ポイント）が使えなくなった」と告げた。車両がヤードの検査場に入れないと、定期検査ができず、運休になってしまう。そこで、予備の電動転轍機60台を運ぶために、東京から臨時のひかり号を貨物列車として11時30分発で運転し、次の日も定時運転できた。

　まるでNHKのプロジェクトX、20世紀の頑張りオヤジの感動物語のようである。あとで考えれば、「何も遊水地の上に車両基地を作らなくてもいいのに」とも思うが、大阪近郊にそこ以外の広い土地がなかったらしい。だからこそ、皆が違和感を持ち、気持ちを一つにして避難訓練を続け、本番も成功させたのだろう。

COLUMN
　そもそも、淀川の北西の右岸は、江戸時代から氾濫地帯だった。左岸の大阪城とその城下町を守るために、右岸一帯を遊水地に使ったのだろう。名古屋の庄内川も木曽川も、名古屋城とその城下町を守るために、左岸に比べて、右岸の堤防はおろそかになっていた。安威川も淀川のデルタ地帯の河川の一つで、神崎川がそのうちの最も大きな川である。
　神崎川は淀川から分岐して、基地のちょっと南を流れて安威川と合流しているが、これは有名なお雇い外国人のデ・レーケが指揮して1878年に掘削した人工河川である。東京も皇居とその下町を守るために、隅田川の左岸を迂回するように、荒川放水路を17年かけて掘削し、1930年に完成させた。日本も明治以来、治水の大工事をあちこちでやっているのである。
　安威川も今の地図を見ると、西之川と基地の北側で合流せずに、車両基地の隣では西之川と平行に流れて直接に神崎川と合流している。1967年の水害の決壊地点が文献からたどれないが、たぶん、当時は安威川と西之川との合流点でどちらかが閉塞して決壊・溢水したのではないだろうか。安威川の上流に2023年完成予定でダムを作るので、今後は安威川氾濫の脅威はひとまず失せるそうである。

　この成功物語と同じような事件が、52年後に起こった。国鉄時代の鳥飼の話を知る高齢のOBたちは、「いまのJRは過去の事故を学んでいない」と批判していた。昔といまとで、何が違っていたのだろうか。

シナリオ（後半）
▶ 1997年、長野新幹線開業。長野オリンピック開催の1年前
▶ 長野の8km先の赤沼に車両センタを設置、千曲川の元遊水地
▶ 車両センタの隣に浅川。千曲川合流点で浅川の氾濫可能性大？
▶ 浅川の上流にダムを作ったので、浅川の洪水のおそれはないと判断

- ▷ JR 東日本は、台風襲来時の車両避難計画を立案し、実行していた
- ▷ 2019 年 10 月の台風 19 号に備え、新幹線・在来線で 28 編成避難
- ▷ 赤沼の車両センタの洪水リスクは小さいと判断し、避難せず
- ▷ 12 日 19 時、台風 19 号が伊豆半島に上陸、同日 15 時で 945 hPa
- ▷ 15 時 30 分、気象庁は長野県に大雨特別警報を発令
- ▷ 長野市は赤沼付近の長沼や豊野に対して、18 時に避難勧告
- ▷ 23 時 40 分に避難指示を発令、8 時間後に堤防決壊のおそれ？
- ▷ 長野の車両センタ長は構内人員に避難を指示
- ▷ 翌日 1 時に千曲川が溢水、3 時に決壊、5 時に水が構内に流れ込む
- ▷ 室外のヤードで 7 編成、室内の検査場で 3 編成、浸水（冠水）
- ▷ 水深は最大 4.3 m に達し、車両の電気機器や座席が廃棄すべき状態
- ▷ 浸水の 10 編成は廃車。新幹線車両は 1 編成 12 両で新造すると 30 億円
- ▷ 減価償却分を引いて JR 東は 118 億円、JR 西は 30 億円の損害

　1967 年の鳥飼の浸水事件と、2019 年の赤沼の浸水事件はよく似ている。しかし、退避の可否が大きく異なった。1967 年はいまより大らかで、「避難指示」とよぶ、行政による強圧的命令もなかった。いよいよ隣の安威川の堤防が決壊かという時刻になって、流れ込む濁流と競争しながら、おっとり刀で車両を退避させた。しかし、2019 年は避難指示が出てから構内に浸水するまで 5 時間も余裕があったのに、現場のリーダは、真夜中の大雨の中、部下の運転手に車両まで歩かせて運転させるような、冒険実行の命令は下せなかった。もし、避難指示を無視して命令を下し、死傷者でも出したら、JR 東日本の労使関係は国鉄時代に逆戻りして悪化しただろう。

　JR は長野車両センタが浸水するリスクを考えていなかったのだろうか。そのようなことはない。JR 東日本は、その全路線で検討し、台風来襲前に 28 編成も避難させていた。しかし、車両センタの脇を流れる浅川は、上流に浅沼ダムが存在し、千曲川との合流点での決壊・溢水のリスクは小さい、と考えられていた（上記の完成予定の安威川ダムによるリスク軽減の予想と同じ）。ところが、本川の千曲川が決壊したからたまらない。

　千曲川は、多くの場所で、武田信玄が設計したとされている有名な堤防、つまり、ハの字型に堤防を配して決壊の圧力を逃がす「霞堤（かすみてい）」を採用していた。今回の決壊場所よりも上流の稲保地区では、設計どおりに決壊の圧力を逃がした

が、設計時の想定以上の溢水がその隙間に入り込み、裏の低地に回り込んだ。それくらい台風 19 号は規格外であった。なお、赤沼地区の決壊地点は、霞堤とは関係なく、河床に土砂が沈積していたのに浚渫していなかったことが原因であるらしい。水位が計画高水位以下だったのにもかかわらず、赤沼地区周辺で洪水は堤防を溢水し、その後、堤防を洗堀して崩壊させた。

COLUMN

　赤沼での事件の 1 か月後の 11 月 18 日に、筆者は JR 東日本の安全大会で講演した。ちょうどそのときに社長や安全担当の役員と話をする機会があり、「なぜもっと早く避難しなかったのか」「損害は痛手でないのか」と聞いてみた。驚くことに、聞いた役員のすべてが申し合わせたように、「避難計画でリストに漏れていたのが問題だった」「慌てて避難して、もっと大きな損害を出すよりはマシだった」とサバサバしていた。現場のリーダで責任をとらされた人はいなかったし、東京から強圧的に避難命令を指示することもなかった。現場の判断を優先させたのである。

　当時の現場は、ヤードの隣の浅川の水位のほうが心配だったのだろう（赤沼の住民もテレビ番組でそう言っていた）。現場の責任者が筆者に話してくれたが、「国土交通省が千曲川の水位をリアルタイムに報告してくれたら、避難の判断がもっと早くできたのに」と悔やんでいた。役所が情報を独占していたのである。

　2020 年 9 月 5 日に、NHK は特番で、接近してきた超大型の台風 10 号に備えて、地方自治体はどういう取り組みをしているか、を紹介していた。何でも、JAXA と東京大学が、Today's Earth Japan というプロジェクトを実施していて、河川の決壊を衛星からの情報でモニタリングしていた。2019 年の台風 19 号でも、実際に決壊した 142 か所のうち、129 か所を 39 時間前に予測できた、と言っていた。予測できた場所に、上記の車両センタの近くの千曲川の決壊箇所も含まれていた。もっともそのシステムが予測した場所は 579 か所だったので、決壊が当たった確率は 22% と低い。しかし、避難して決壊が起こらなかったときの「骨折り損」と、避難したあとに予測どおりに決壊して生命財産が守られたときの「出さずに済んだ出費」とを比べると、後者の金額のほうがはるかに大きいから、このシステムは有効である。転ばぬ先の杖である。実際に、14 の自治体がシステムを採用すると言っていた。

　昔から、河川の決壊は国土交通省河川局の仕事、豪雨の予想は気象庁の仕事、と決まっていた。でもその牙城に、衛星からの情報やインターネットや IoT を駆使した文部科学省のシステムが割り込んできて、予測性において勝った。JR 東日本もこのシステムを使っていたら、車両を冠水させるような失敗に至らなかっただろう。2020 年 9 月 5 日のニュースでは、920 hPa の台風 10 号が来るので、JR 西日本の博多総合車両所の山陽新幹線車両を県外に避難させる、と報道していた。これも転ばぬ先の杖の一つである。

　現在は、地方の天気予報は、気象庁よりも、民間のサービス会社のほうが当たるらしい。彼らは、日本各地の数百万人の会員からリアルタイムで天気の状況を集めて分析している。また、渋滞情報は警察よりも、街中で流している大量のタクシーの運用情報から予測したもののほうが、これまた早く当たるらしい。これらも「情報の民主化」の結果である。もういまは、お役所が独占的に情報を握る、という世の中ではなくなったのである。

　コロナ禍で国民が腹立たしいと思うことの一つは、「どこで何人がどのように感染したか」という情報を保健所が独占していることである。もちろん、感染した個人を攻撃することは厳に慎むべきであるが、国民もバカではないから自分で情報を判断できる。政治家は、「強制命令ではないから休業補償もしないけれど、自粛しなさい」と曖昧な言葉で命じておいて、感染防止結果に対して「国民の判断にゆだねる」と逃げている。それならば、細かい情報も国民に流すべきである。国民もひとりひとりがその情報に基づいて判断したい、と思っている。

　情報の民主化によって、誰でも有効な情報に好きなだけアクセスできるようになった。筆者の感覚では、この5年間で情報量が10倍に増えた。たとえば、メールの受信数、Googleの検索数、テレビ番組の録画数などは確実に10倍に増えて、次の5年間も10倍に増えたら、全部を処理する時間がなくなるに違いない。学生はオンライン講義の中でも、オンディマンドのすでに録画された講義を好むが、2倍の早送りで受講できることが最大のメリットらしい。脳の処理速度が律速（システム全体の速度を決める、ボトルネックの速度）になっている。失敗学でも同様に、有効な情報によって誰でもリスクを見つけられるようになったが、違和感の検出速度が律速になっている。脳を鍛えないと、令和の時代ではよい仕事に就けない。

第 9 章

違和感がないと事故は防げない

―――――――――――――――――― 冬眠リスクのシナリオ

> 違和感の有無で、その後のリスクやチャンスの行方は変わってくる

　天災は忘れたころにやってくる。そのリスクの種は、地球が撒いた天災ならば仕方がないが、人間が撒いた人災だと反省しないとならない。二酸化炭素による地球温暖化は、人災の反省すべき最たるものであろう。最近は部屋の換気の指標として、CO_2濃度があちこちに表示されている。大気の 400 ppm が、密室内の人が増えるに従って 1,000 ppm に上昇する。数値を見ることで地球温暖化のリスクも感じとれる。しかし、一個人の目の前には、他にも人災の小さな種が冬眠して潜在化している。

　たとえば、人間のちょっとした手抜きが冬眠し、10 年後に覚めてリスクを及ぼすかもしれない。この目覚めを違和感として想定できればよいが、想定できないと、低い確率であるがリスクが巨大化する。たとえば、引っ越してきて、冷蔵庫の電源を探し、やっと台所の食器棚の裏にコンセントを見つけ、手を伸ばしてプラグを差し込んで給電したとしよう。でも、一度プラグを差したら、20 年間は抜かない。当然、コンセント周りにゴミが溜まり、電気抵抗で発熱して炭化し、針状になった炭素からアークが飛んで配線が燃え、最後は台所が火災になる。俗に言う「トラッキング」である。もちろん火災が起こる確率は非常に低いが、違和感を抱かない人は泣きを見る。

ケース9-1　肉盛溶接の10年後に新幹線のぞみ号の台車に亀裂発生

参考文献：『鉄道重大インシデント調査報告書 RI2019-1』（運輸安全委員会、2019年3月）

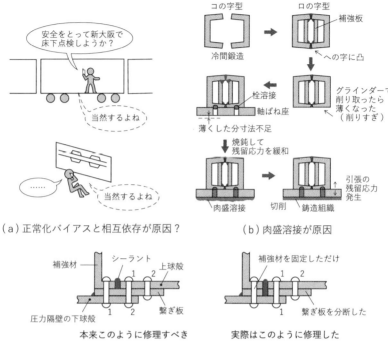

（a）正常化バイアスと相互依存が原因？　　（b）肉盛溶接が原因

（c）御巣鷹山の JAL ジャンボ機の墜落原因

図9.1　肉盛溶接の10年後に新幹線のぞみ号の台車に亀裂発生（2017）

　一つの事故で、よくぞ8ページも話を展開したものだと筆者も思う。図4.1のモレスキンノートのように、違和感を起点に連想ゲームをして持論を広げていくと、類似事故や日本の現場特有の文化を次々に思いつくのである。実際のモレスキンノートを見ると、他にもたくさん違和感があった。読者は、これらの記述を教条的にとらえる必要はない。それよりは、「豊かな思考の旅だなあ、真似してみよう」くらいに思ってほしい。

シナリオ（前段、異常発生後、指令員と現場が情報交換）

▷ 2017年12月11日、東京行「のぞみ34号」、博多駅を13時33分出発

▷ 車両は N700系5000番台 K5編成。JR 西日本所属。川崎重工業製

- ▶ 博多駅発車直後から、複数の車掌やパーサーが異音や臭気を感知
- ▶ 車掌長が車内から、東京の新幹線総合指令所の運用指令員に報告
- ▶ 運用指令員が岡山支所の車両保守担当員に、岡山からの乗車を手配
- ▶ 乗客やパーサーが、4両目の13号車内にモヤがかかっていると報告
- ▶ 岡山駅で車両保守担当員3名が乗車、13号車のモータの異音を認識
- ▶ 車両保守担当員は、運用指令員に、モータ開放を提案
- ▶ しかし、回路を切ってモータを空回りさせても異音に変化なし
- ▶ 車両保守担当員は、原因がモータではなく台車と推定
- ▶ 指令室でモータ開放を漏れ聞いていたJR東海の運用指令員は訝しむ

　車掌が異音・異臭を報告してから、あちこちへと伝言ゲームが始まっている。検査のために列車を止めると決断できるのは運用指令員だけであるが、この人は東京の指令室にいる。車掌長、運用指令員、車両保守担当員の3者が個々に電話で連絡をとり合っている。ここで、もしZoomでもあれば、3者合同で打ち合わせでき、もっと正確に情報が伝わったはずである。

COLUMN

　同様のケースを一つ紹介しよう。2014年2月23日深夜に、東海道線川崎駅で、保線工事用の軌陸機（線路上でも道路上でも動く自動車）を線路に乗せようと、その運転者は最終列車の通過を待っていた。ところが、京浜東北線北行きの線路だけは、最終列車後にもう1本回送列車が通るという連絡が伝わらず、軌陸機を線路に乗せ始めたときに回送列車と衝突した。このときの伝言ゲームは複雑だった。JR東日本の工事管理者・線閉責任者・保線管理者・重機械安全指揮者は、4者が同時に聞ける無線機で情報伝達できた。しかし、工事作業者へは、線閉責任者（JR）→工事管理者（元請）→安全指揮者（一次下請）→運転者（二次下請）とトランシーバーで命令を伝えた。工事管理者は「京浜東北線南行きは線閉したからそこまで進んでよい」と指示したが、安全指揮者は「北行きも含めて京浜東北線全体を線閉したから進める」と勘違いして、運転者に「北行きまで進め」と誤って指示してしまった。伝言ゲームでなく、線閉を示す可搬信号機を現場に設置しておけば、運転員も自分で判断できたはずである。また、トランシーバーでなく、現場も4者が同時に聞ける無線機を使えば、安全管理者の勘違いが即座にわかったはずである。もちろんZoomならばさらによい。

シナリオ（中段、正常化バイアスと相互依存が原因？）

- ▶ 次の停車駅の新神戸駅でホーム上から点検、異常見えず
- ▶ 経験24.5年の車両保守担当員（60）が4.3年の運用指令員（34）に提案
- ▶ 「走行に異常なしとは言い切れない。床上にいるので何とも言えない」

▶「安全をとって新大阪駅で床下点検しようか?」

▶ このとき、たまたま、運用指令員は電話機を耳から外し? 返答なし

▶ 結局、JR西日本の運用指令員は「走行に支障なし」と判断、運転続行

▶ 正常性バイアス(異常下でも正常範囲内と判断し平静を保ちたい)?

▶ 互いに相互依存(相手が決断するはず)? 互いに運転継続が前提?

　これこそ、運用指令員・車掌長・車両保守担当員の3者が、スマホやタブレットのICTを使って、Zoom会談すればよかった。相手の顔色も伺えるので、「どっちつかず」の結論を出さずに済んだはずである。少なくとも、運用指令員のように「それは聞いていない」という言い訳はできないはずである。

　リスクマネジメントの大先生たちは、心理学や社会学を専門として人間の心の動きを研究し、技術にはまったく興味がない人が多い。彼らは、新大阪駅直前の車両保守担当員と運用指令員とのやりとりに注目した。マスコミも皆が文系出身だから、このわかりやすいストーリーに食らいつく。今回の事故では、互いに、相手が良きに計らって決断するだろうと思って、自分からはっきりと床下点検決行を言い出さなかったことが問題になった。リスクマネジメント的に分析すると、「異音異臭はよくある話だから、運転継続しても問題ない」と考える、いわゆる「正常化バイアス」が両者にはたらいたらしい。

COLUMN

　人間は、異常の火事場騒ぎよりは、正常の理解できる状態のほうが心が落ち着く。これが正常化バイアスである。このため、判断するときも、無意識的に正常化に向かったストーリーを肯定する。もっとかみ砕いて推測すると、彼らは「もしかしたらどこかが故障したかもしれないが、ここで運転中止にすると顧客を降車させて別列車を用意しないとならない。ア〜面倒だ、異音異臭はよくある話だし、このまま走っても自然に直っちゃうのが普通だから、行っちゃえ」と思ったのかもしれない。コロナ流行下でも、自分はかからないと信じて飲み屋に出かける人の心境と同じである。

　新幹線の台車に亀裂が入るなんて前例がないので、確率的に正常化バイアスの判断は正しい。でも、2020年6月12日に京成電鉄の青砥駅で停車直前の普通列車の台車が亀裂破断して、車両は脱線した。台車亀裂は起こらないわけではない。京成電車の写真を見ると、のぞみの台車と形は違うが、同じようにパックリと割れている。もちろん、鉄道事故調査委員会が調査中である。

　さらに、リスクマネジメントの専門家は、この事故こそ典型的な「相互依存」が起こった事例だという。つまり、草野球の内野手が互いに相手が捕球すると思って「お見合い」するとポテンヒットが生まれるが、その類のミスである。

互いに「場の空気を感じてよ、私の心の内を読んでよ」と相手に訴える。日本人的な腹芸に頼るのである。日本軍は総力戦では勝ち目のない第二次世界大戦に参戦したが、軍民いずれのリーダも、戦後に「個人的には参戦したくないけれど、立場上言えなかった。同席者の○○さんが言い出すのを待っていた」と言い訳している。

しかし、「正常化バイアスと相互依存が原因である」とご高説を唱えられても、どうやって再発を防ぐのか、皆目見当がつかない。たとえば、組織文化を大幅に変えて、「チームとして相談せずに、必ずリーダ1人で決断する」という欧米的な運営に変えていけばよいのか？　でもそのリーダだって人間だから、正常化バイアスを免れることができるのか？

COLUMN

鉄道のリスク低減で最も簡単にできることは、「疑わしきは停止」で片端から止めて点検することである。でも、石橋を叩いて渡るような「チョコ停」があまりに多すぎると、定時運行は夢のまた夢になる。筆者は常磐線を通勤で使っているが、ホームに緊急停止ボタンが設置されるようになって、ホーム上の酔っ払いの喧嘩や急病人の眩暈まで緊急事態として押されるので、週に必ず1度は遅れるようになった。朝の登校時の遅れには腹が立つ。コロナのリスク低減と同じで、自宅で自粛すると安全ではあるが、仕事は進まない。

結果的に、心理的分析や精神的訓話では判断ミスは改善されず、再発防止には至らない。必ず、科学的に状況判断できるセンサや、致命的な状況に至らない安全装置が必要になる。ホーム上のトラブルは、安全装置としてホームドアさえ設置できればよく、線路に転落して轢死という致命的な事故は防げる。ホームドアは1面で10億円と高価であるが、10年計画で設置すべきであろう。コロナだったら、ワクチンの迅速な開発しかない。

なお、筆者が見る限り、鉄道業界では、運用指令員の仕事が最も華やかに見える。実際、どこの鉄道・バス会社でも、現場で最も頭の回転の速い逸材が切り盛りしている。このリーダも正常化バイアスにかかるのでダメだと言われたら、もう代わりはいない。その鉄道会社の雰囲気の中で、老練な車両保守担当員は「ここまで言ったら、優秀な彼ならば当然、床下点検せよと言うはずだ」と考えて議論から手を引いたのであろう。しかし、その優秀な運用指令員はたまたま上司と相談していて、受話器を耳から離して話を聞いていなかったらしい（本当かね？）。

これもJR東海の役員から聞いた話であるが、たとえば、JR西日本が広島で事故を起こしたら、JR東海は直ちに東京発の岡山着や博多着の列車も発車を止める。素人が考えると、新大阪で終着にして折り返し運転すればよいのにと思う。しかし、指令員は、新大阪駅で乗り継ぎ客が溢れ出し、満員の待合室で怒り出すのを恐れるのである。新大阪駅はJR東海の管轄なので、そのトラブルはJR東海が責任をもたねばならない。それくらい、指令員はピピッと連想ゲームで頭をはたらかせないとならないらしい。

シナリオ（後段、肉盛溶接が原因）

- ▶ 新大阪駅で乗務員と運用指令員が JR 西日本から JR 東海に交替
- ▶ JR 東海の指令員は隣の JR 西の通話を察し、車掌に異音点検を依頼
- ▶ 京都駅発車後に車掌が異臭報告。指令員は名古屋駅での点検を指示
- ▶ 17 時 3 分、JR 東海・名古屋車両所の車両保守担当員 3 名が床下点検
- ▶ 13 号車の台車に油漏れを発見、直ちに運転中止を決定
- ▶ 名古屋駅 14 番線で床下点検を続行、23 時 40 分、台車に亀裂を発見
- ▶ 中間報告書で、溶接前に台車枠を規定以上に削り薄くしたことが判明
- ▶ さらに、1 年 4 か月後、最終報告書で肉盛溶接していたことが判明
- ▶ 溶接後に焼鈍もせず、残留引張応力で疲労強度が著しく低下していた
- ▶ 10 年間の使用期間中に亀裂が伸展し、最後の運用で破断寸前に至る

　事故の約 3 か月後に出された速報の中間報告書は、「なぜ台車に亀裂が入ったか」というマスコミの疑問に対して、一つの明確な答えを示した。原因のタネは 10 年前の製造時に仕組まれていたもので、人災である。

　事故車両の N700 系は従来の 700 系の次機種にあたり、台車の左右の空気ばねの圧力を変えて、車両を傾かせることができた。自転車のようにカーブで内側に倒れるのだから、当然、高速で通過できる。ところが、製造元の川崎重工業では、台車の製造方法で小さな問題が起きた。ビジネス全体から見れば些細な問題であるが、生産技術者にとってみれば一生覚えておくべき教訓である。

　図 9.1（b）の上段に示すように、従来の台車の台車枠は、熱間鍛造で「コ」の字に曲げた板を二つ用意して、その内側に補強板を溶接したあと、内側同士を溶接して「ロ」の字を形成した。ところが熱間鍛造の協力工場がこの加工を引き受けなくなったので、別の会社が冷間鍛造で作ることにした。一般に、熱間鍛造だと鉄板を真っ赤に熱して柔らかくするので、直角にコの字を曲げられる。ところが、冷間鍛造では常温の鉄板を使うので、素材はばねのように固くて曲げにくく、しかも曲げたあとにスプリングバック（弾性変形の戻り）が起こった。つまり、金型に合わせて 90 度に鉄板を曲げても、型から外したあと、図（b）の中段に示すように 92 度くらいにビヨーンと開いてしまった。しかし、90 度に直さずに二つの「コ」の字を溶接して「ロ」の字にしたから、溶接した面が「ヘ」の字のように真ん中が飛び出してしまった。スプリングバック、それもハイテン材（1 GPa 級の高強度材）のそれは日本中の工場の頭痛の種で

ある。そのあとで、台車の螺旋ばねを固定する「軸ばね座」という厚み 15 mm の鉄板を栓溶接しないとならないので、とにかく「ヘ」の字の真ん中の凸部はグラインダーで削って、平らにした。溶接部分の厚みは、「ロ」の字の素材の板厚の 8 mm のうち、0.5 mm 削って板厚 7.5 mm まで薄くすることは許されていたが、この台車は盛大に削ったので「ヘ」の頂点では、板厚 4.7 mm になった。薄くなれば、当然、発生応力が高くなる。そうなれば、疲労破壊しやすくなる。調査委員会が疲労試験を行ったところ、寿命が 50 % くらいに短くなった。確かにこれが技術的原因の一つだった。

COLUMN

　しかし、強度不足になるのは自明なのに、なぜ、検査が 4.7 mm の薄い板厚を見過ごしたのだろうか？　社内基準のマニュアルでは、どの部材でも除去量として 0.5 mm までは削ってよい、と決めてあったらしい。しかし、現場の従業員全員にその基準が徹底されておらず、とにかく擦り合わせで適当にツライチ（段差がフラットな状態）にしてから溶接していた。つまり、外形が図面どおりになるように現場が判断して作ればよい、というような雰囲気だった。リスクマネジメントの専門家の解説によると、現場のリーダも設計のリーダも、上述の正常化バイアスと相互依存が同時にはたらいたらしい。溶接したあとは、薄くなった部分が外観から見えず、検査も X 線装置でも用意しないとチェックのやりようがない。新聞では、「現場の以心伝心の職人技で作るからこうなるんだ！」と猛烈に川崎重工を叩いていた。しかし、その同じ新聞が、いつもは「本社は弱いが、現場が強いというモノづくり文化は、日本の宝だ」と褒めちぎっていたから、国民も困惑しただろう。
　責められれば現場も反論する。サンダーとよばれる手持ちディスクグラインダーで火花を出しながら、図面も見ないで見た目を綺麗に仕上げることは、溶接現場ではよくある話である。ここでも、溶接するために置いた板が、ギッタンバッコンとシーソーしないように、サンダーで出っ張りを削って、擦り合わせて面を出し、しっかりと仮固定したあとで溶接した。エリートの設計者が細々と製作上の注意書きをしなくても、それを補って仕上げるのが職人の誇りである。ツライチにせずに、どちらかに傾くように置いて溶接したら、傾いて固定され、仕上がりが美しくない。第二次世界大戦前の設計者は完成図面しか描かなかった。そこまでどう作るかは現場任せであり、依然としてこの文化が残っている。

中間報告書を読んで、「そうだったのか、削りすぎが原因。これで決まりだね」と皆がそう思った。そして、もうこの事故のことは忘れた。新幹線は脱線せず、誰も怪我していない。アクシデントでなく、事故にならなかったインシデントなのである。ところが 1 年後、筆者が何げなく、最終報告書を読んだら、すごい事実が書かれていた。その亀裂の入った部分は、確かに 4.7 mm と薄くなっていたが、図 9.1（b）の下段に記したように、そこに溶接された軸ばね座の板を切断して、断面をエッチングすると、軸ばね座の板のうち、ばねが固定され

るほうの表面に、何と結晶粒が大きい鋳造組織が浮き出ていたのである。軸ば
ね座の板は鍛造か圧延で作られているので、そこは結晶粒が小さい鍛造組織に
なっていないとならない。天網恢恢疎にして漏らさず。手抜きは発覚する。

　たぶん現場の職人はこう考えて実行した。そもそも、軸ばね座を溶接する表
面は、一つの台車で8か所あるが、同一平面内にあるべきである。しかし、1
か所だけ3.3 mmもグラインダーで削ったので、その一つだけが低くなりすぎ
た。その低い1か所だけ、どこかに補正用のシムという薄板を挟んで高さ調整
してもよいが、その台車だけ例外の組立方法を採用することを頼んでも、JR
西日本が許さないだろう。測定すると、軸ばね座の削り代をゼロにしても板厚
が足りない。やばい！　納期まで1週間しか余裕時間がない。仕方がない、コ
ソッと肉盛溶接しよう。肉盛溶接とは、アークで溶接金属だけを溶かして金属
を盛る方法である。これは、寸法を間違えて削りすぎたり、位置を間違えて穴
を開けてしまったりするときに行う、職人の「奥の手」の修繕方法である。

　それでも、肉盛溶接したあとで、もう1回、熱処理炉に入れて残留応力を開
放すればよかった。しかし、溶接で台車を組み上げたあとで、すでに1回熱処
理をしており、もう納期まで時間がない。肉盛溶接した面は、凝固温度から室
温まで冷却されると、熱収縮が生じる。つまり、肉盛面が凹になるように変形
するはずだが、平らになるように拘束して溶接しているから両端に残留応力が
生じるのは当然である。こうして、すでに台車と溶接した周辺部には引張の残
留応力が常にはたらき、その引張残留応力が溶接部の亀裂を広げる方向にはた
らいた。調査委員会の疲労試験では、正常品の約1/100と異常に短い寿命が
得られた。つまり、主因は削り過ぎでなく、肉盛溶接だったのである。

　調査委員会も真面目だから、現場に残された書類を調べ、製造担当者にイン
タビューした。しかし、10年前のことだから、現場は「記憶にない」の一点
張りで、結局、その肉盛溶接の実行者も指示者も判明しなかった。もし、のぞ
み号が名古屋で止まらずに進んで浜名湖あたりで脱線して、後ろの12両が水
没して1,000名死亡となったら、政治家のように「記憶にございません」です
まされるのだろうか？　なお、過失の時効は10年だが、これは事故から10
年であり、不良施行から10年ではない。つまり、10年前の肉盛溶接者は有罪
になる。

COLUMN

　間違った加工や施工が 10 年後の事故原因となる事例として、有名な御巣鷹山の JAL のジャンボ機墜落事故がある。大阪空港での「しりもち事故」で、客室後部の圧力隔壁が変形したので、ボーイングが日本に出張して球殻の下半分を取り替えて修理することになった。しかし、上半分の球殻も少し変形していたので、接合部を 2 本のリベットで止めたいが、両者を引っ張らないと穴が合わない。無理に引っ張ると引張の残留応力がはたらくので、疲労強度に対して好ましくない。そこで、図 9.1 (c) に示すように、第 3 の繋ぎ板を用意して、下球殻と繋ぎ板との間で 2 本のリベット、繋ぎ板と上球殻との間で各 2 本のリベットでつなぐことにした。ところが、現場のボーイングのテクニシャンが勘違いして、繋ぎ板を二つに切って、下球殻と繋ぎ板は 1 本のリベットでしか固定されない構造で仕上げてしまった。繋ぎ板は、補強材の高さを合わせるための "マクラ" だと、勘違いしたのだろう。さらに空気が漏れないように隙間をシーラントで埋めたから、繋ぎ板の分断を目視検査で見つけられなかった。その後、7 年後に疲労亀裂は破壊的に進展し、圧力隔壁は破裂し、そのときに漏れた空気流で、尾翼がもげて舵が効かなくなった。単純な修理ミスで 500 人以上の人命が失われたのである。なお、そのテクニシャンは、日本の裁判では被告人でも証人でもない。たぶん、ボーイングが、被害者の救済基金を出すから、テクニシャンを不起訴にしてほしい、と日本政府に取引を持ち込んだのだろう。

　2021 年 7 月 3 日に熱海市で土石流が発生し、死者 26 名、行方不明 1 名の大災害となった。これも 12 年前の 2009 年に行った建設残土の盛り土が原因である。熱海市は施工当時から、排水管やえん堤の不備を指摘し、中止要請も出していたが無視され、不動産業者はその後、土地売却・廃業となって、事故責任はあいまいになっている。同じ盛り土でも、宅地用や廃棄物処理場用は法律があるが、建設残土の捨て場所用の法律はなく、各市町村が条例で取り締まっている。たまたま、熱海市の条例が緩かったのでそこに捨てたらしい。でも、20 年前から全国で建設残土の盛り土のリスクは指摘されていた。一番責められるべきは国土交通省である。規制する法律を作らないという不作為を犯していた。建設残土を資源として有効利用したかったので、法律であれこれ制限したくなかったらしい。

ケース 9-2 タイタニック号の石炭の自然発火を 100 年後に写真から発見

参考文献：『Titanic：The New Evidence』（英国番組、2016。筆者は NHK BS103『ドキュランドへようこ
　　　　　そ』2018 年 12 月 28 日放映を観た）

　筆者は 2020 年 5 月 7 日の第 1 波のコロナ禍の真最中に、NHK 番組の『ダークサイドミステリー』に出演した。題目は「タイタニック号の陰謀」である。スタジオ録画ではなく、自宅での Teams 録画だったから、緊張感がない。当日、一緒に出演したクルーズ船の元船長の幡野保裕氏が、突然、スーツ姿で現われたので、筆者も慌ててネクタイ ＋ ジャケットを装った。プロデューサが用意した陰謀は下記のシナリオに示す四つだったが、最後の石炭の自然発火以外は、実に噴飯ものの怪しげな陰謀だった。

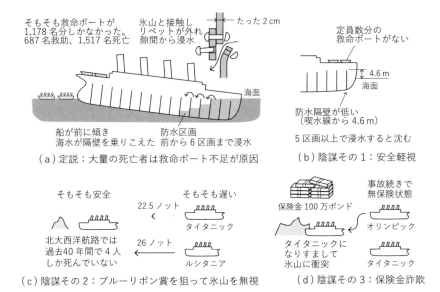

（a）定説：大量の死亡者は救命ボート不足が原因

（b）陰謀その1：安全軽視

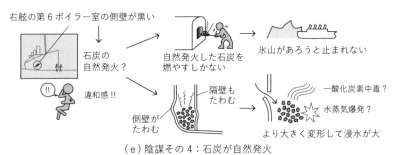

（c）陰謀その2：ブルーリボン賞を狙って氷山を無視

（d）陰謀その3：保険金詐欺

（e）陰謀その4：石炭が自然発火

図9.2　タイタニック号の石炭の自然発火（1912）を100年後に写真から発見

　この石炭の自然発火説は、タイタニック研究者が、英国の屋根裏部屋から最近発見された写真集を精査したとき、キラッと思いついたという仮説である。100年前の写真をジッと眺めていたら突然に閃いた、というのだから、この研究者の違和感と好奇心に敬服する。

　陰謀はともかく、これまでの100年間、タイタニック号の沈没は後述の「シナリオ（定説）」のように語られている。なお、筆者の『失敗百選』シリーズの記念すべき最初の失敗事例（事象1.1）は、タイタニック号の沈没であった。ダークサイドミステリーの中でも、今回の視聴率がシリーズのトップだったというから、よほど、タイタニック号の沈没は人気があるのだろう。

シナリオ（定説）

- ▶ ホワイトスターライン (WSL) 社は、ドル箱路線の北大西洋航路で稼ぐ
- ▶ ライバルのキュナードライン (CL) 社は高速の客船で勝負、豪華さは別
- ▶ WSL 社は豪華な客船で勝負、タイタニック号を大型 2 号船として計画
- ▶ 1912 年 3 月 31 日、英国で竣工、4 月 10 日、ニューヨークへ処女航海
- ▶ 14 日、氷山警告を何回も受電、スミス船長とイズメイ社長が無視
- ▶ 14 日 23 時 40 分、突然に見えた氷山に衝突、2 時間後に沈没
- ▶ 右舷の側面が氷山と擦れ、リベットの頭が脆性破壊
- ▶ 鋼板が剥がれ、右舷の前から 6 つの防水区画で海水が流入
- ▶ 浸水の重みで船全体が前に傾いて、海水が順に防水隔壁を乗り越える
- ▶ 2 時間後、前方部が浸水して傾き、中央部で破断、沈没
- ▶ 乗客乗員のうち、687 名救助、1,517 名死亡、主原因は救命ボート不足
- ▶ 初の SOS 発信、信号弾 8 発打上、しかし周辺の船は救援に間に合わず

　その当時、英国商務省の法律では、1 万トン以上の大型船は安全だから、救命ボートが定員以下の 1,178 名分でも運航が許された。つまり、合法的な救命ボート不足だった。姉妹船のブリタニック号は、第一次世界大戦で病院船として運用され、トルコ沖で機雷に当たって 1 時間半後に沈没する。しかし、タイタニック号沈没後の処置で救命ボートが増備されていたので、ほぼ全員が救命ボートに乗船でき、死亡者は機雷に直撃された 30 名だけだった。つまり、救命ボートが定員分だけ完備されていたら、タイタニック号の沈没も死亡者ゼロの沈没事故に終わったはずである。沈没後に海上人命安全条約（SOLAS 条約）が採択され、救命ボートは定員の 125％積載、SOS 信号の 24 時間聴取の義務付けも進んだ。

シナリオ（陰謀その 1：WSL は儲けのために安全を無視した）

- ▶ 1912 年、オリンピック、タイタニック、ブリタニックの 3 船を建造
- ▶ 1 等船室の見晴らしのよいプロムナード（遊歩道）を設置、豪華さ優先
- ▶ 船体輪切りの防水隔壁が 1 等船室の上部甲板に達しない構造で設計
- ▶ 防水隔壁は喫水線から 4.6 m まで、それ以上沈むと水が乗り越す
- ▶ 救命ボートは商務省法律で許される数だけ（定員の 35％の 1,178 人分）
- ▶ CL 社ルシタニアは左右を分ける防水隔壁も設置、救命ボートは定員分
- ▶ それでもマスコミはタイタニックを practically unsinkable と絶賛

▶ 設計者は 16 の防水区画のうち 4 区画浸水しても沈まないように設計
▶ オリンピックは巡洋艦と衝突、2 区画の大破・浸水でも航行可能
▶ 側面の鋼板の厚みはたった 2 cm（不沈戦艦大和は 41 cm だったが沈没）
▶ 船体の底は 2 重構造で安全設計していた（昔は暗礁で座礁する確率大）

　タイタニックの設計は、その当時のレベルで考えると、きわめて安全設計だった。座礁しても沈没しないように、2 重構造の船体底も採用していた。悪質な点はない。船体の鉄板の厚みはたったの 2 cm であり、1/700 のモデルを作ったら、ちょうど水に浮かべた折り紙の船になる。同じ「不沈」船でも戦艦大和の板厚 41 cm とは大違いであるが、当時の客船は皆、そのレベルのベコベコの船体であった。でも、ライバルのルシタニア号のほうが、長さ方向だけでなく、船体の幅方向にも左右を分ける防水隔壁を設置していたように、さらに安全設計だった。救命ボートも定員分だけ用意していたので、いまの日本の民事裁判で裁かれたら、安全設計のお手本が存在するので、ホワイトスターライン社は製造物責任法で多額の損害賠償を払うことになっていただろう。

　本当に不沈を狙うのならば、それに加えて、浸水で傾いた船体を逆方向に傾き返すように意図的に浸水させる、軍艦の設計を取り入れるべきであった。たとえば、タイタニックは氷山に衝突してから、船首部分が浸水して前に傾き、船首の防水隔壁の上部が喫水線より下になり、図 9.2(a) に示すように、浸水した海水は隔壁を乗り越えて順に後ろに浸水していった。もし、軍艦と同じように、前部の防水区画に浸水しても前に傾かないように、後部の防水区画にも水を注入して前後のバランスをとれば、沈没は免れたかもしれない。隔壁が低すぎるという批判もあったが、そもそも防水区画を、それも 16 個も設定すること自体が、その当時の最高峰の安全設計だった。

シナリオ（陰謀その 2：北大西洋航路の最速船に送られるブルーリボン賞を狙うあまりに氷山警告を無視した）

▶ タイタニックは航海速度 22.5 ノット、ルシタニア 26 ノットより遅い
▶ タイタニック沈没前の 40 年間で北大西洋航路の海難事故の死者は 4 人
▶ 1872 年客船アトランティックが暗礁に衝突し沈没、491 名死亡
▶ 1880 年貨物船アリゾナが濃霧の中氷山と正面衝突、米国まで自力航行
▶ 1906 年 WSL 社リパブリック号がフロリダ号と衝突、衝突で 4 名死亡
▶ でも 36 時間沈まずに漂流、乗客 500 人は 10 隻の船によって無事救助

　まず、速度競争ではタイタニック号はまるで勝ち目がなかった。22.5 ノッ
トは時速 41.7 km、秒速 11.6 m である。もちろん、ブルーリボン賞を狙って
いなかった。速度で勝ち目がないのだから、氷山警告を受けて減速しても、何
ら損することがなかった。それなのに、なぜ減速しなかったのだろう？　たぶ
ん、それは過信からくる「気の緩み」があったからだろう。何しろ、北大西洋
航路ではアトランティック号の沈没以来、40 年間に 4 人しか亡くなっていな
い。東海道新幹線の安全神話並みである。氷山が危険だったら、40 年間にもっ
と多くの船が沈没していたはずである。

　ちなみに、「安全神話」の例として東海道新幹線を紹介すると、いつも JR
東海の方からお叱りを受ける。彼らは安全神話と思ったことは一度もなく、い
つもヒヤヒヤと緊張感を持って運行しているそうだ。クルーズ船長の幡野氏も
同じことを放送中に言っていた。

　なお、幡野氏によれば、商船大学では、もう避け切れないと観念したら、「正
面から当たれ」と教育しているそうである。船ならばどの形態の船でも、正面
の船首は鋼板を厚くして剛性を高めて設計しているし、その後、浸水しても高々
1 区画が浸水するだけで済み、どの船もそれは想定内だから沈まないらしい。
もちろん、氷山に衝突すれば、いくら大型船と言ってもどこかが破壊されるだ
ろうが、最悪、沈まずに浮き続け、逃げる時間さえ稼げばよいという設計を採
用していた。上述のリパブリック号のように、漂っている間に航路内の船が救
助に来てくれる。当時の北大西洋航路は実に交通量が多く、1 時間ごとに向こ
うから対向船が来るほどだった。

　タイタニック号沈没後、米国と英国で事故調査委員会が開かれたが、その両
方で、沈没地点の近くで停船していた貨物船カリフォルニア号のロード船長が
強く非難された。つまり、沈没中にタイタニック号から発射された 8 発の信号
弾が見えたはずなのに、朝まで救助に向かわなかったのである。ロード船長は
遠くて見えなかったと言い続けた。しかし、73 年後にタイタニック号の沈没
船体が発見され、沈没地点が正確にわかった。さらに、航海日誌を分析して、
カルフォルニア号が信号弾を見たはずの位置も正確にわかった。時計の時刻誤
差と海流で流された漂流分とを補正したのである。その結果、両者の距離は
10 海里（18 km）と離れておらず、信号弾を見たという船員の証言が正しい
ことがわかった。ロード船長は北大西洋航路が初めてで、氷山を過度に恐れて
いたらしい。カルフォルニア号の航海速度は 14 ノット（海里/時間）であり、

タイタニック号は沈むまでに 2 時間浮かんでいたから、全速前進で 1 時間後にタイタニック号に到着できた。さらに数百人は救助できたはずである。嘘はいつかばれる。

　タイタニック号は残念なことに、氷山に当たりそうになったとき、左に曲がって避けようとした。その結果、右舷を氷山に擦ってしまった。その後の浸水流量の速度から、開口面積を計算した研究者がいた。その計算によると、開口面積はたった 1.1 m² であり、亀裂長さが 90 m だったので、開口部は幅が 1.2 cm の細い帯状だったことがわかった。73 年後に、海底に沈む船体を超音波探査したところ、確かに幅の大きな割れ目はなく、開口部は鋼板と鋼板をつなぐリベットの頭が氷山と擦って千切れ、鋼板が剥がれたように反ってその帯状の隙間から水が入ってきたことがわかった。計算どおりだった。

　この 90 m の開口部は、船首から 6 つの防水区画で浸水を起こした。首席設計者で処女航海に同乗していたトマス・アンドリュース氏（当時 39 歳）は、6 区画浸水という報告を受けた直後に、スミス船長に向かって「この船はじきに沈むので早く退船してください」と告げた。もしも、その晩が月夜で風が吹いていて波も立っていたら、氷山が反射して青光りして、または、氷山の裾に当たる波が白く見えて、もっと手前で発見できたかもしれなかった。しかし、その晩は穏やかで海面は鏡のようだが、月の光はなく、闇から急に氷山が姿を現した。発見から衝突まで 40 秒間くらいしか余裕時間がなかった。航海士は慌てて面舵一杯・全速後進で左に切って高さ 18 m の氷山を避けようとした。もっと手練れの航海士ならば正面衝突を狙っただろうに。

　なお、タイタニックは航海速度中に全速後進で急ブレーキをかけても 1,200 m（全長の 4.5 倍）惰行してしまう。氷山を発見したときは約 400 m の距離だったらしいので、止められなかった。ちなみに現在の高性能の最新船ならば、プロペラの回転方向や迎え角、回転軸の向きも変えられるので、全長の 3 倍（タイタニックが装備していれば 800 m）で止められるが、事故時の氷山は近すぎた。もっともいまならば、レーダもあるから、もっと前に発見して停船できたであろう。

シナリオ（陰謀その 3：WSL 社は保険金詐欺を目論んでいた）

　▷ 姉妹船のオリンピックは衝突事故続きで無保険状態、価値ゼロ

　▷ 満身創痍のオリンピックをタイタニックと偽って処女航海出発

▶ WSL 社のオーナーの鉄道王モルガンが処女航海の乗船を急遽とりやめ
▶ 捨てても惜しくないオリンピックをわざと氷山にぶつけて沈没？
▶ 沈没後、建造費の 2 倍の 100 万ポンド（いまの 160 億円）の保険金取得

　筆者は収録で「この保険金詐欺はアホラシイ」とコメントした（もちろん放送ではカット）。NHK があらかじめ準備した録画の中でも、海外の研究者は全員、その陰謀を否定していた。本当に保険金詐欺を企むならば、氷山にぶつけるというような成功率の低い手段よりも、爆弾を破裂させて瞬時のうちに沈没させる手段をとるだろう。もちろん、5 区画に大穴を開けるだけの複数の爆弾が必要になるが……。

　もしも、モルガンが飛行船の会社も経営していたら、新しい陰謀も考えられる。つまり、豪華客船から飛行船へと、欧州と米国を行き来する金持ちを移らせるために、自社のタイタニック号を沈めて、船は危ないという自作自演のキャンペーンを展開すればよい。1936 年から 1950 年にかけて、ゼネラルモーターズ（GM）は 45 都市の 100 以上の路面電車網の会社を買収したあと、直ちに廃止して自社のバスを買わせてバス網に変えた。日本でも 1970 年頃に渋滞緩和のために路面電車網が廃止されたが、バスや地下鉄に変わるのは時代の流れであった。しかし、GM の例は有名な陰謀として、いまも喧伝されている。

シナリオ（陰謀その 4：自然発火した石炭を燃やさねばならず、火を落とせない "カチカチ山の狸" になっていた）
▶ ベルファストから出港、第 6 ボイラー室の石炭倉庫で石炭が自然発火
▶ ボイラー作業者 160 名のうち、サウサンプトンで 152 名が交代
▶ 石炭が多すぎて消火は無理なので、ボイラーにくべて燃やすしかない
▶ WSL 社は業績悪化。もはや石炭火災と言って処女航海を延期できない
▶ 検査官が乗船してもボイラー室の検査を拒む。故意に隠蔽？
▶ サウサンプトンからニューヨークまで、1 日に 650 トンの石炭を消費
▶ 石炭庫に 4,400 トンの石炭があるので、約 7 日分の航海が可能
▶ 英国から米国まで 5 から 6 日。つまり、燃料の量はギリギリだった
▶ 出港から石炭発火は止まらず、でもボイラーとエンジンは停止できず
▶ 社長のイズメイ氏は氷山があっても停止せずに航海することを命令？

　要するに、タイタニック号はもう急には止まれなかったのである。自分の背

負った薪が燃えていることに気付かない、「カチカチ山の狸」と同じである。現場は石炭をどんどんボイラーに投げ込んで、燃やさないとならない。スミス船長も最下層のボイラー室での出来事を重視していなかったのであろう。幡野氏によると、昔は船上での石炭火災が日常的に起きていたらしい。

　また、設計ミスだと思うが、石炭倉庫の壁が防水隔壁や船体側壁も兼ねていたので、鉄板が部分的に熱膨張でたわみ、浸水のおそれが生じていた（図9.2(e)）。もしかしたら、たわんで強度の小さくなったどこかが、氷山衝突時に大きく反ってどこかが開口して、浸水を早めたかもしれない。この石炭発火陰謀説は、英国人の"タイタニックオタク"の研究者セナン・モロニー氏が唱え始めた。彼は、タイタニックの主任電気技師が撮影した写真集をオークションで入手した。その中の1枚、波止場で撮影されたタイタニック号の写真を見つけて、右舷の第5区画の第6ボイラーの場所の船体側壁が黒く映っていることに気付いた。「これはおかしい」と違和感をもち、「石炭発熱による船体のたわみが映った」という自説が構築された。100年前の写真からよく見つけたものである。

　石炭の自然発火は、ボイラー作業者のサウサンプトンでの火災の証言と合っており、氷山警告に対して止まりたくなかった結果と一致する。もちろん、無煙炭のように、不純物が入っていない高級炭は容易に自然発火しない。一方で、褐炭のように炭素よりも不純物のほうが多い低級炭は、75℃くらいで自然発火する。蒸気機関車はボイラーが小さいので、褐炭のような低級炭は使わない。常磐線の特急を牽引したC62という蒸気機関車は、地元の常磐炭鉱から採掘した石炭ではカロリーが足りずに走れなかった。しかし、船舶のボイラーは大きいので、少々効率が悪くても、安い低級炭を用いることが多かった。今でも船舶は、C重油という、A重油よりも3割安い低価格の残渣油を用いている。

　これだけ石炭が燃えていると不完全燃焼も起こるだろう。ボイラー作業者は、一酸化炭素中毒に苦しんで、サウサンプトンでさっさと船を降りたのかもしれない。また、ちょっとでも水分が何かの隙間に入ると、水蒸気爆発のリスクも考えないとならない。もしかしたら、氷山衝突時に浸水して、その水が小規模の水蒸気爆発を誘発したのかもしれない。

　次は、リスクに対する違和感ではなく、チャンスに対する違和感を紹介する。研究の失敗という崖っ縁に立たされて、起死回生の秘策に至ったのである。このような秘策を思い付く者こそ、いまの日本が求める人材である。

　筆者の研究室の長藤圭介准教授は、博士課程で香取秀俊教授（東大）の指導
のもと、アトムチップを作った。香取先生は光格子の原子時計を発明した、ノー
ベル賞候補の1人である。彼と話すたびに新しいアイデアが出てきて感心す
る。あるとき筆者が、「ところでいくつくらい、研究費申請書に書けるレベル
のアイデアがあるの？」と聞いたら、彼は「500くらい」と答えたのでたまげ
た。彼は好奇心の塊で、いつも考えている。

ケース9-3　エイヤッで8種類の遺伝子を入れてインフルエンザウイルスを
人工合成

参考文献：『新型コロナウイルスを制圧する』（河岡義裕著、文藝春秋、2020）、『東大河岡ラボの100日の記録』
（NHKのBSスペシャル番組、2020年7月23日）

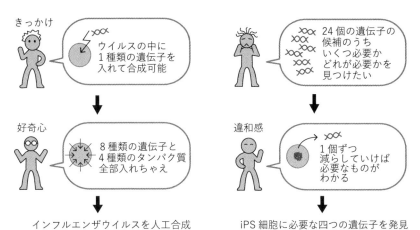

（a）河岡先生のリバース・ジェネティクス　　（b）高橋先生のiPS細胞生成

図9.3　エイヤッで8種類の遺伝子を入れてインフルエンザウイルスを人工合成

シナリオ
🔹 1999年、河岡義裕教授はウィスコンシン大学で研究
🔹 河岡教授は、ドイツ人の女性研究者をポスドクとして採用
🔹 彼女は、インフルエンザウイルスの1種類の遺伝子を細胞内で合成
🔹 実験結果を見た瞬間、インフルエンザウイルスが人工合成可能と直観
🔹 試しにエイヤッと8種類の遺伝子と四つのたんぱく質を細胞内に導入
🔹 細胞がウイルス感染したことを観察。東大で再現実験を行って確認

▶ インフルエンザウイルスのリバース・ジェネティクス技術を発明

　時はコロナ禍の真っ最中、筆者は感染症の第一人者の河岡教授に興味をもち、参考文献の NHK 番組を見た。河岡先生は、インフルエンザウイルスのリバース・ジェネティクスという人工合成技術を発明した。このノーベル賞級の大発見も「艱難辛苦の末に手に入れた」というわけでもなく、たった一度の幸運な実験で成し遂げた。驚きである。ドイツ人の女性研究者は 1 種類の遺伝子ならば細胞内で合成できると言ったのに、河岡先生はもっと入るだろうと楽観的な好奇心をもったのである。

　インフルエンザウイルスには、8 種類の遺伝子と、その遺伝子を合成するために 4 種類のたんぱく質とが必要になるが、えいやっと思い切って全部入れたら、案に相違してできちゃったらしい。1 種類ずつ入れて、結果を確かめながら、1 歩ずつ進むのが王道なのに。参考文献の彼の著書には「研究者は賢すぎないほうがよい」「研究を続けられたのは運が 8 割」とも書いてあった。彼は獣医学部出身であるが、工学部出身の研究者と気質が似ている。

　この下りを読んで、ノーベル賞受賞者の山中伸弥教授のもとで、特任助手として実験を担当し、iPS 細胞（人工多能性幹細胞）を発見した高橋和利先生のことを思い出した。ES 細胞で発現する 24 個の遺伝子を、マウスの繊維芽細胞に導入すると、多性能幹細胞が発生したことまではわかっていた。しかし、iPS 細胞を作るために、24 個の候補から、いくつ必要か、どれが必要か、がわからない。確率を計算すると、一生実験を続けても終わらない。この時、高橋先生は「あまり難しく考えないで、導入する遺伝子を 1 個ずつ減らしてみたらどうか」と山中先生に提案した。論理的な思考というよりも、感覚的な違和感・好奇心である。その結果、24 条件の実験で必要な四つの遺伝子を見つけたのである。ちなみに、高橋先生は工学部出身である。

　同じ東大でも、元気な人がいるなあ、というのが筆者の最初の河岡先生の感想である。筆者の研究室のように、全員が自宅にいて沈滞気味の研究室ばかりだと思っていたが、全員が普段どおりに大活躍中の河岡先生の研究室も存在することに驚いた。大学の書類には「コロナ関連の研究は自粛の適用範囲外」とあったが、この研究室のことだったのか……。

　上記の NHK の番組の中で、河岡先生がマスクの感染防止効果を研究している若い研究者に「今週の水曜日までに論文を書き上げなさい」とニコニコしな

がら命じていた。確かに、世界を救うような論文になる可能性大だから、1着にならなきゃ意味がない。この河岡先生の本を読む前に、知人からウイルスハンターの物語の本を紹介された。『ウイルスは悪者か』（高田礼人（北海道大学教授）著、亜紀書房、2018）という本だが、これも非常に面白い。高田先生は、エボラウイルスを恐れず、ウイルスハンターとして嬉々としてアフリカに出かけている。その本の中に、彼の師匠の河岡先生のことがあちこちに書かれていた。NHKの番組の中の河岡先生の部屋は整理整頓されていたが、普段は乱雑で床にまで書類を敷き詰めているらしい。当人は「フロアファイリング」とよんでいたそうである。しかし、河岡先生は、高田先生のような元気な研究者を、どのように育成したのだろうか。

　また、河岡先生は、鳥インフルエンザの遺伝子13,500個のうち、わずか4個を変異させるだけで、哺乳動物への空気感染が可能になることを突き止めた。しかし、2011年に感染症の脅威とパニックを描いた映画『コンテイジョン』が封切りされると、社会はウイルスの大流行に対して過度の不安を感じるようになり、2012年から5年間、その研究はバイオテロと疑われて凍結された。将来のパンデミック防止用のワクチン製造のために、河岡先生の技術は明らかにベネフィットがあるのに、メディアはリスクばかりを強調したのである。これが日本だったら、米国の10倍も不安症候群の国民が多いから、実験中止のデモ行進まで起きて実験どころではなかっただろう。

ケース9-4 パリのノートルダム寺院の尖塔・屋根が原因不明の火災で崩落

シナリオ（前半）
- シテ島にはローマ時代からバシリカ（長堂）あり
- 現建築のノートルダム寺院の大聖堂は1163年着工、1225年完成
- シュリー司教が遺産で210トンの鉛を購入して屋根を葺いた
- 1860年頃に大規模改修。屋根の中央に尖塔を追加
- 主任建築家ヴィオレ・ル・デュックは、屋根を再び鉛で葺いた
- 尖塔の下に、尖塔を仰ぎ見る自分の像（聖トマス）を加える
- 2019年から屋根や尖塔に足場を組んで、改装を開始
- 尖塔の下の16体の像を火災2週間前にクレーンで降ろした

鉛葺き自体は古今東西でよくある技術で、徳川家康が作った江戸城天守閣も

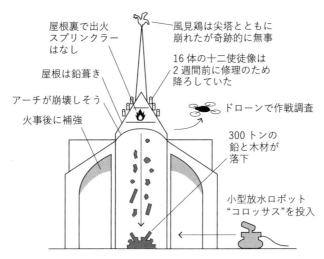

図 9.4　パリのノートルダム大聖堂の尖塔・屋根が原因不明の火災で崩壊（2019）

鉛葺きだった。表面が酸化して白くなり、雪が積もったように美しかったらしい。でも、建築意匠学の竹原あき子氏は、「160 年前の改築時に、なぜ鉛でなく、その当時の新素材のトタン（鉄板の表面に亜鉛メッキ）を使わなかったのかわからない」と言っていた。その昔、鉛の撥水性は石材よりも大きいので、屋根勾配を 50 度から 20 度に小さくしても雨水を流せた。その結果、パリの街の建屋は、屋根に鉛を使うことで、高さ制限内でもう 1 階、屋根裏部屋を増築できた。しかし、トタンでも同じ結果が得られたと思う。今回の復元では、さすがに有毒の鉛葺きではなく、陽極酸化で着色したチタン葺きになるのではないか。なお、第一次大戦の戦火で燃え落ちたランス大聖堂に、筆者は 2017 年 2 月 16 日に訪問した。そこは木材ではなく、板状のコンクリートを重ねて、石材のように楔を打ちながら組み上げて復元されていた。コンクリートは金属より軽いので、木材以外の一つの好ましい設計解である。

シナリオ（後半）

▶ 2019 年 4 月 15 日 18 時 18 分、1 回目の火災警報 ＋ 非常放送
▶ 警備員が屋根裏を点検したが、火災を見つけられず
▶ 火災報知機と消火器はあり、スプリンクラーはなし（法律義務なし）
▶ 18 時 43 分に 2 回目の警報。48 分に消防署へ連絡、53 分に消防隊到着
▶ 50 分に出火。消防隊はドローンの画像から火災俯瞰スケッチを作成

- コロッサス（小型放水ロボット）出動、翌3時半に大部分を鎮火
- 融点327℃の約300トンの鉛が溶けて、乾燥した木材（樫）に延焼
- 屋根と尖塔が鉛とともに焼け落ち、1階の床に散乱、風見鶏は無事
- 幸いにも主祭壇やバラ窓、聖母子像などの聖遺物は奇跡的に無事
- パイプオルガンは破損なし。だが鉛の微粉末が入り分解洗浄が必要
- 出火原因は電気配線かたばこの吸殻？　過失（原因不明）と公式発表
- 2020年7月10日、仏マクロン大統領が改築でなく、復元と決定

　4章のNOTEその4でも述べたが、ノートルダム寺院の対岸のカルチェラタンで、CIRPという生産技術の国際学会が開かれるので、筆者は毎年、その辺のホテルに宿泊している。消防隊は5分で駆けつけたが、消防署は何とホテルのすぐそばだった。確かに、消防車はノートルダム寺院まで5分で行ける。寺院には普通の火災報知機と消火器しか消火装置はなかった。世界遺産なのに、スプリンクラーさえないのには驚いた。しかし、消防隊はドローンとか小型放水ロボットのような"新兵器"を投入している。消火作業の最初にドローンを飛ばして、その画像から火災俯瞰スケッチを作成して消防士に配り、その後の消火作戦で有効に使っていた。なお、パリの消防士は歴史的に工兵と同じである。日本の地方公務員の消防士よりも戦う姿をアピールする。
　この火災に比べると、もう少しマシな消火装置を配していながらも、うまく活用できずに全焼させた、沖縄県の首里城の火災を次に比較検討してみよう。

ケース9-5 沖縄県の首里城の火災で正殿が全焼

シナリオ（前半）
- 首里城は14世紀頃に創建、1715年に木造の正殿を再建
- 明治維新後は熊本の第6師団の軍営、その後沖縄神社として使用
- 1945年の沖縄戦で首里城は焼失、その後当地に琉球大学を建設
- 1992年に木造の正殿を復元、消防の規格は一般事務所相当
- スプリンクラーは未設置、放水銃とドレンチャ（水幕）は設置
- 消火水槽は木曳門地下に40トン、黄金御殿60トン、二階御殿121トン

　日本中の江戸時代のお城は明治維新で廃城になったが、どこのお城も、堀の中の空き地をまず軍隊と神社が使用し、戦後は大学や高校が使用し、平成になってから観光用に城が復元されている。典型例が金沢城である。首里城もその流

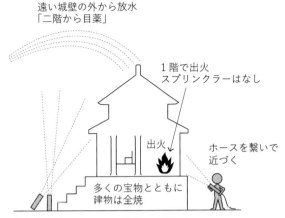

遠い城壁の外から放水
「二階から目薬」

1 階で出火
スプリンクラーはなし

出火

ホースを繋いで
近づく

多くの宝物とともに
建物は全焼

放水銃やドレンチャでは建物の内部にまで
水がかからないし、消化水槽は 30 分で枯渇

図 9.5　沖縄の首里城正殿が原因不明の火災で焼失（2019）

れで立派な木造建築が復元された。

　2020 年 8 月 8 日に NPO 失敗学会は、2019 年 10 月 31 日の首里城の火災を
分析するセミナーを開いた。筆者は「なぜ首里城にスプリンクラーがなかった
のだろうか」とずっと違和感を抱いていた。火災報告書を読むと、外部からの
延焼を防ぐ放水銃やドレンチャ（水幕）は正殿の前庭に設置されていた。消火
装置として、消火器が歩兵用の小銃ならば、放水銃やドレンチャは砲兵用の大
砲のような強力兵器である。

　しかし、大砲は屋根の上から豪雨を降らすだけで、今回のような内部からの
出火には効果がなかったし、そもそもスプリンクラーのように自動で放水を始
める装置ではないので、消防署員が手動でバルブを開けたのは発火から 30 分
以上もあとだったらしい。それに、消火水槽が 121 トンと小さかったので、
放水銃 3 基、ドレンチャ 3 基を放水すると 28 分間で使い切ってしまう計算だっ
た。ちなみに文部科学省管轄の国宝建築の消火設備は、50 分間作動するよう
に設計されているそうである。

　驚くことに正殿は 1992 年竣工で重要文化財にもなっていないから、普通の
事務所と同じ消防規格（消防法施工令別表第一の 15 項）が適用されていた。
このため、スプリンクラーを建物内に設置しなかったことも違法ではない。日
本は木造建築の火事が多いから、一方で、消防規格が厳格な建築物も存在する。

たとえば、不特定多数またはハンディキャップのある人間が大勢集まって、しかも、これまでにもたびたび火災を起こして多大な損害を出した建築物、つまり、百貨店、ホテル、病院、地下街、介護施設などは特定防火対象物とよばれ、消防規格は厳重になる。さらに、建築物が国宝や重要文化財ならば、先の17項が適用され、最も厳重な防火設備が要求される。しかし、首里城はどれにも当てはまらず、基準の最も緩やかな15項の規格のままだった。首里城も世界遺産であるが、それは地下の遺構が対象であり、上物の正殿は書式上、一般のそこらにある事務所の一つに過ぎなかったのである。素人でもおかしいと思う話である。これがスプリンクラーの違和感の答えである。

実は、ノートルダム寺院の消防規格も、首里城と同等かいくぶん緩い感じでひどかった。両者とも火災予防に相当の自信があったのかもしれないが、そもそも大規模の火災を想定していなかったのだろう。想定外の災害ということでは、福島第一原発事故と同じである。

シナリオ（後半）

- 2019年10月31日、御庭で組踊上演300周年式典準備作業
- 21時、正殿内へ扇を収納、21時30分、正殿内に紅白ロープを収納
- 21時35分、正殿のブレーカを落として施錠、1時5分、御庭から撤収
- 11月1日1時20分、警備員が城郭内を巡回開始
- 1時43分、セコム社が機械警備を作動開始
- 2時34分、正殿で人感センサ（熱感知センサ）が発報
- 35分、奉神門内モニター室から、警備員が一人で正殿に向かう
- 正殿の内部は白煙、消火器見えず、消火器を取りにモニター室に戻る
- 発報を検知したセコム社が警備詰め所に電話、警備員が白煙を報告
- 40分、火災報知器・非常ベル鳴動、消火器で初期消火を試みる
- 2時41分にセコム社が119番通報、45分に消防隊出動
- 48分に現着、門を開け、ホースを伸ばし、3時5分に放水始め
- その後、放水銃やドレンチャを手動でバルブを開き、放水始め
- 警報装置の発報から最初の放水始めまで31分、正殿は完全に焼失

失敗学会会員の大阪府の元消防士の三田薫氏によると、柱も残らないほど綺麗サッパリに焼失した現場を彼が見たのは、阪神淡路大震災以来だそうである。それくらい消火しないままに炎が回ったのであろう。警報装置の発報から放水

始めまでに 31 分間かかった、というのが致命的だったらしい。スプリンクラーだと、2 時 40 分に煙や熱の火災報知機が発報された時点で自動的に放水を始める。だから、実際の発報から放水までの 31 分間が、6 分間に短縮される。

最初の警報は赤外線の人感センサからだった。これは、たとえばトイレの照明のオンオフに用いられるが、非常に高感度である。泥棒警報器よりも火災報知器にしたほうがよいと思うが、炎の画像が何かで遮蔽されると検知しないので、消防署が認めないそうである。

また、セコムが 119 番通報したとは知らなかった。警備員は何をしていたのだろう？　人感センサが発報したので、泥棒かもしれないという、別の予断がはたらいて遅くなったのかもしれない。としても 2 人でなく、1 人で現場に急行したのはマニュアル違反ではないだろうか？　別に警備員の責任を追及するわけではないが、警備のモラルはきちんと守るべきであろう。

火災原因はノートルダム寺院の火事と同様に不明である。噂では、ノートルダム寺院の場合、屋根修理中に使っていた機器の電気配線が怪しいとされ、一方、首里城の場合、正殿の奥の部屋の LED 照明の延長ケーブルが怪しいとされている。折れたり踏まれたりした部分の電気抵抗が大きくなり、過熱して燃えだしたのかもしれない。結局、両者とも火災のリスクに対して、同程度の低い警戒感しかもっていなかったのである。

しかし、火災中の消防隊の動きを比べると、ノートルダム寺院のほうが華々しい。上述のように、ドローンや小型放水ロボットまで出動させて、首里城よりも科学的であった。首里城の消防隊は、正殿が門から 23 m 上方の丘の上にあるだけでなく、周りが城壁で囲まれているので、火災正面に向かいにくかった。最初に現着してから何本もホースをつなげて放水を始めるまでに 17 分もかかっている。次々に現着した消防車はホースが足りずに火災正面にも到達できず、堀の外から丘の上にめがけて「二階から目薬」的に放物線上に放水したようである。2026 年の復元計画では、山上までの送水管や、もっと大型の貯水槽と非常用ポンプ、屋内のスプリンクラー、などの設置を謳っている。「首里城こそ沖縄県民の魂」とまで称えるのならば、1992 年の再建でも設置しておけばよかった。実に残念である。

COLUMN

　筆者は、首里城の消火設備を笑えない。東大の工学部も、化学系の実験室は、軍隊の弾薬庫と同じくらいに危ない。さらに、建物が 1960 年代に建てられたものが多く、ピロティ

（1階に壁を作らず、柱だけ残した空間）の高さが3mと低く、その空間内を貫く通路を最新の背の高い消防車が通れない。この10年間に何回かボヤを出したが、そのたびにホースを積んだ電動の自走リヤカーが出動し、延々とホースをつないで消火した。もしも高層階で発火したら、はしご車が建物脇に入れないのは確かである。

　にもかかわらず、実験室は、小学校と同じレベルの緩やかな基準の消火設備で十分（上述の消防法の7項）と解釈され、慈悲深い消防署がスプリンクラーの高価な出費（1階あたり1,000万円）を出さなくても、危険な実験を許してくれている。それでも筆者は、安全管理室長としてスプリンクラーを付けるべきだと主張したが、事務方に「なぜ寝た子を起こすようなことを言うのか」と叱られた。そして「消防署が許すというのだから、わざわざ無駄なお金を投じることはないだろう」とコンコンと説教された。

　幸いなことに、その後、若い安全管理室員の滝口裕実氏が設計内容で交渉してくれて、名を捨てて実をとった。たとえば、新しい3号館は、すべての実験室が陰圧になって危ないガスの拡散を防ぎ、多くの実験室が防爆構造になり、扉はスライドドアになり、薬品を浴びたときの緊急シャワーも30mごとに設置してある。これらの安全装置は消防法の規則には載っていないが、スプリンクラーを設置しなくてもずっと安全になった。

　首里城正殿は木造である。ちょっと発火すればノートルダム大聖堂のように焼け落ちるのは自明である。どうして設計者は厳重な消火設備の設置を求めて粘らなかったのだろう。スプリンクラーが誤作動すると、大事な芸術品が水浸しになるのを恐れたらしい。しかし、本体が全焼したら元も子もない。better than nothing（すべて失うよりマシ）である。首里城は1400年頃から4度も火災で焼失したが、1992年の新築では、沖縄のイヌマキや、オキナワウラジロガシ（両方とも、戦後の7万戸の仮住宅のために伐採し尽くしてもうない）の代わりに、台湾から太いタイワンヒノキを100本も輸入して建築した。2026年までに復元すると言っているが、次回の木材はどうするのだろうか。

　最近、スプリンクラーも技術進歩している。たとえば、四角い部屋に対して丸く放水するのではなく、四角い部屋に対して四角く放水できるヘッドも開発されている。シャワーの水滴も0.1mmくらいの霧状のもあり、蒸発熱で冷し、火炎を窒息させる。でも、なぜだか知らぬが、消防署が新技術を許してくれない。消防署も、保健所、水道局、焼却場、郵便局などと同じように制度疲労しており、1960年当時の古い技術にしがみ付いているのかもしれない。新しい技術を使おうとしたら、自ら実験して納得するデータをとれるような、社長直属の「中央研究所」が必要である。現状のように、市町村ごとに全国で約700か所の小規模な消防署で運営するのではなく、東京消防庁のようにある程度の大規模組織を作らないと、先進的な中央研究所を運用するお金が集まらないのであろう。

第 **10** 章

個人では見つけられない巨大リスクがある

——————————————— 悪意が生むリスクのシナリオ

> ### 死ぬ気になれば、犯人は何でもできる

　自分の工場や事務所は安全か？　危険だとすると、どのようなストーリーが考えられるか？　リスクを考え詰めていくと、いつ起こるかわからない地震や豪雨よりも、「異常者」のほうが怖いことがわかる。個人ではどうしても防げないという意味で、巨大リスクの一つである。

　異常者が異常と言われるわけは、「彼が何に腹を立てて、その事件を引き起こしたのか」という動機が、常識では理解できないことに尽きる。再発防止しようにも、将来の犯人の動機がわからないと、犯行の翻意を促す方法が準備できない。異常者には、これまでマスコミや警察が犯人を分類するのに多用してきた動機が適用できない。たとえば、怨恨、嫉妬、貧困、失業、借金、痴情のもつれ、宗教紛争、イデオロギーというような動機であるが、これらのどれにも当てはまらない。

　それともう一つ、このリスクには問題点がある。異常者の状態が、定量的にセンシングしにくく、デジタル化しにくい点である。現在の技術では、たとえば、いまにもいねむりしそうな状態や、日頃のストレスが爆発しそうな状態でさえもうまく測れない。筆者の研究室の上田一貴特任講師は、脳波や眼球電位、心拍などを測っているが、1人のデータを機械学習すれば精神状態がだいたい測れるが、万人共通の測定アルゴリズムはまだわからない。

　2018年に、筆者の斜め前の家が火事になった。何でも引き籠っていた息子

さんが母親と喧嘩して放火したらしい。息子さんの気持ちが理解できず、家族
全員が苦しんでいたのだろう。近所の住民は誰も非難できなかった。どこの家
でも理解に苦しむ人間が同居していて、このリスクを抱えているから。わが家
もそのうち、筆者自身がその理解に苦しむボケ爺様になる。

　もう一つ、テロリストも怖い。でも、テロリストには立派な動機がある。よ
く読めば身勝手なものばかりであるが、個人の誇りが含まれている。日本は「平
和ボケ」と言われ続けてはや75年、幸いなことに日本赤軍やオウム真理教以
外の大規模テロは起こっていない。しかし、今後は、隣国のサイバー部隊が、
東京の交通や電力、情報、医療、金融などのネットワークを遮断することも、
荒唐無稽とは言えなくなった。実際に、ロシア軍は2014年のウクライナ紛争
に先立って、堂々とサイバー戦を行っている。たとえば、SNSでフェイクニュー
スを流して世論を煽り、軍の記章を付けない覆面兵士を送って占領に及んだ。

　しかし、テロリストの問題は秘密や陰謀が多すぎる。そこで、本書では、テ
ロは近未来小説に任せるとして、身近な異常者の事件を考えてみる。

　1955年7月2日、統合失調症の前駆期にあった京都鹿苑寺の僧、林養賢が
金閣に放火した。『金閣を焼かなければならぬ』（内海健著、河出書房新社、
2020）を読むとわかるが、警察もマスコミも放火の動機がほしかったが、う
つ病気味の養賢は頭が淀んではっきりと表現できなかった。そこで動機として
「美に対する嫉妬」をでっちあげた。この本の著者は精神科医であるが、「動機
はあとから造られる」「出来事が起こる。それに対して、意識はつねに立ち遅
れる」と言っている。

　著者の内海氏は、意識が立ち遅れる例としてむずかる赤ん坊をあげている。
母親はオロオロして、抱っこしておむつを替えて乳を飲ませて寝かせつけた。
赤ん坊は最初から乳がほしかったのではない。無意識に理由もなく、イライラ
して泣いたのである。もし赤ん坊が口をきけたら、こう言うだろう、「ああ、
そうか、僕はおなかがすいていたんだ」と。つまり、不快な感情が先行し、動
機は後付けされる。大学にも「話は長いが気が短い」という大御所が多く居ら
れるが、若者は怒られたときにその理由が容易に掴めない。大御所には、怒り
に至る論理的な理由がもともとなかったのではないか。赤ん坊のように単に無
性に腹が立って、怒りだけが暴走したのかもしれない。

　養賢の行為もこれと同じで、動機はない。うつ病の不快感が行為を励起して
金閣を焼失させた。このような犯人に対して、どうやって対抗したらよいのだ

ろうか。養賢に統合失調症の明確な症状が現れたのは、犯行から7か月後であり、犯行前に危険人物として隔離することはできなかった。もちろん、2021年現在だって、この危険一歩手前の状態を測れるセンサは存在しないので隔離できない。そのうち、セロトニンの不足やコルチゾールの過剰を測定できるかも。

　なお、放火も統合失調症を発症する前に行ったので、事件時点では心身喪失者でもなかった。無罪にはならない。しかし、刑法38条には「罪を犯す意思がない行為は罰しない」とあるから、警察は起訴のために何が何でも動機が必要だった。犯行から5か月後に養賢へ言い渡された判決は、焼失物が国宝だったことを加味しても、たった懲役7年だった。火事では誰も死んでいない。彼は犯行から6年後、統合失調症が悪化していたが、最終的には結核で亡くなった。享年26歳。

　天才、三島由紀夫は『金閣寺』の中の主人公の溝口に、「美への嫉妬」に至る思考を難解な言葉で話させて、名作に仕上げた。しかし、養賢が溝口のように深く思考して、気持ちを言葉に変換できたかどうかは、いまとなっては誰もわからない。

ケース 10-1　京都アニメーションのスタジオに放火

参考文献：『京アニ事件』（津堅信之著、平凡社新書、2020）、
　　　　　『ルポ・京アニを燃やした男』（日野百草著、第三書館、2019）

揮発性のガソリンを　　　ガソリンの携行缶を
撒いて着火　　　　　　台車で運ぶ

図 10.1　京都アニメーションのスタジオ放火

シナリオ（前半）

▶ 青葉真司（1978年生）、母親は離婚、父親と同居していたが貧乏
▶ 浦和高等学校定時制入学、昼間は埼玉県庁勤務（非常勤職員）
▶ 卒業後にコンビニ勤務、1999年、タクシー運転手の父親が自殺

- ▶ 家賃滞納で兄弟は離散、2006 年、下着泥棒で逮捕、各種派遣を勤務
- ▶ 2008 年、雇用促進住宅に転居、母親を頼る。引き籠って小説を書く
- ▶ 2012 年コンビニ強盗で逮捕、2 万円盗み懲役 3 年 6 か月、2016 年出所
- ▶ その後、精神不安定、自宅はゴミ屋敷、ネクラでアニオタ、自殺未遂
- ▶ 京都アニメーション大賞の小説部門に投稿、ちゃんとした小説?

　犯人の青葉真司の心理はよくわからない。経歴は確かに恵まれていないが、この程度の不幸ですべての若者が犯罪に走るのならば、日本は恐ろしく危険な国家になってしまう。彼は定時制といえども、天下の浦和高校卒だから、世間の信用を得て真面目に仕事に就くことも可能だった。事件後、彼はステレオタイプの "ネクラのアニオタ" と報じられていたが、アニメオタクといっても中途半端なのめり込み方であった。また、作家としての才能も格段と優れていたわけでもなかったらしく、京アニのライトノベルの新人コンテストに応募したが落とされた。そもそも作家は、俳優や歌手と同じように、皆が憧れる職種だからチャンスがおいそれと転がっていない。それなのに一度失敗しただけで、後述するように「パクリやがって!」と叫んで放火するのもおかしい。テレビアニメの学園もののストーリーなんて、どれもこれも似かよっている。

シナリオ(後半)

- ▶ 2019 年 7 月 15 日、新幹線で京都着、ホテルに 2 泊、京アニを下見?
- ▶ 17 日、台車とガソリン携行缶を購入、伏見区桃山町の公園で野宿
- ▶ 18 日、携行缶を 40 リットル購入、台車に載せ、第 1 スタジオに向かう
- ▶ 10 時 31 分、「死ね」と叫んで玄関から突入、ガソリンを撒いて放火
- ▶ 玄関のカギは NHK の取材で無施錠?　通常は各自携帯カードが必要
- ▶ 3 階への螺旋階段付近に 10 リットル撒く、ライター着火、爆燃、黒煙
- ▶ 10 時 35 分消防署が覚知、40 分消防隊到着、放水始め
- ▶ 一酸化炭素中毒で避難できず?　建物内の 70 名中、37 名は避難した
- ▶ 3 階と屋上を結ぶ階段に 20 名が折り重なって倒れていた
- ▶ 近所の作業員がトイレ格子を壊して女子 3 名を救助
- ▶ 青葉は事件後、「パクリやがって」と叫んでいたが逮捕、全身やけど
- ▶ 救急搬送後に 3 名が新たに死亡、最終的に 36 名が死亡

　筆者も、上の息子がアニメータをやっているので、事件は他人ごとではない。

彼らは "士農工商、派遣、請負、アニメータ" というくらい日本の最貧層に属しており、年収は 30 歳で 200 万円くらいである。アニメータのほとんどが、雇用契約でなく、業務委託によって 1 枚いくらの単価でお金をもらっているから貧乏になる。元請けは、作品ごとにアニメータを動員して、期限付きで仕事を発注する。その単価はピンキリであるが、"目パチ口パク" の簡単な動画は 1 枚 200 円と安い。1 枚描くのに数時間かかる原画でも数千円だろう。この 10 年間でとくに安くなった原因は、動画を格安の韓国や中国に発注しているからである。

そのアニメ業界の中で、京アニの作品は特上で、"聖地巡礼（作品でとりあげた街を巡る）" のブームを起こしたくらいに有名でファンが多かった。息子曰く「京アニは、アニメータの中では東大のようなもの」、つまりエリート集団であった。さらに、京アニは構成員を家族のように手厚く扱って、皆が明日の仕事にありつけるように営業してくれた。その結果、筆者の息子のように始終、失業の不安に苛まれることもなかった。しかし、京アニ全体が秘密主義なのか、スタジオジブリのようにテレビ番組でスタジオ内が紹介されることもなかったので、アニメ通の専門家でも内情はよくわからないらしい。

今回の犯行原因を心理学的なリスクマネジメントで表現すれば、「承認欲求が満たされずに暴走した」ということになるらしい。しかし、それを理由に殺人に至るとは身勝手な話である。ガソリンを 10 リットルもばらまいて火を付ければ、焼夷弾に火が付いたようなものである。たぶん、彼もこんなに爆発的に燃焼するとは想像できず、自ら全身に火傷を負ったのだろう。どう考えてもまともでない。

京アニもこのような犯行は想定外であった。入口の施錠が完璧だったら、ゴロゴロと台車を転がしてガソリンを運ぶような、超危険人物を建物に入れなかったはずである。また、非常口からの避難訓練も万全でなかった。ガソリンのように、火の回りの速い薬品を撒かれたときは、通常の避難速度では遅すぎる。走って逃げないとまず助からない。大学の避難訓練でも、学生たちはペチャクチャ喋りながらダラダラ歩いて、まるで緊張感がない。これでは焼け死ぬ。

ケース 10-2 東京大学の 1 階廊下のカーペットにサラダオイルを撒かれたシナリオ

▶ 2016 年冬に挙動不審人物の報告あり、ガードマンを増員

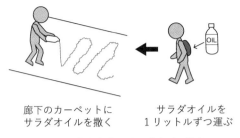

廊下のカーペットに　　　　サラダオイルを
サラダオイルを撒く　　　　１リットルずつ運ぶ

図 10.2　東京大学のサラダオイル散布

▶ ８号館地下１階でシャワー使用中の不審者を逮捕
▶ 12 月に２回、２号館１階の廊下にサラダオイルを撒かれた
▶ 12 月 24 日 22 時に挙動不審の若者を住居侵入罪で逮捕

　実は筆者も安全管理室長として、京アニに似た事件を大学で経験した。2016 年のクリスマスまでに２回、夜間、誰かによって、２号館の１階（斜面に建てられたので実質上、地下１階）の廊下のカーペットに油が撒かれた。この２号館は 2005 年に竣工した建物で、機械系と電気系の研究室が同居する。廊下の幅一杯に、長手方向にも一様に、とても几帳面に油が撒かれていた。ボトルを左右に振りながら後ろに下がって撒いたのだろう。その後、安全管理室の化学分析チームが、その油がサラダオイルであることを突き止めた。サラダオイルは揮発性でもなく、引火点は 300℃ くらいで燃えにくい（ガソリンは揮発性で −40℃）。犯人は、京アニのように、東大を盛大に燃やす気はなかったのだろう。

　この頃、２人の不審者が構内を別個にぶらついていた。その中の１人は同じ１階のシャワーを頻繁に使用していたが、その後、別の８号館のシャワー室を利用中に住居侵入罪で逮捕された。最初、そのオジサンはホームレスだと思っていたが、実は近くのアパートで暮らしていた。月に何日かは大学に "通勤" し、学生の所有物を盗んでいたのであろう。そういうこともあって、防災センタの警備員を増員した。12 月 24 日の 22 時頃、指導職の老練な警備員が、リュックを担いだもう１人の不審者を２号館１階で見つけ、中を見せてほしいと言葉をかけた。すぐに強く押されて傘立てに倒れ込んだが、民間ガードマンは公務執行妨害で逮捕もできない。一連の暴行が防犯カメラに映っていたが、指導職はそれでも逃がさずに体当たりしながら執拗に質問を続けた。そして、リュッ

クの中にサラダオイルの 1 リットルボトルを見つけ、警察に通報した。

　あとでわかったが、器物損壊罪は、現行犯で逮捕しないと立件できないらしい。この日は撒く前に逮捕したので、犯人は住居侵入罪に問われただけだった。ご丁寧にも毎晩、1 リットルずつ持ち込み、1 階のトイレの掃除用流しの下に隠し、10 リットル溜まったら撒いていたらしい。ちょうど逮捕の日が"満願"の撒く日だったので、もうちょっと待てば現行犯逮捕できたかもしれない。2回撒かれたところのカーペットは臭くなって洗浄もできず、張り替え料 315万円という見積書の前で筆者は呻吟していた。最初は損害保険で支払われることになっていたが、犯人逮捕後、損保会社は前言を翻し、犯人に請求しろと言ってきた。

　筆者は事件の次の朝、その犯人の名前と顔写真を見ることができたが、どこかで見たことがある。調べたら、何と機械系を卒業した 33 歳の OB だった。「犯人を捕らえてみればわが子なり」という心境であった。彼は修士課程を修了後、就職できずに実家に引き籠っていた。長年の鬱屈した気持ちが油撒きに向かわせたのかもしれない。その後、ご両親が謝りに来たが、もう定年退職後の年金生活だというので、事務方は 315 万円の請求書を渡すこともできなかった。そこで、彼に一部だけでも払ってもらおうと作戦変更したら、さっさと精神病院に入院してしまった。最後は安全管理室の出費となったが、次は高価なカーペットをやめて、安価で見栄えのしない塩化ビニールの床タイルに変えた。また誰かが撒くかもしれない。

　さて、この事件では撒かれたのがサラダオイルであったが、京アニのようにガソリンだったらどうなったであろうか？　東大構内は公園と同じであり、昼間は建物の中まで誰でも入れる。でも、台車にガソリン携行缶を積んで運んだら、さすがに異様だから門番のガードマンに誰何されるだろう。だから犯人はサラダオイルと同じように、リュックでガソリンを小分けして運び、トイレに隠しておく。そして、京アニ事件のように、昼の 10 時 30 分の 2 限の講義開始直後に、エレベータホールの前でガソリンを撒き、ライターで着火する。こうなると、近接する二つの教室（各々、定員が約 100 人）の学生は逃げきれず（非常口が狭すぎる）、京アニの従業員と同じような修羅場が生じただろう。

　この 1 階にはスプリンクラーがない。もともとこの 1 階は、大正時代の1924 年竣工の旧 2 号館だけの時代には、地下 1 階とよんでいた。しかし、シティコープビルのように、旧 2 号館を跨ぐように高層階の新 2 号館を新たに建築

した際、「地下階と地上11階以上にスプリンクラーを設置しなければならない」という消防法をかいくぐるため、何と階数を1階ずつ上げるという離れ業を行った。建物は斜面に建っているので、坂の下では、確かに1階のフロワーから地上に出られる出入口が設置してあり、「ここは1階である」と言えないこともない。しかし、放火想定地点は坂の上にあり、地面の下だから窓がない。避難時は出入口のドアに殺到し、たぶん、京アニと同様に、その中の30名はドアの前か階段の途中で亡くなるのだろう。

　夜間と週末は職員証や学生証がないと建物には入れない。原則的には不審者は入館できないはずである。しかし、ちょっと待っていれば誰かが帰るから、自動ドアが開いたついでに入れ違いに入ることも可能であった。犯人のOBもこの「友連れ」で入って、毎晩サラダオイルを運んだ。これを防ぐには、鉄道の自動改札機と同じように、1人ずつ調べて不審者は遮断する装置が必要になる。しかし、これは1台7,000万円かかるといわれて断念した。

　また、このときに、学生から自動ドアを外側から開ける"裏技"を教えてもらった。自動ドアは、内側から退出するとき、人間がドアの前に立つと、ドアの上の赤外線センサが人間を感知し、自動的にドアが開く。外側から進入するときは、携帯の名前入りカードをドアの脇のカード読み取り機にかざす。しかし、カードを忘れたときはどうするか？　学生の裏技は紙を用いる。外側から2枚のドアの隙間に紙を差し込んでヒラヒラと揺らすと、内側の高感度の赤外線センサが作動してドアが開くのである。この裏技は代々の学生に口伝されているらしい。そこで安全管理室長は、工学系のすべての自動ドアから内側の赤外線センサを外して、内側の扉にスイッチを取り付けた。ボタンを押して自動ドアを開ける方式に変えたのである。これならば、外側から内側のボタンを触ることができず、自動ドアを開けられない。

COLUMN

　その後、筆者は、犯人の引き籠りを助けられなかった事実を反省し、せめて自分なりの再発防止対策として、就職斡旋業務に打ち込むことにした。これまでの就職担当は、定年退官直前の教授が最後のご奉公としてイヤイヤ行う仕事であり、教授は「そもそも就職は学生が自己責任で行うもの」と考えていたから、親身になって世話する人は少なかった。しかし幸いにも、明治以来、東大卒の看板が力をもっていたので、学生は選り好みしなければどこかに就職できた。最近も、2009年のリーマンショックまでは、学科推薦状をもっていけば、毎年、機械系の就職希望者150名は必ずどこかの大企業に推薦枠で入れた。

　しかし、それ以後に大変化があった。まず"マッチング"と称する予備面談がセットさ

れたのである。どこか元気のなく、ストレス耐性の低い学生は、推薦枠を使う前に、マッチングでことごとく落とされるようになった。その向かい風の中、筆者は機械系の就職担当教員になり、5年間、就職希望の学生の「完売」を目指して四苦八苦している。落とされても、筆者が意地になって次の会社を受けさせるから、誰でも自滅しなければどこかの会社の内定がとれる。

　でも、毎年、150名中2名くらいは自滅して就職せずに卒業していくし、別の5名くらいは就職できても社会に適応できずに2年以内に退職する。彼らが大学を恨んで金閣寺のように放火すれば、もう防ぎようがない。あまりに火事が多発すると、誰も大学に火災保険を売ってくれなくなるだろう。最近は転職の相談も受けられ、至れり尽くせりである。

真面目に働いていても、上層部の決断が間違っていると会社は傾く

　次に、最近の東芝の失敗事例をとりあげた。個人ではどうしようもない、巨大リスクの一つである。しかし、法人だって人間の集合体である。役員の性格がわかれば、違和感は簡単に想起できる。ここはブラックだとか役人の天下り先だとかはすぐにわかる。筆者は企業から共同研究費をもらってくるのがうまいと言われている。しかし、それは友達が偉くなって役員になったからである。法人の性格がわかれば、それに応じてその役員と交渉できる。

　昨今は、インターネットで役員のコメントや経営状態が入手でき、法人の性格は簡単にわかるようになった。でも筆者はそのバランスシートの数字に、時々違和感を持っていた。いまや企業の経理はすべてデジタル化されたので、監査はその数字だけでなくアルゴリズムもチェックしないとならない。ところがプログラムを読める文系は滅多にいない。2021年現在、製造業の経理部長の半数は技術者出身の人がなっているが、デジタル化のついでに何かを隠しているのかもしれない。東芝には、高校以来の友達や東大機械系のOBが掃いて捨てるほどいるし、筆者の弟も勤めている。筆者は「明日はわが身」という気持ちで、東芝の推移を見守っていた。

ケース 10-3　東芝の会計不正事件と巨額減損事件

参考文献：『東芝事件総決算』（久保惠一著、日本経済新聞社、2018）

シナリオ（前半、会計不正事件）

▶ 2008年頃から西田社長、佐々木副社長がチャレンジ（必達目標）を強要

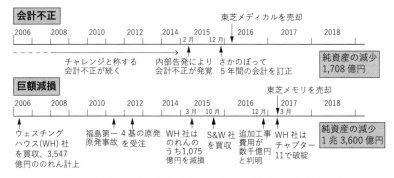

図 10.3　2015 年 2 月に発覚した東芝の不正会計・巨額減損事件

▶ チャレンジするために、部門ごとに会計不正処理を常用
▶ 会計不正処理：キャリーオーバー、バイセル、ロスコン、TOV-UP 等
▶ 2015 年 2 月証券取引等監視委員会に東芝の利益の水増しを内部告発
▶ 4 月、東芝は特別調査委員会を設置、5 月第三者委員会を設置
▶ 株価が 483 円から下落、2016 年 2 月に 155 円
▶ 7 月、第三者委員会の報告、東芝は有価証券報告書を訂正
▶ 2014 年 12 月末時点で、純資産額は 1,706 億円の減少に訂正
▶ 2017 年 12 月、金融庁が東芝に 73.7 億円の課徴金を課す

COLUMN

　こう言っては元も子もないが、これらの会計不正の手口は、どこの会社も大なり小なり手を染めている方法である。東芝は "チャレンジ" と称して、上司の命令で積極的にやりすぎた。東芝は売上高あたりの当期純利益が 1% くらいの利の薄い会社だったので、ちょっとチャレンジすると黒字転換できた。参考文献の著者の久保先生は、「小さな利益をいじくって墓穴を掘った」と言っていたが、逆に言えば、売上高の 1% くらいの小さな利益は、姑息な手段を使えば何とかひねり出せる。

　その不正な会計処理であるが、二つに大別できる。一つは、期末の 3 月 31 日の直前にだけ利益を出す方法である。これは損失の先送りでもある。キャリーオーバーやバイセルがこれであり、たとえば、組立を発注する海外会社に、東芝部品を高く売って東芝は儲けを出して、3 月 31 日のあとに、その海外会社から組立完成品を東芝は高く買い戻す。そこでも損失が出るが、翌年にもその損失を埋めるべく、また東芝部品を高く売る。また、購入品の支払いを 3 月 31 日のあとまで待ってもらい、費用計上を遅らせるのも一法である。

　もう一つは、その期に計上すべき損失を消す方法である。たとえば、工事が赤字（ロスコン）になりそうなときは、工事損失引当金を計上すべきなのに、やらずに儲けが出たように見せかける。TOV-UP は、半導体工程の実にややこしい会計処理で生まれるズルで

あるが、筆者が理解している限りでは次のようなカラクリである。半導体の前工程は製造設備が高価なので、不況時に少量しか作らないときは、帳簿上、標準原価（TOV、Turn Out Value、つまりコスト）は高く設定される。高めに TOV を設定すれば（TOV-UP）、売れずに停滞している仕掛品も高めに資産計上でき、数字のうえでは儲けを出したように見える。このとき本来は、売値が変わらずにコストが高い分赤字になるはずだが、減損処理や引当金を計上しないのがミソである。また、型落ちして定価で売れそうもない完成品の在庫を、減損しないまま資産として計上するのもその一つの方法である。

　最終的に、監査法人が会計不正を過去に遡って補正した結果、バランスシートの純資産（資産から負債を引いたもの）は 1,708 億円減少した。同様な会計不正と比較すると、オリンパスは 2007 年に 1,199 億円減少し、カネボウは 2003 年に 2,519 億円減少した。マスコミは、「不正会計」と表現せず、「不適切会計」であると繰り返す東芝を攻撃し、それを見過ごした監査法人も返す刀で同様に攻撃した。でもさすがに天下の東芝である。減少分を訂正したあとでも、純資産は 2014 年 12 月の時点で 1 兆 7,870 億円も残っていた。戦艦大和は魚雷を 2、3 発食らってもビクともしなかったように、東芝も全速力で前進できる余裕はもっていた。しかし、原発ビジネスで内部に仕掛けられた時限爆弾が、チクタクと残り時間を刻み始めていた。

シナリオ（後半その 1：巨額減損の発覚）
▷ 2006 年、東芝はウェスティングハウス (WH) を買収
▷ 純資産が 429 億円の会社を 6,500 億円で買収、第一の "時限爆弾"
▷ 無形固定資産で 2,519 億円、のこりは「のれん」3,707 億円で計上
▷ 2011 年、東日本大震災で福島第一原発事故発生
▷ WH 社は 2012 年に米国の原発 4 基を受注。安全性と脱炭素を強調
▷ WH 社の工事が長引き、完成まで追加工事費用が必要になった
▷ 2015 年 3 月、WH 社はのれんを「減損テスト」、1,075 億円の減損決定
▷ 東芝は不正会計事件で赤字中。連結決算で減損取消（許容される処理）
▷ 2015 年 10 月、新体制の東芝役員会で WH 社の S&W 社買収を許可
▷ この新体制の役員は任命直後、S&W 社は原発工事会社、買収額はタダ
▷ 東芝は 500 も子会社があり、孫会社は無数で軽視、第二の "時限爆弾"
▷ 3 社（S&W の親会社 CB&I、原発発注元の電力会社、WH）が係争中

　グローバルのビジネスは恐ろしい。東芝は、子会社の WH 社が孫会社として S&W 社をタダで買収することを、大した討議もなく東京の役員会で認めて

しまったのである。役員も不祥事のあとの新体制で臨んだので、WH 社のゴタゴタまで頭がはたらかなかったのであろう。子会社が 500 社もあれば、役員がいくら優秀でも問題点を指摘できるはずもない。もちろん、S&W 社の会計に係争中の損失が隠されていることをあらかじめ調査しなかった担当者が最も悪い。しかし、米国の会計では、たとえ係争中であっても、確定していない損失はバランスシートに計上する必要はないそうである。

「引当金として準備費用を何かしら公表すべきなのに、明らかに詐欺だ」と、あとで多くの株主が東芝や WH 社にクレームを出したが、もう闇の中の話になっている。その内情をゲームに喩えれば、原発の追加工事費用（トランプのババ抜きゲームのババ）を誰に押し付けようかと、WH と S&W と電力会社の 3 社が闘争している最中に、お人好しの東芝が入ってきて、事情もよくわからないうちにババを引かされてゲームが終了した、というような感じである。

シナリオ（後半のその 2、巨額減損の後始末）

- 2016 年 12 月、原発工事遅延で数千億円の追加費用発覚、株主騙し？
- 2017 年 1 月、東芝は損失を 7,125 億円と確定、東芝 "存亡の危機"
- 3 月、WH 社はチャプター11（民事再生法的に債務整理）で破綻
- この時点で（のれん全部の減損）＋（追加工事費用）が発生
- それを（WH 社株式損失）＋（電力会社への債務保証実行）に変換
- 東芝の損失は 1 兆 3,000 億円に確定
- 2016 年 3 月、のれんを部分的に減損、株主資本は 484 億円の債務超過
- 東芝メディカルを 5,913 億円（税引き後 3,762 億円）でキャノンに売却
- 株主資本：子会社における少数株主の分を除いた連結の純資産
- 債務超過になると継続企業と見なされなくなり、会計方法が異なる
- 減価償却や税効果会計も認めず、資産は清算価格で計上
- 2017 年 3 月、一連の減損で株主資本が 5,529 億円の債務超過
- 東芝メモリを 1.5 兆円の第三者割当増資で売却
- 2019 年 3 月株主資本は 1.45 兆円に復活、2020 年 3 月 0.94 兆円

もし 2011 年に福島第一原発があれほどの大事故になっていなかったら、米国の 4 基の新規原発も、追加の安全設計を課されずに計画どおりに竣工していただろう。つまり、東芝のギャンブルは大成功のもとに終わっていただろう。しかし、現実はギャンブルで大損した。東芝は、最も将来が輝かしいビジネス

のメディカルとメモリを放出せざるをえず、売り切ってやっとこサ生き延びた。その後、学生への魅力も失せてしまい、2020 年のいまでもなかなか元気のよい学生が就職しない。東芝は天災の巨大リスクに負けたのである。

　2019 年 3 月には、株主資本は 1.46 兆円に戻った。2020 年 3 月は、原発事業と同じように不透明だった LNG 事業から撤退して減損を出し（900 億円）、キオクシア（東芝メモリから名前を変えた東芝の関連会社）のその年度の大きな損失のうち、持分法で計算された損失を計上し（700 億円）、自己株式を取得して純資産が減って（3,000 億円）、総じて 0.94 兆円に減少したが、それでも一流かつ安定の規模を誇っている。東芝の投資家情報を読むと、想定内のリスクが列挙されているが、いまのところは喫緊のリスクは解除されている。

COLUMN

　2020 年末の時点では、次にギャンブルで負けそうな日本の会社は、ソフトバンクだろう、と思った。想定外のコロナショックで 2020 年 3 月期の連結営業損益は 9,615 億円の損失を計上した。携帯電話キャリアとしてのソフトバンクは年間 6,000 億円の利益を出す超優良会社であるが、投資会社としてのビジョン・ファンドがそれを食い尽くすほどの 1 兆 6,892 億円の大赤字を出して、全体は火の車の会社になっていた。投資先は ICT を使った技術会社で、ウィーワーク（米国のレンタルオフィス）、オヨ（インドのホテル）、ウーバー（米国の白タク）などであるが、いずれもコロナで人が動かないから株価は急落した。孫正義氏はスプリント（米国の携帯電話）、アーム（英国の半導体）、アリババ（中国の E コマース）を買うあたりまでは絶好調だったが、コロナ禍で状況が一変した。ちょうど、福島第一原発事故で 1 兆 2,473 億円の大赤字を出した東京電力と似ている。東電は巨大リスクの大津波で一変した。

　ところが、2021 年になると状況が再び一変した。大津波が引いて地面が洗われたら、そこに金鉱が見つかった、というような感じである。世界中の国家がコロナ対策で補助金を出費し、総額が 2020 年 11 月時点で 1,200 兆円といわれるほどの巨額になった。その金が回り回って、日本の東京証券所に注ぎ込まれ、株価は 31 年ぶりに 3 万円台を超えた。2020 年 3 月当時の 2 倍である。同様に世界中で ICT 関係の株が急上昇し、上述のビジョン・ファンドがもつ株が高騰し、あっという間にソフトバンクグループの利益は 3 兆円に達してしまった。新聞でも書籍でも、1 年前はあれほど孫氏を批判していたのに、いまでは掌を返して大絶賛である。

　古いたとえで言えば、ジェットコースターのように利益が乱高下したが、いまから思えば、単にコロナの外乱でちょっと揺れただけである。基調としては、ICT 関連は儲かるのである。学生もそう思って、多くの学生が情報産業に就職することを希望している。たとえば、2021 年 4 月入社の就活では、筆者の機械系の就職希望者 150 名のうち、71 名がソニーのマッチング面談を受けに行き、13 名が内定した。逆に、急に人気に陰りが出たのが重工業である。たとえば、三菱重工や米国の GE（ゼネラル・エレクトリック）は二重苦で、脱炭素によって発電が振るわず、人の流れが止まって航空機が振るわない。東

芝のように、巨額減損事件が起こらないように切に願うだけである。

　2021 年 3 月、違和感だけで終わらずに、社会連携講座として筆者らと共同研究していた三菱重工業工作機械が、日本電産に買われてしまった。社会連携講座は継続されるが、このような青天の霹靂はどこで起きるか、見当もつかない。

COLUMN

　日本の大学だって、いつ倒産するかわかったものではない。倒産はしないかもしれないが、不振の機械工学専攻だけ切られて、私立大学や中国の大学に売られるかもしれない。執行部の運営能力が問われているのである。以前はどこの国立大学でも、学長（東大は総長）、研究科長、学科長を教授会の選挙で選んでいた。商店会や商工会議所の会長を選ぶようなもので、総長にはステークホルダー間を調整して融和的に解決する能力が求められていた。

　ところが 2004 年に国立大学法人になってから、とくに 2015 年から総長の選び方がドラスティックに変わった。すなわち、教授会の選挙で候補者を選んでから、学外有識者を含めた学長選考会議なるものが最終的に決定する。教授会の選挙は単なる"ガス抜き"になり（意向選挙とよばれる）、選挙結果の順位に関係なく、学内外の有識者による総長選考会議が密室で決定した候補者に"大命降下"されるのである。もちろん、学者と経営者は頭の構造の違う生き物だから、欧米の多くの大学では、経営の経験者が総長になって活躍している。しかし、ヒラの教職員が知らない間に、"新総長様"が突然、現われて、その新総長様から「君の組織は明日までに定員削減せよ」と命令されたら、たまったモンじゃない。

　東大も、2020 年 9 月 30 日に、久々に 6 年に 1 回の総長選挙があったが、一部の教授は学長選考会議の決定に反対して、"9 月革命"の勃発寸前の状態になるほどこじれた。学長選考会議の議長が第一次候補者の 1 位投票数者を恣意的に削除して、第二次候補者の 3 人を選んだ、という疑いである（結局、第一次の 2 位投票数者が意向選挙で 1 位となり、次期総長となった）。当然、陰謀論が渦巻くことになる。

　2021 年 1 月に第三者の弁護士に作ってもらった、総長選考過程の検証報告書なるものが配られた。争点は、議長が匿名の怪文書を用いて上述の 1 位投票数者を削除したことの妥当性だが、報告書では「その方法は好ましくないが影響は少なかった」というような灰色の結論を出していた。誰かに忖度しているような結論である。また、会議の音声データは事務方が誤って消去してしまったと報道されたのに、消去前のコピーがマスコミに流れており、第一次候補者の投票数は未公開だったのに、これまたネットにはその数字が流れていた。「くだらん検証をするくらいならば、それらの犯人を捕まえてこい」と第三者の弁護士に言いたいくらいである。

COLUMN

　筆者は大学院を修了してから 9 年間、日立金属という会社で働いていたが、2021 年 4 月、親会社の日立製作所が日立金属を売って連結から外した。以前は、日立金属、日立化成、日立電線の 100％子会社が"御三家"とよばれて独立的に経営していた。しかし、日立製作所は 2008 年に 7,873 億円の大赤字を出してから改革を進め、グループ会社の統廃合を一気に進めた。2013 年に日立金属と日立電線が合併し、2020 年に日立化成は昭

和電工に売却された。一方で、2010 年に日立情報システムズなどの上場 5 社を、また 2020 年に日立ハイテクを、それぞれ完全子会社化した。2014 年には三菱日立パワーシステムズが設立されたが、日立製作所に内定をもらった学生は翌年、三菱重工のバッチを付けて入社した。日立の大きな子会社で残るは日立建機と日立金属だけになったが、コロナ禍の中、この 2 社の株式も売りに出した。

　悪いことに、2020 年に日立金属の検査成績書への不適切な数値記載が暴露され、身売りが加速した。この検査不正も日産の無資格者の完成検査と同じように、自分で自分の首を絞めるような立派な基準を作って、それに合わせて自分勝手な方法で検査したが、クレームがないから長年そのままにしていた、という不作為の失敗である。2004 年の中国電力島根原発の点検時期超過の事件、2018 年の神戸製鋼所の非鉄部門の品質検査の証明書改竄事件、2019 年の IHI の飛行機エンジン整備の不正検査事件、なども根本は同じである。

　このようなニュースを聞くと、「国立大学に転職してよかったなあ」「大学は戦争に負けても解体されなかったくらいだから安心」という気持ちになる。しかし、たとえば、2 年後に東大と東工大が合併して 30％の重複人員を解雇、という大改革が起こるかもしれない。もう、終身雇用の大会社に入ったら一安心という時代ではなくなった。

　図 10.4 に示すように、2020 年現在の日本は、海外の債権から還流される所得収支の儲けで、燃料や食料を買って生き延びている。債権（2 段目の対外純資産）は約 370 兆円あるが、年 6％で運用して収益（3 段目の所得収支）22 兆円を計上している。決して、工業製品を輸出して貿易収支で儲けているわけではない。輸出も輸入（1 段目）も 80 億円で GDP の 560 兆円の 14％と大きくはないが（韓国は 33％）、貿易収支（3 段目）は収支トントンの 0 兆円になっている。しかし、5 段目を見てわかるように、経常収支で儲けたお金も、そのままそっくり金融収支で外国に投資されるので（年間 20 兆円くらい）、対外純資産がドンドンと増えていく（見かけ上は減ったように見える年もあるが、円高になって円換算資産が減ったにすぎない）。

　配当や利子がいつまで日本に還流できるかわからない。仮に戦争でも起こって、それこそ世界中の投資先がチャプター11（米連邦破産法第 11 章、日本の民事再生法に相当し経営陣は交替せずに再建可能）を宣言して借金踏み倒し（デフォルト）を実行したら、債権は紙くずになり、日本は食うのにも困るようになる。筆者が貯金している三菱 UFJ 銀行も、2020 年 3 月にインドネシアやタイの銀行への投資ののれん代の一括償却で、3,600 億円の特別損失を計上している。日本の製造業の大会社は、いずれも 1 兆円以上の純資産をもっている。でも、だから安全というわけでもなく、ちょっと海外の大型案件でしくじれば、1 兆円の貯金も東芝のようにあっという間に消えるのである。

　これを防ぐために、一般のヒラのエンジニアは何を行えばよいか？　一つは

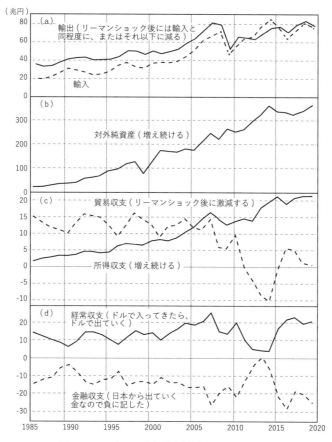

図10.4　日本の国際収支の推移 (1986-2019)
財務省『国際収支総括表』『本邦対外資産負債残高の推移』より筆者が作成

自分の技術、とくにデジタル技術を磨くことである。社内政治に身を投じるの
でなく、設計、研究、特許、会計、営業、どれでもいいからそこのプロになり、
一つの企業の枠を越えた一般的・全体的・根本的な考え方をもつことが重要に
なる。そうなれば、すぐに転職できる。筆者は多くの企業と共同研究している
が、電装部品の生産技術になると、毛色の変わった優秀なエンジニアが出てく
るので、キャリアを聞くと東芝出身ということが多い。会社は大きくても、将
来はどうなるか容易に予想できない。会社が傾いても家族を養わなければなら
ない。そのときのために、自分で考えて自分を磨こう。

第11章

型破りの失敗学をやってみよう

―――――――――――――――――― 守破離の稽古と失敗学問答

無理にでもリスクを列挙させよう

　8章から10章に失敗事例を示したが、この目的は、筆者や市民の違和感のもち方を例示することである。これを手本に、何か他人の失敗を聴いたら、そこに違和感を覚えて、自分のリスクを想定してみるとよい。思考を豊かに展開することは、やってみれば至って簡単である。自分の意見や持論をもつだけで、主体性が漲ってくるみたいな気持ちになり、元気が出てくる。

　といっても、脳の中に知識や記憶が皆無だと、何ら違和感が浮かばない。たとえば、「この損傷は疲労破壊かな？」と感じるには、疲労破壊を1時間、勉強することが望ましい。Googleで手頃な講義録や論文を検索できる。また「彼の言葉には悪意があるね」と感じるには、底意地の悪い人にいじめられた、という自分や友人の体験談が必要になる。SNSで友達に聞けばよい。わずかでも元手の知識は必要である。ゼロにいくつを掛けても積はゼロのまま、イチにはならない。

　そこで、失敗の「型」を学ぶことが求められる。効率的に、必要最小限の知識を脳に蓄積するとよい。筆者は「データ重視の失敗学」で、過去の事故や事件を勉強して、共通的・一般的・普遍的・反復的な失敗知識を抽出することを失敗学信者に勧めた。たとえば、「雨が降るとすべての交通機関は遅れる」と覚える。確かに、レインコートを着て傘を差すだけで、乗降が遅れ、床は滑り、視野は狭まり、人の流れは渋滞する。筆者も雨の日は10分早くうちを出る。

　勉強すべき過去の事件は、必ずしも自分の事件である必要はない。人間の人生は短く、ありとあらゆる失敗に遭遇できない。経験せずとも書物や講演を通して、古今東西の他人の失敗を学べばよい。これは、「失敗学」のマスターになるために、初歩的だが必要不可欠な修行である。

　だが問題は、その修行期間が長いことである。たとえば、新入社員が暖房機の設計部門に配属されてから勉強し、一人前の品質保証の主任として活躍するには5年間はかかる。でも、商品や企業戦略のサイクルが短くなったいまでは、修行明けの5年後にその暖房機の設計部門がリストラされるかもしれない。OJT (On-the-Job Training) による成長は、人間らしく自然だが、令和の時代にはいささか遅々と感じられる。

　この5年間という期間は、脳科学から得られた目安でもある。人間は同じ仕事を1万時間続けると、脳の中に反射・短絡・省エネ回路が形成され、一を聴くと百の関連知識が無意識に出力されると言われている。つまり、1年に2,000時間働けば、5年間で1万時間となり、脳もその道のプロとなる。具体的には、不具合を見つけたら、論理的に考えなくても「次に何が起こるか」を直観で想像でき、大きな事故が起こる前に直ちに応急措置して路線変更できる。

　しかし、前述したように、5年間は長い。本書の「ICT活用の失敗学」では、ICTを使って「促成栽培」する方法を提案する。まず、たとえば、新入社員が設計の初心者であってもかまわずに、ICTを使ってリスクを列挙させる。QFD（Quality Function Deployment、品質機能展開）とよばれる手法も、その強圧的な方法の一つである。漏れなくダブリなく、リスクをたとえば1人に100個ずつ列挙させる。慣れれば素人でも20個くらいはすぐに思いつく。

　たとえば、筆者は加齢とともに足元が冷たく感じるので、2021年1月に小型の電気式温風機を購入した。このとき、買う前に量販店でリスクを考えた。すなわち、「付け放しで靴下が燃える」「寝てしまって足が低温火傷する」「電気配線を足で引っかける」「ファンの音がうるさい」「Zoomがファンの音を拾う」などを瞬時に20個思い付き、最重要リスクを「火傷」にした。その結果、人感センサ付きの1,200Wのセラミックファンヒーターを買った。足を動かしていないと自動的に止まり、火傷は防げる。

　1人では専門知識が不足し、リスクを深掘りできないことを心配するのならば、さらに人数を増やして考えてみる。たとえば異業種の5人が集まり、ファシリテーションを使ってワイワイと議論すれば、2時間後に漏れなく網羅的に

総計 500 個を記述できる。その後、ダブっていたのを除けば、200 個の根本的なリスク群がすぐに設定できる。これは QFD の演習で実証済みである。筆者らは若いとき、KJ 法のようにアナログ的にポストイットを白板に貼り付けていた。しかし、それよりは学生がやっているように、デジタル的にポストイットを貼付・移動・色分け・分類できる Miro のようなアプリを使ったほうが、恐ろしく便利で議論が白熱する。

COLUMN

　学部 3 年生向けの設計工学のオンライン講義では、10 分間でペットボトルの要求機能を 1 人で 12 個以上挙げさせ、Google Forms で収集した。たとえば、「飲料を小分けして売る」「中身の残量が見える」「飲み残しを再栓できる」「持ち運べる」というように、20 歳の若者ならばペットボトルのジュースを飲んだ経験があるので、容易に列挙できる。スマホでペットボトルを検索して、その記事をざっと読めば、「飲料を温められる」「リサイクルできる」「落としても壊れない」「置くと倒れない」などにも気付く。

　しかし、それでもちょっと観察不足なのである。たとえば、「なぜ四角い断面のボトルがないのか」「なぜネジ山に切通のような縦溝があるのか」という違和感が浮かばない。これらの違和感をもてば、「自動販売機で売る」「ボトル内の高圧気体を逃がす」という、顧客が望んでいないがメーカには必要な「非機能要件」を顕在化できる。

　2020 年の講義では 135 名中、たった 1 名であるが、女子学生がこの二つに気付いた。その後、筆者は彼女のレポートに注目したが、いずれの課題に対しても視点が面白く、常に評価は A だった。工学部には数少ない、自燃性の逸材である。一方で、要求機能を 5 個しか見つけられない、難燃性の学生も大勢いるから驚きである。彼らは先生の言ったことを鵜呑みにするだけで、なぜ？　と考える経験が少なかったのであろう。

　今後の「ICT 活用の失敗学」では、素人であってもリスクを考えさせることが大事である。感度のよい若者ならば、ICT で短時間に情報を集め、自分で脳を発火させるので、十分に「失敗学」をこなせる。

COLUMN

　2020 年 10 月頃、依然として就職の内定がとれないという可哀そうな数人の学生と Zoom で面談し、「就活 “冬の陣” ではどの会社を攻めようか」について個々に相談した。内定がとれなかった理由は、話せばすぐにわかる。たとえば、話が面白くない、元気がない、目を合わせない、慌てると話が飛ぶ、傲慢に見える等である。違和感も好奇心も見えない。でも、急に人間は変われない。就職担当が勧める最適解は、業界で 1 番でなく、ちょっと小さめの 2 番か 3 番の会社を攻めることである。東大生は、業界大手の 1 番しか狙わないが、そもそもそこは競争率が高くて内定確率は低い。Zoom でも学生と 10 分間も話せば、希望する業界がわかり、数社の候補企業を設定できる。

　実のところ、この候補企業は、人事や OB に筆者の知り合いがいるところである。論理的に決めるわけではない。コネがすべてである。長く同じ教授という役職を続けていると、自然とたくさんの人間関係の記憶が脳の深部に蓄積される。そして何かしらのきっかけを与えると、芋掘りのように、蔓を引くだけで鈴生りの芋（有効な記憶）が地面から出てく

る。同窓会のサイトをパソコンで眺めていると、突然に昔の友達の顔が思い浮かぶのである。また、学生が「知らない会社だ」と言って乗り気でないときは、すぐにスマホで調べさせる。2番手の会社でも、意外と売上高や純利益が大きいので納得してくれる。ICTは情報を数秒の間で調べ上げて、新たな違和感や好奇心を想起させるのに、非常に有効である。Zoomのオンライン講義では、積極的な学生が、チャットで補足的な内容のサイトを次々に紹介してくれる。講師の筆者もそれを開きながらコメントを加えるので、学生の理解は深まっていく。

失敗学の「型」を勉強しても、効果には限りがある

　5章で述べたように、最近、世の中で注目される失敗の形態が、大きく変わってきた。これまでのように、すべてが"記憶の芋掘り"で対応できなくなった。たとえば、デジタル化はすべてが目新しく、リスクが予想できない。前例がないから、芋蔓を引っ張っても何も出てこない。リスクの中にはさらに悪いことに、引っ張ったら爆竹のように破裂する"厄介もの"も含まれている。滅多に起こらないが、起こると破滅するというリスクであり、その筆頭は、いま、全世界が苦しんでいるコロナ禍である。前項のように型を学んでもどうしようもない。

　最悪のリスクは何か？　と問えば、個人的にはまず失職と答える人が多い。たとえば、これまで社内競争に勝ち残り、順風満帆で出世してきたエリートが、これからというときにデジタル化が起こり、狙っていた部長のポスト自体が消えるだけでなく、自分自身も早期退職勧告される。これは想定外の人生最大の危機である。たとえば、ネット利用に押されて、銀行、証券、保険の支店が街から次々に消滅し、40歳前後のエリートが、いまこの危機に瀕している。

　勤め人の最終周の筆者の感想だが、人生の目的を出世に設定することは、コストパフォーマンスが悪すぎる。世の中には異常なほどに上昇志向が高く、管理業務に熱心な若者もいる。でも、トップに行くほど人数が少なくなるのが組織の常である。それに勝ち進むには、家族や趣味を犠牲にすることもあり、必ずしも幸福になるとは限らない。45歳でそれが理解できれば、気が晴れて人生も方向転換できる。たとえば、大学で教授になれないとウジウジと原因分析していても始まらない。困ったときは、ピボット（旋回軸ではなく、方向転換の意味）して、転職、異動、起業などを狙ったほうがよい。

　失敗学の「型」の稽古も大切だが、8割がたできたところでやめるべきである。それよりは、パソコンやスマホを閉じて、「次に何をやろうか」と自分でピボットすべきである。本書の「おわりに」で、筆者は自分の人生を分析するが、平均して9年に1回ピボットした。変化点を捉えて、自分の脳から違和感や好奇心を発信すればよい。このピボットが「型破り」である。

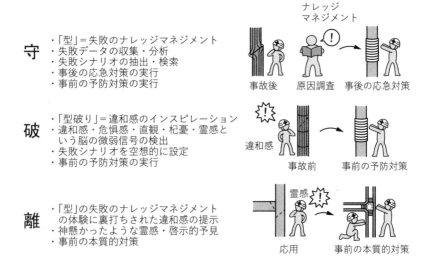

図 11.1　失敗学の守破離の修行
『続々・失敗百選』図II.1（中尾政之著、森北出版、2016）

　図11.1で、この人生の修行方式の転換を説明しよう。日本の剣道・茶道・柔道のような「道」が付くものは、入門したら「型」を繰り返し仕込まれる。この段階が「守」であり、「失敗学」でもみっちりナレッジマネジメントを仕込まれる（図の上段）。たとえば、日頃の作業の失敗を分析すれば、顧客クレーム率や労働災害率を確実に減らせる。

　しかし、筆者らの「失敗学」には後述するように禁じ手があって、それは精神訓話である。たとえば、「目の前のことに集中せよ」というような精神論的な設計解は禁じ手である。それよりは「脳波を測定して集中モードが途切れたら、ロボットが警策で背中を叩く」というような、技術的な設計解を考えるべきである。

　筆者は、若い頃から「スイッチの消し忘れ」に分類される失敗が多かった。

　そして60歳を超えるとハンパなく多くなり、いつも妻から注意されるようになった。電灯やエアコンならば消し忘れても電気の無駄で終わるが、ガスやヒータは過熱すると火事になる。だからガスコンロも温度センサ付き・排気ファン連動式に変えたし、延長コンセントも通電ライト付きかブレーカ付きに全部変えた。いずれも技術的な設計解である。

　次に、新入社員も主任や課長に昇進したら、「破」の段階に進んで転換する（図の中段）。そこでは前述の「型破り」の修業が求められる。これこそ本書の目的、「ICT活用の失敗学」が勧める違和感・持論・議論の世界である。違和感によってリスクを感じたとき、それに対応すべき標準的な型がない場合は、自分で新しい型を創作する。たとえば、エンジンを海外工場に移管して現地生産するときは、モノづくりの文化が異なるから、「新たなリスクは何か」をゼロベースで考えないとならない。たとえば「洪水による浸水」「税関での足止め」「従業員のスト」「工場長の辞任」「地方役人への賄賂」などの、日本ではマイナーなリスクが、メジャーなリスクとして出てくる。しかし、いずれも事前に考えておけば、事故対策をイメージトレーニングでき、いざというときに役に立つ。

　「火消しよりも火の用心」といわれるように、事後処理よりも事前予防へと、仕事の内容が変化する。8章では新幹線の冠水事故をとりあげたが、防ぐには「事前に」低地の車両基地から避難しておく訓練が肝要であった。水が流れてきてから「事後に」冒険的に避難することは、勇敢でも称賛でもない。何事も先回りして考える癖を付けておくべきである。

　最後が「離」への転換である（図の下段）。ここでのリスク発見は、神託や仏説のレベルの最高級の違和感とも言える。どのように修行すればその高みに登れるのか、筆者もよくわからない。最近のテレビでは「アフターコロナの世界はどのようなものか」という、哲学的な特集番組が盛んに放映されている。堂々と持説を披露する学者、たとえば4章のNOTEその3で紹介したハラリ先生はその1人で、神や仏に見えてくる。

　もちろん、ご神託も"当たるも八卦"である。その神託が正解か否かは、わかるまでに30年以上の歳月が必要になる。たとえば、1989年にベルリンの壁が崩壊したときのフランシス・フクヤマ先生の『歴史の終わり』のご神託は、「二極世界がいがみ合う冷戦が終了し、いよいよ資本主義・民主主義の安定的な一極世界が始まる」であった。それを聞いた世界中の人が「古代ローマ帝国みたいに、これから300年は安定的な平和が続くかもしれない」と喜んだ。

しかし30年後を見てみると、あにはからんや、イスラム原理主義や中国経済が予想外に強くなり、いまやこの多極世界の一寸先は闇である。でも、予想することで危機に身構えができるから、思考自体は無駄ではない。

　離はあまりに哲学的なのでひとまず置いといて、11章と12章では、その前段階の守と破のお稽古をしてみよう。

講演後の「よくある質問」にお答えして

　5章で述べたように、筆者は、この20年間、平均して毎年50件のペースで、企業の安全や品質の年次大会や研修によばれて、失敗学の講演を行った。8から10章で述べたように、過去の失敗実例をもとに、今後の安全や品質の問題にどのように対処すべきかを提案した。基本的には、「データ重視の失敗学」を勧める話であり、失敗学の「型」のお稽古の実施を提案した。つまり、滑った、転んだ、忘れた、騙されたの類の"つい、うっかり"の失敗は、個々の常套手段で確実に激減できる。たとえば、実際の「滑った、転んだ」のリスクは、徹底的にバリアフリー工事をして、スリッパ、サンダル、ハイヒール禁止にすれば済む話である。

　でも、それらを諄々と説いても、当の受け手は前述の「禁じ手」にした精神訓話を求めているから悲しい。講演後に送ってもらった感想の中には、たとえば、「東大では通勤通学時の休業災害が多く、優秀な人でもボーとしてつまずくことに驚きました」「歩くときにも気持ちを集中させないと事故を起こすのですね」というものが多い。講演では「人間はミスをする動物だから、事前に安全装置を身に付けよう」と繰り返して述べたのに、後半部分の対策の必要性は忘れられ、前半部分の人間のミスだけを覚えている。あっ自分と同じだ、と。

　もっと困る人は、安全大会を主催する会社のトップである。講演後にご挨拶にこられて、「先生のお話の中で『すべての失敗はヒューマンエラーから起こる』『魂を入れて仕事をすればミスは起こらない』はよかった」とおっしゃる。そのような高校野球の熱血監督語録みたいなことを言った覚えはない。人間はいくら気を付けていてもミスを起こす。このトップは他人から何を聞いても、これまでのご自分の部下管理方法の正当性は揺るがないのである。とくに、70

歳以上のトップは自分の信念を絶対に変えない。

COLUMN

　昭和の"スポ根"漫画に出てくるような熱血監督のしごきは、海外工場では通用しない。千本ノックの猛練習で筋肉を鍛えることはできるが、脳は鍛えられない。スター選手でも、本番の試合では平常心を失って痛恨のミスを起こす。社長が気合や根性の重要性をお念仏のように唱えても、部下はリスクから逃れることはできず、また商談でミスる。

　令和の時代の小中高の部活動は、昭和のそれよりはもっと科学的になった。サッカーでも水泳でも、コーチのライセンスを取得した人は、メンタルも面談しながら定量的に評価して、個別に指導する。『ラグビー日本代表を変えた「心の鍛え方」』(荒木香織著、講談社、2016) が面白い。元監督のエディが日本選手に求めていたのは主体性だった。ラグビーでは試合中に監督が作戦指導できないから、プレイヤーは試合の流れを読んで、主体的に次はキックかトライかを瞬時に決めなければならない。主体性をもつには、キャプテンがリーダシップを発揮し、チーム内でコミュニケーションが瞬時にとれればよい。キャプテンの指示数やチーム内の会話数を記録しておけば、それらが評価できる。以前、テレビ番組の中でメンタルコーチの荒木さんはその評価を用いて、「監督が細かく指導しすぎるとその自主性はかえって劣化する」と当の監督に注意していた。筆者の学生に対する指導もマイナスの影響を与えているかもしれない。また、試合中、個人がビビっていたら、勝利は覚束ない。そこで彼女は、各人特有のルーティン動作を見つけ出し、試合中、客観的に自分をコントロールする方法を教えていた。これもタックルやキックの成功数を記録すれば評価できる。五郎丸選手やイチロー選手のルーティンは有名である。ここまでやれば、立派な科学である。

　8章で示した京急の踏切事故では、第二京浜を U ターンできなかったトラック運転手や、踏切異常がわかってもすぐに非常ブレーキを引かなかった特急電車の運転手は、結果的に将来予想に対して意識が集中しておらず不注意だった。でも、その裏には必然的な根本的原因が必ず存在し、それがわかれば技術的に防げるのである。前述の不注意が起こっても、たとえば、大型トラック用のナビの設置や、特殊信号発光機の非常停止距離以上の遠方への移動で、再発防止は達成できる。技術的対策抜きに、「失敗学」は語れない。

　でも、講演の聴講者には不注意の事実しか頭に残らなかった。人間には「見たいことだけを見て、聞きたいことだけを聞く」という習性があるから、仕方がないのかもしれない。

　講演前に、主催者から聴講者を代表して質問状が筆者に届く。たとえば、後述の「なぜ人間は同じ失敗を繰り返すのか」というような、哲学的な質問である。前述したように質問した人は、その答えとして「精神論」を聴きたいのである。戦後から一貫して、事故防止や品質向上の社内講演会の講師は、毎年、

精神論の話を繰り返してきた。たとえば、「上司が部下に『体を大切にして励め』と父親のように諭すだけで、部下は感動して、ノルマだけでなく安全にも自然と気をつけるようになる」というような性善説的な家族主義を強調する。だから、主催者も聴講者も、講演はそういうものだと思っている。励めと言われて事故が減るのならば、警察はいらない。筆者が20年間も失敗学で講演できた理由は、もしかしたら、筆者がまず精神訓話を否定することに、主催者や聴講者が珍奇性を感じたからなのかもしれない。

　次に、その主催者から事前に送られてくる質問と、彼らが期待する答えと、筆者の答えを列記してみよう。筆者の答えはちょっと毛色が違うが、こうでも言わないと工学部の面目が立たない。

─── 「なぜ人間は同じ失敗を繰り返すのか？」

　主催者や聴講者が期待する答え：反省が足りないから。罪を償っていないから。謝罪文・反省文・始末書を書いていないから。

　筆者の答え：似ている失敗を想定できないから。失敗を抽象化して上位概念を抽出できていないから。

　「過ちを犯したら、まず謝罪と反省」が日本人の教育の基本である。でも、他人に謝り続け、自分を反省しすぎると、体が縮み上がって、次に挑戦できなくなる。内省は適当に切り上げて、客観的に失敗を分析すべきである。たとえば、寝坊して商談に遅れたら、顧客の信用を失ったことを、まず仲間に謝らなければならない。しかし、故意に寝坊したわけではないから、犯罪でも懲罰対象でもない。始末書を書く暇があるのならば、目覚まし時計を買いに行って次の商談をセットすべきである。切り替えできずに後悔の念を引きずるリーダは、事故後に交代させたほうがよい。けじめを付けるまで続けさせた結果、自殺でもされたら元も子もない。

　人間は失敗して痛い目にあえば、「同じ」失敗は繰り返さない。体が覚えている。それでも、「同じような」「前にもあった」「似ている」失敗は起こしてしまう。そういう人は、過去の失敗と現在の失敗の類似性に気付けないから事故を再発させる。たとえば、サンダル常用者が階段を踏み外して、1回目の転落事故を起こす。仲間からサンダルは危険だと指摘されてスニーカーに替えたが、踵を踏んで履いていたので、再び階段で2回目の転落事故を起こす。この

人は、サンダルと、踵を踏んだスニーカーとの類似性に気付かなかったのである。両方とも足が靴底に固定されていないから、爪先が緩んで階段を踏み外す。当然、それはスリッパでも大きめの長靴でも同様で、足が固定されずに踏み外して事故を起こす。

このように、「なぜ人間は同じ失敗を繰り返すのか？」の本質的な答えは「まったく同じではないが、似ている失敗を想定できないから」である。失敗を抽象化して過去の失敗知識の検索範囲を広げ、その類似性に気付かねばならない。

類似性に気付かない人は、概念の上位・下位の関係がわからないことが多い。上位は抽象的・一般的・根本的な概念であり、下位は具体的・特異的・末梢的な概念である。上記の例ならば、上位は足と靴底の固定の作用、下位はサンダルやスリッパの商品である。失敗原因は足の固定不足であり、サンダルではない。踵が固定されればよいのだから、サンダルが禁止されても、ストリップ付のサンダルは当然許されるべきである。ルールに例外の商品を列記すると面倒なので、事務方は一律禁止にしたがる。この場合は上位概念だけに注目して、「次の条件を満たす履物だけを許可する。すなわち、足を地面から 10 cm 上げたときに、足裏の圧力が 10 kPa 以上を保てること。ただし、圧力は、足裏と靴底の間に挟んだ面圧シートで測定する」と定量的に書くべきである。

高齢者は足腰の力が弱いので、ストンと勢いよく椅子に座るが、このときに勢いあまって椅子ごと倒れる、という事故があとを絶たない（筆者の父親もひっくり返った）。日本の規格は、低重心位置、踏ん張り幅、キャスタ禁止などの下位概念を事細かに規定するが、ヨーロッパの CE 規格はずばり、「80 kg の錘を椅子に衝突させて倒れなかったら合格」というような上位概念の試験方法だけをルールに記載している。それが達成されれば、どのような部品の構造を使っても許される。

エンジニアは特許を書くときに、弁理士の先生から上位概念・下位概念のレクチャーを受ける。総じて抽象的なのが上位概念、具体的なのが下位概念である。上位概念の言葉で請求項を書けば、権利のとれる範囲が広くなる。たとえば、履物やシューズが上位、スリッパやサンダルが下位である。特許請求項に「（踵を緊縮する）ストリップを有することを特徴とするサンダル」と書いてしまうと、似たようなストリップ付きスリッパに対して、「私の特許に抵触しているから金寄こせ」と請求できなくなる。もちろん、サンダルの代わりに履物と請求項を書きかえれば、スリッパも履物に内包するので請求できる。

─────「なぜ組織は失敗から学べないのか？」

主催者や聴講者が期待する答え：失敗を恥と考え、隠して忘れようとするから。人間の性であるから。

筆者の答え：昔は失敗を隠そうとしたが、いまは世間が説明責任を求めるので、失敗は隠せない。だから、組織は失敗から学べる。質問自体が間違っている。

過去の失敗を消し去ろうとすれば、当然のことだが、次世代の後輩は二度とその知識を利用できない。筆者らが 2000 年に「失敗学」を始めた頃は、「失敗は恥だ」という雰囲気が蔓延していた。いまでも、失敗を学ぶ人の少ない医療や土木の分野では、その雰囲気が充満している。また、ワンマン社長の会社では、彼の失敗はアンタッチャブルである。

でも、20 年も経つと、その雰囲気はおおかた払拭された。恥や面目よりもaccountability（説明責任）を重視する。顧客や株主にリスクを隠したら、「10倍返し」の株主訴訟が待っている。さらに、会社への忠誠心も希薄になり、上司の失敗情報を黙って墓場までもっていくような忠臣もいなくなった。「人間の性」と言い訳して、失敗を隠し続けるような会社は令和になったら潰れるだろう。

─────「なぜ組織運営不良が起こるのか？」

主催者や聴講者が期待する答え：組織のモラルが劣化したから。皆がたるんで気合が入っていないから。

筆者の答え：組織のスキーム（事業計画）が悪かったから。構成員がオーバーワークで疲れていたから。

図 11.2 は、筆者らが失敗原因を定量的に分析した結果である。これを使って図中央下の「組織運営不良」を順に説明しよう。失敗知識データベース（JSTにおいて筆者らが作成）には、1,167 事例の工業・工学の失敗事例が収録されている。筆者らは、事例ごとに原因を抽出し、大分類された 10 個の原因のどれに相当するか、を複数回答可で決めた。ほとんどの事例は、技術的原因から1 個、組織的原因またはヒューマンエラー的原因から 1 個、計 2 個の原因を有する。分類結果を見ると、(a)「エンジニア個人が判断した技術的原因」が 1,103件（総事例数の 95%）、(b)「エンジニアが属する会社の組織的原因」が 862 件

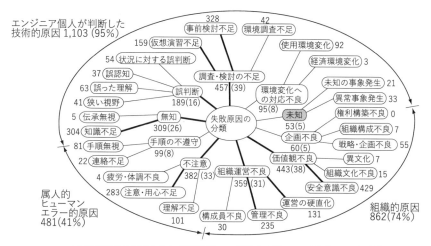

未知に注目!
たった5%しかない!

天災 14(内訳:地震 7、竜巻・台風 4)
バイオ 2
想定外の腐食 18 (異常腐食 9、脆性破壊 2)
想定外の新技術 19 (再現不能 4、原因不明 4)

1,167 事例から原因を抽出（複数可なので総数 2,446)、10% を超えるものを太線で示した

図 11.2　失敗知識データベースのシナリオ検索用の原因 "曼荼羅"
JST 失敗知識データベース (2009 年 11 月) に筆者が加筆

（74％)、(c)「エンジニアやオペレータの属人的なヒューマンエラー的原因」が
481 件（41％)、だった。

　つまり、全体の 7 割が(a)かつ(b)の、(A)技術的＋組織的原因であった。た
とえば、エンジニアは「技術は依然、検討不足だけど、納期が迫っている」と
焦っていたが、気の短い課長が「リスクを上げ始めたらキリがない。マァこれ
でいいよ」と見切り発車で納品を決めたら、案の上事故を起こした、という事
例が相当する。この主原因はエンジニアの検討不足と、組織内の課長の組織運
営不良である。

　また、残りの 4 割（1 割は上述の A と重複するが)は(a)かつ(c)の、(B)技
術的＋ヒューマンエラー的原因であった。たとえば、技術的な検討不足で出図
が滞っていたので、納期を焦ったオペレータが「ついうっかり、間違った図面
を使って部品を製作した」から事故を起こした、という事例がこれに相当する。
この主原因はエンジニアの検討不足と、オペレータの不注意である。

　両者とも技術的原因は検討不足であるが、前者(A)は過ちを犯した仲間を助

けるべき組織が怠慢し、後者(B)は組織内の慌て者が粗相した。

　収集したのが工業・工学の失敗事例だから、ほぼすべての事例で技術的原因が選ばれるのは当たり前である。ここで、図の中央左の「未知」の原因がたった53件（事例総数の5%）であることに注目してほしい。逆を言えば、技術的原因の95%は既知だった。つまり、調査すればどこかに類似の失敗知識が公開されており、事前に学べたのである。「データ重視の失敗学」が有効にはたらくことも納得できる。

COLUMN

　工業・工学では、設計の失敗が社会に害を及ぼす前に、自主的にチェックする部署がある。そこは図11.2には書かれていないが、検査、設計レビュー、品質保証、安全管理、などを行う部署であるが、そこが動作不良に陥ると大きな事故につながる。昭和の頃は一線を退いた技術者がその任に就いていたが、平成になるとエース級が配属されるようになった。個人のメール履歴を調べると、エンジニアの技術的な失敗は、ヒヤリハットのレベルのインシデントまで含めると、もっと多くの事例で頻繁に起こってメール連絡していることがわかる。でもそれが大きな事故にまで発展しなかったのは、この自主的にリスクをチェックする部署のおかげである。とくにシミュレーションが進み、製作しなくても不具合が予測できるようになったという影響が大きい。ちょうど1,000個の失敗のうち、999個は防ぐことができ、最後の1個だけ図11.2の事故事例に載ったと思えばよい。

　これはDNAの修復機構と同じである。地球には紫外線、放射線、宇宙線が降り注いでいるので、DNAの分子は損傷し（Wikipediaによると、代謝活動の損傷を含めて1日1細胞あたり50万回！）、遺伝子配列は頻繁に変異する。損傷したままだと、身体に必要なアミノ酸が生成できずに人間は死んでしまう。そこで修復機構の出番となる。修復機構はごまんと発見されているが、それがはたらいて人間は生きている。はたらかなければ、がんになって死んでしまっていた。

　図の右下の組織的原因は、組織運営不良、価値観不良、企画不良の三つに小分類されるが、そのうち上記の質問の「組織運営不良」は359件（31%）である。これはたとえば、「課長が怠慢で検図を怠った」「構成員が傲慢で勝手に変更した」「全員が硬直化して従来の緩い基準を引き続き適用した」というような事故である。課長が怠慢で、構成員が傲慢なのに、周りがその不具合を看過して事故が起こったのである。確かに組織がこのような劣化状態だと、ほとんどのリスクは既知で防げるはずなのに、対策は打たれずに事故に至る。つまり、他人任せの事なかれ主義で「不作為」が蔓延すると、リスクは"野放し"状態になる。

　しかし、実際の事故調査委員会の記録をいくつか読むとわかるが、どの事故

でも組織内のモラルはそれほど崩壊していなかった。たとえば、「課長も構成員も忙しすぎて深く考える余裕がなかった」という程度の、悪意のないモラル劣化状態が多かった。

COLUMN

8章で紹介したのぞみ号の台車亀裂事故でも、JR西日本の指令員や検査員は「停車して入念に検査することが面倒だから」という理由で新大阪駅での床下検査を実施しなかったわけではない。「床下検査を実施すれば原因がわかるという確証がなかった」から、定時運行を犠牲にしてまでも検査しなかったのである。

1986年のスペースシャトルのチャレンジャー号の墜落事故も同様である。NASAはOリングのゴムが硬化しそうな寒冷日に打ち上げを強行したが、「打ち上げ延期が面倒だから」という理由が決め手だったわけではない（技術者倫理の講義ではこれが決め手だったと教えているが）。そうではなく、「『寒冷日の特有現象として、Oリングのゴムが硬化して燃料が漏れる』という仮説を立証するデータがなかった」から打ち上げたというのが事実である。最も暑い日でも軽微な燃料漏れが起こっていた。要するに、事故を起こした組織は怠慢や傲慢が横行していたわけではない。

そこで、さらに組織のモラル劣化の裏を分析すると、その劣化を起こした根本的原因が見えてくる。それはたとえば、「社長が売上高倍増を社員に強要して全員が多忙になった」「売上目標を達成するために赤字受注が多くなり設計に余裕がなくなった」「多角経営のために品種が膨大になったので、担当者1人で個々のクレームに対応した」というような職場の空気である。10章の東芝の不祥事がその好例である。また、霞が関の高級官僚の離職や自殺が絶えないが、これは首相官邸から流れてくる空気の圧力が根本的原因になっているのだろう。

つまり、「なぜ組織運営不良が起こるのか？」という本当の答えは「スキーム（事業計画）が悪かったから」である。そして、最善の再発防止対策は「社長交代」「事業整理」「人材補充」などである。決して、組織の構成員の「モラル強化のための訓練」ではない。

——「なぜルールの形骸化が起こるのか？」

主催者や聴講者が期待する答え：モラルが劣化したから。監督責任を追及しないから。管理者を監督不行き届きで訴えないから。

筆者の答え：故意ではなく、未必の故意でルールを守らなくなったから。状況が変わるごとに、皆で話し合って改正していないから。小手先の読み替えだけでお茶を濁すから。

　日本では、「ルールを形骸化した」事故の原因を調べると、「故意」が根本的原因になることは非常に少ない。たとえば、「固定すべきボルトを半数に減らせば事故が起きるが、俺の知ったことか！」というような陰湿に暴走する技術者は滅多にいない。故意というより、「未必の故意」である場合が多い。たとえば、「『ボルトの緩みを毎日3回チェックせよ』というルールがあるのに、昨日は忙しくて運転し続けた。チェックしたくてもできないうちに、突然破裂した」というレベルの軽い故意があげられる。その罪を問うよりは、振動センサを設置し、「警報が鳴ったら増し締めせよ」とルールを変えたほうがよい。

COLUMN

　よく起きる事故として、前向きに生産効率を高めるために、少しずつルールを慣用的に緩め、結果として形骸化した事例があげられる。たとえば、生産ラインの光学センサが汚れて誤動作が頻発し、そのたびに飛散防止カバーを外してセンサのレンズを拭いていた。しかし、「チョコ停」があまりに多く、カバーの再装着が面倒なので外しておいたら、たまたま部品が飛散して人身事故を起こした。根本的原因はセンサのレンズの汚染であり、再発防止対策はレンズ洗浄用の空気吹き出しノズルの設置であることも薄々わかっていたが、対策費がなかった。ところが事故後、上司から「カバーの再装着忘れはマニュアル違反なので解雇する」と言われたら、現場のオペレータも労基署に訴えたくもなる。何が何でも、原因をモラル劣化と管理不良に結論付けるのは建設的ではない。ルールやマニュアルは生き物である。それらの達成が困難であり、過度に面倒である場合は、皆で話し合ってルールを書き換えるべきである。たとえば、「午前・午後の始業前にレンズを清掃してから、操業を開始すること」とルールを変えればよい。

COLUMN

　日本では、ルールの書き換えさえも面倒になり、「本文を読み替える」という手段を用いることが多い。たとえば、「建物内に20本までのガスボンベの『保管』が許される」という法律があるとしよう。ところが「保管」が定義されていない。そこで、「保管」とは、「2週間以上使用せずに放置しておくこと」と勝手に解釈する。そうすると、逆に、2週間以内に使い切れば「保管」ではなくなるから、「建物内に100本のガスボンベを置いても、2週間以内に使いきれば、「保管」ではないので許される」と読み替える。筆者らは恥ずかしながらこのように読み替えて、100本使用していても、20本分の小さな保管庫しか作らなかった。もっとも、保管の意味が東京都と千葉県で異なるのが不思議であった。千葉県では許されるのに、東京都では「山手線内で最も危険なのは東大だ」と言われて許されなかった。その当時、安全管理室長の筆者は、工学系研究科内の約1,000本のガスボンベのために巨大な保管庫を作らねばならないのか、と唸っていた。同僚の土橋律先生が東京都と3年間も交渉し続けてくれたが、担当者が変わった途端に「保管」は2週間以上という解釈を許したのには驚いた。肩透かしで勝ったような、複雑な気持ちであった。もちろん、解釈は変わっても実際のリスクは変わらないので、徹底的に不要のガスボンベを廃却させ、実験後にガスが残っているボンベも保管せずに業者に返却させた。

　この20年間の事故の裁判の結果を見る限り、法律に従っていても、事故が起こったら最期、担当役員は刑事で過失致死に問われ、メーカは民事で損害賠償を請求されることが多い。たとえば、森ビルの回転ドアで小児が挟まれて亡くなった事故（2013年）であるが、メーカは欧米の規則に準じて設計していた。裁判官は、進入検知センサの低感度現象の看過と、防護柵でしか対応していなかった管理を過失と見なし、ドア設計責任者とビル管理責任者を有罪にした。「ルールを守ればよい」と盲目的に従うのではなく、ちょっと斜に構えて「ルールを守ればリスクが減るか」と批判的に考えるべきである。目標は法令順守でなく、安全確保である。

──「ルールやマニュアルの不順守をどうやって防ぐか？」

　主催者や聴講者が期待する答え：定期的に作業者に訓練を課し、ルールやマニュアルの意味を教えよ。

　筆者の答え：非正規社員に教育しても効果は小さい。習慣的に不順守する作業者を排除せよ。

　組織の構成員が全員正規社員だったら、上記の主催者や聴講者が期待する答えが最適な方法である。北風と太陽のうち、太陽の暖かさで旅人のコートを脱がすほうが、組織がギスギスしなくてよい。

　しかし、今の日本の組織は、アルバイト、パートタイマー、派遣、請負、季節労働者、臨時職員、契約社員、などの非正規社員が全社員の4割を占める。彼らは6割の正規社員と同じような仕事をしているのに、賃金は歳をとっても増額されず、3か月ごとの契約更新に怯え、月給の裁量労働制ではなく時給で分単位に管理され、有給休暇、産休、年金、保険、危険手当などは薄く、家を買いたくてもホームローンは認可されず、実に不安定で不安だらけの生活を送らなければならない。また、仕事では奴隷のようにこき使われ、「決められた仕事だけをやれ」「他人の仕事に口を出すな」「スイッチやバルブを触るな」「マニュアルを順守せよ」と固く言い渡される。非正規社員の中には、正規社員との待遇差に憤慨して、開き直る人も出てくるが、そうなるのも当然である。そして、「どうせそのうちクビになるのだから、面倒なことは俺に命令するな」と言って手抜きを始め、事故に至る。

　こういう場合は、北風と太陽のうち、北風の風力で旅人のコートを力まかせ

に剥ぎ取る方法をとらざるをえない。まず、習慣的に不順守する作業者を排除することが肝要である。不順守の証拠を集めてクビにする。作業ラインには5mごとに監視カメラを設置し、異常動作を常時、警戒する。また、マニュアルも難解にしない。言葉を少なく、写真や図を多くする。また外国人が多い職場では、母国語や絵文字、記号にマニュアルを翻訳する。非正規社員には、自分の仕事への誇りとか自主性とかを過度に期待してはならない。正規社員と同じような強い愛社精神をもつには、醸成期間が短すぎる。

COLUMN

　筆者は、2001年に小泉政権が誕生してから非正規社員が10倍くらい急増したように感じていた。しかし、実際は1999年の段階で約1,200万人も存在していたので、2019年までに増えたとしても、約2,200万人と1.8倍になっただけである。しかし、東京大学は、2004年に国立大学法人化してから非正規社員が極端に急増し、2020年の工学系研究科では全教職員の5割が、特任教員、特任研究員（ポスドク）、特任専門職員、学術支援職員、事務補佐員（秘書）、などの非正規社員になった。この頃は、労働組合も非正規社員の待遇向上を唱えるようになったが、それでも片手間に応援しているだけで、仲間は正規社員だけと思っている。

　本書の失敗学も、実は正規社員向けの失敗学である。経営者は、非正規社員に前向きな提案まで期待しておらず、ひたすら暴走せずに黙々とマニュアルどおりに働くことを望んでいる。しかし、このような体制を続けていたら、日本人の半分が腐ってしまう。政府は「非正規社員を雇用して5年経ったら無期雇用せよ」と労働者派遣法を変えたが、実際は5年の直前に全員がクビになる。まずは、非正規社員の待遇を上げるよりも、正規社員の待遇を下げることから始めるべきである。たとえば、正規社員の終身雇用を止めて、5年ごとに契約更新を行うべきである。また、job descriptionを正確にとり交わして、雇用契約を再度結ぶべきである。そうしないと契約更新のときにクビにはできない。別にクビにしろと勧めるわけではないが、人間は常に危機感をもって生きていかないと、新しい仕事に挑戦する気持ちにはなれない。

　筆者らの専攻には、技術職員（昔の技官）が大勢いる。半数の人は新技術、たとえば生産技術のデジタル化（CAD/CAM/NCや3Dプリンタ）にも挑戦してくれるが、残りの半数の人は「新技術は素晴らしい、でも自分の定年退職後に始めてくれ」と言って、昔のままの仕事しかやってくれない。正規社員は、法人化後もみなし公務員であり、職務内容の変更に応じなくてもクビにはならない。一方で、若い特任教員（非正規社員）は、金の卵（学術論文）を生む鶏（我々の宝）である。その割には、ポジションが不安定であるから、身勝手なのにクビにならない技術職員（正規社員）をときには殴りたくなる。当然である。

第 12 章

新型コロナと大学教授の憂鬱

―――――――― オンライン勤務で失敗学を実践する

オンライン入試の試験監督で疲れたが、いろいろと考えた

2021 年 2 月、いまだにコロナ禍の真最中である。「もっと活発に活動せよ」とは、いくらタフな上司でもパワハラになるから部下に命じられない。命じられないから、部下は「何かを改善しよう」という前向きな気持ちさえ起こってこない。暇ができたら読むはずの未読メールが 1,000 通を超えたら、その数字を見るだけで鬱になる。とりあえず考えずとも惰性で処理できるルーティンワークを片付けていると、違和感も好奇心も湧いてこない。さてさて、困ったことである。この不活性な脳こそ今後の人生の最大のリスクである。

まあ、この時節を逆手にとって、本章ではまず、「失敗学」の応用問題として、オンライン講義（試験、勤務、研究、宴会など）のリスクとその軽減策を考えてみよう。このようなオンライン X は、筆者の 62 年の人生でも初めての体験である。自分の体験を他人事のように分析してみると、結構面白い。「デジタル化」は腹を立てるたびに自分の精神を傷つけるが、日々の「デジタル化」で失敗したところで実損はそんなに出ていない。パソコンが固まっても、たかがバーチャルワールドの事故である。誰かが大ケガしたり、法外な損害賠償を請求されるわけでもない。それらよりは自滅するのが一番怖い。失敗しても、「しょうがないなあ」と言いながら、まず笑う。そしてコーヒーを飲みに喫茶店やモールにでかけるくらいの余裕があれば何とか仕事にはなる。

筆者は、2020 年 8 月 20 日から 28 日まで、9 日間連続で大学に登校した。4

月のオンライン勤務以来、久々ぶりの長期間の登校であった。ちょうどリリーフ投手が3回裏の2死満塁で、ブルペンでの準備投球なしに、いきなりマウンドに向かうような感じである。5か月ぶりに毎日早起きした。朝7時半に自宅を出て、自転車で駅に行き、そこから電車で大学に行った。ふと気付くと5月に定期券が切れていた。Suica を使ったら往復で 1,014 円もかかり、今後、何度もチャージするはめになる。定期券をクレジットカードで買うときは思わなかったが、千円札を券売機に食わせてチャージするたびに、「高い！」と呟いた。

　仕事は大学院入試のオンライン試験の監督である。工学系の若い教員たちが、東大初のオンライン入試方法を開発し、準備万端にセットアップしておいてくれた。試験方法は、TOEFL（国際的英語検定試験）のオンライン試験（iBT、Special Home Edition）と基本的に同じである。机の上にパソコンを置いて、カメラ（いわゆる Web カメラ）・マイク・スピーカ（この2点はパソコン内蔵のでも可）を準備する。パソコンの画面は、手鏡を使って反射させ、Web カメラでチェックする。周りの補助機器の有無は、試験前に Web カメラを 360 度回させてチェックする。入試の問題文はインターネットで事前に送付され、試験直前に知らされたキーワードで開く。解答は、キーボードや音声で入力する TOEFL と異なり、解答用紙に手書きして提出する。つまり、解答用紙のブランクが事前にインターネットで送られてくるので自分でプリントアウトし、これに試験中、鉛筆で解答を書いて、試験後にスマホで解答用紙を撮影して、インターネットで画像を返送する（保険として、その後、解答用紙を郵送する）。試験監督員は受験生 10 人ごとに1人付き、Zoom で監視する。

　図 12.1 に、オンライン試験の思考展開図を示す。4章の NOTE その7で記したように、入試の試験方法が公表される前のことであるが、学部3年生向けの「設計工学」の講義で、オンライン試験の設計をレポート課題にした。図 12.1 は筆者が書いた模範答案である。学生には、WBS（Work Breakdown Structure、まず 10 個の上位概念を記したあと、それぞれの下に 10 個の下位概念を記し、100 マスを埋めていく）で設計に必要な概念を漏れなく列記させ、その概念を要求機能と設計解に分けて、図のような思考展開図にまとめさせた。

　100％の学生が、how to make の設計解として、Zoom、マイク、Web カメラとかの方法や器具を列記できたが、それの目的である what to do の要求機能まで書けた人はたったの 30％だった（要求機能がわからない人が多いこと

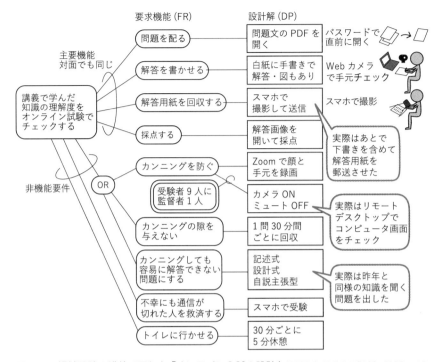

図 12.1　機械設計の講義で示した「オンライン入試の設計」（2020 年 7 月 6 日提出）。"100 マス"、WBS を FR と DP に分けて思考展開図として作り直した。実際の 2020 年 8 月下旬のオンライン入試と構成はほぼ同じだった

は例年のこと。概念を言葉に変えるのは難しい）。図から明らかなように、試験の主要要求機能：「問題を配る」「解答を書かせる」「解答用紙を回収する」「採点する」は、オンラインでも対面の場合とまったく同じである。そのほかの非機能要件（顧客は望んでいなかったが、設計者が気を利かせて組み込んでおく要求機能）：「カンニングを防ぐ」「カンニングの隙を与えない」「カンニングしても容易に解答できない問題にする」「不幸にも通信が切れた人を救済する」「トイレに行かせる」などの要求機能も、対面とほぼ同じである。次項で説明するように、トラブルが起こるたびに、この非機能要件は増強される。

　図をあらためて見ると、オンラインに特有な要求機能は「不幸にも通信が切れた人を救済する」だけである。これも対面の「不幸にも豪雪や交通障害で遅れた人を救済する」と同等と考えれば、何のことはない、この試験はデジタル化を使っても、顧客価値を本質的に何も変えていないことがわかる。少し変え

て「世界中から受験できる」「10か国語に翻訳して出題する」「受験者の年齢・国籍は問わない」「受験料を無料にする」などが加われば、画期的なオンライン試験になっていただろう。だがそこまで冒険しなかった。面倒だから。

COLUMN

　このオンライン試験を実行すると、対面試験よりも多くの監督者が必要になる。機械系の教員を、それこそ"根こそぎ"動員しないと実行できない。まず、Zoomで受験生を"ニラメッコ"で監視する要員が1人、さらに、Splashtop（遠隔操作で"画面盗み"するリモートデスクトップのソフトの一つ、これは中国人が米国で開発）で、受験生のパソコンを"巡回見回り"する要員が1人、さらにトラブルが起こったら、当該受験者をZoomのブレークアウトルーム（分室）に移して、個別に対応する要員も1人、計3人が必要になる。機械工学専攻では受験生が140名程度だったから、3人の14倍の42人が必要になった。加えて、出題・採点の担当も必要になる。そこで、例年ならば入試業務免除となる特任教員（任期付き契約社員）の先生たちも動員されたが、まだ足らない。

　専攻では、まず、試験監督者の不足解消のために"学徒動員"をかけて博士課程の学生も使おうとした。しかし、アルバイト代がかかると思ったのか、次に"予備役招集"に切り替えた。というわけで、パソコンを使うのが苦手な61歳の筆者も動員されて、最も簡単なニラメッコとアナウンスを担当することになった。最初の打合せで、「Zoomに安田講堂の背景を貼り付けてください」と言われたが、どうしても画像がぼけて貼り付かない。30歳の助教の先生に「貼り付かないンだけど」と助けを求めたら、「いまだにi3なんか使っているンですか」と呆れ顔をされた。

　ノートブックの左端に、intel COREというPCのCPUのブランド名のシールが貼ってあるけれど、Zoomはi3よりも上位機種のi5、i7、i9にしか背景を付けられないらしい。このVAIOだって2020年3月に買ったばかりの新品なのに……。こんなことも知らないとは実に情けない。でも大学からi7のパソコンを借りたので、自分が情けなくなっただけで、実損はない。

想定外・想定内の多数のトラブルが発生したが、無事対応できた

　その後は、何とか若い先生方に引っ張ってもらって、9日間を乗り切った。本項では「どういうトラブルが生じたのか」を、次項では「自分だったらどうやってカンニングするか」を紹介しよう。将来顕在化するかもしれないリスクの事前予想・事前対応のお稽古にあたる。

　オンライン試験中はたくさんのトラブルが発生した。筆者もそれらにいちいち対処していたから忙しかった。マニュアルが完備していないので、常に集まって相談しないとならない。トラブルは大別して2種類、想定外と想定内とに分

けられた。まあ、想定外と言っても損失が致命的ではないから、総じてオンライン試験は大成功だった。「失敗学」の勝利と言えなくもない。

最初に、2種類のうちの一つ、「試験要綱に従わなくても何とかなるサ」という、受験生の安易な気持ちから生じたトラブルを紹介する。監督員にとっては、想定外のトラブルである。トラブルメーカの受験生は、指示に従っていないことを自覚していたのに、重罪にはならないと勝手に解釈していた。未必の故意の犯罪であり、いわゆる"確信犯"または"故意犯"である。たとえば、「TOEFLのスコアを試験日に提出せよ」とあるのに、TOEFLの怠慢で10%近い受験者がスコアを試験日までに受け取っておらず、大学に提出できなかった。それなのに、受験生は「自分の責任ではない」と思って放っておいた（実際は、機械工学専攻が提出締め切り日を17日間、伸ばしたので、結果的に全員、提出できた）。そのほかにも、「顔と筆記を監視するためにWebカメラを準備せよ」とあるのに準備していなかった、「パソコン画面をWebカメラに映すために手鏡を用意せよ」とあるのに用意していなかった、「QRコード付きの解答用紙をあらかじめプリントアウトせよ」とあるのに印刷していなかった、「中国在住の受験生はWebex（米国シスコ社製のオンラインミーティングツール）を準備せよ」とあるのに準備していなかった、というようなトラブルである。トランプ大統領が米国内でTikTok（中国製のモバイル向けのショートビデオプラットフォーム）を使えなくしたことの報復に、中国政府が8月23日から中国内でZoom（米国で中国人が作ったが米国製）を使えなくすると宣言したので、Webexの代替使用を3日前に決めた。

監督官の対応結果を見る限り、試験要綱違反は情状酌量になり、"一発退場"には至らなかった。しかし、注意を無視して受験続行していた行為は微罪でも有罪になり、その部分のスコアはゼロ点になった。そもそも、「ズルをしても何とかなるサ」の確信犯は、たとえ合格しても性格は変わらないので、エンジニアとして不適格である。修士論文にいくら立派な実験結果が載っていても、もしかしたら改竄（無断で変える）か剽窃（盗む）のズルの結果かもしれないと疑ってしまう。東京大学でも数々の不祥事が生じている。教員は、その学生は反省済みと言われても、前科持ちの確信犯を簡単に信用できない。

次に、2種類のうちの二つ目、騒音のトラブルを紹介しよう。これは想定内である。「スマホによる電話相談」という不正行為を防止するために、受験生全員を画像も音声もオンにして受験させるのだが、それでは1人の受験生の発

する騒音が、同室の 10 人全員に伝わってしまう。たとえば、体を動かすたびにイスがキーキー鳴る、隣の建築現場の職人がトントンと叩いている、ミンミンゼミが窓で急に鳴きだした、台風 8 号が韓国に上陸して窓がガタガタと鳴っている、というようなトラブルである。でも、直ちに騒音者を Zoom のブレイクアウトルーム（別室）に送れば、試験は続行できる。

　今年の受験生は、対面試験時のような緊張感でカリカリした顔を見せずにリラックスしており、多少の騒音でもイライラしなかった。まあ、普段どおりにいつもの勉強部屋で、いつもの服装で試験を受けたのだから当然である。各試験科目の開始前に Web カメラで 360 度チェックするが、膝の上を映させたら、全員が短パンを履いていた。試験要綱には「パンツを履くこと」とは書かれていないから、ノーパンでも許される。このリラックス具合は素晴らしく、普段どおりの実力が発揮できる試験環境だった、と思う。

COLUMN

　総じて、「受験生に気持ちよく受験させるが、絶対に不正行為はさせない」という設計目標は達成できた。でも、残念なことに 1 人だけカンニングで不合格になった。昔からよく使われている方法を、オンライン試験に応用した。つまり、「時間です」と言われたあと、答案回収のドクサクに紛れて、加筆・訂正した。読者の中にも、身に覚えがある人がいるかもしれない。

　今回、答案は AdobeScan（撮影画像を伝送するアプリの一つ）で撮影して送るのだが、撮影時のスマホの手持ち姿勢によって、文字が薄い、ボケる、歪むというようなトラブルが生じる。試験監督者は送られた答案を全数チェックするのだが、トラブルが見つかったら、再撮影して再送してもらう。この不正受験生は、監督者が答案をチェックしているドサクサ時に、瞬時に加筆・訂正し、再送した。一方、答案を集めた事務方は、どれが初送で、どれが再送か調べるのも面倒だから、全部、採点用にプリントアウトした。そして、採点者が初送・再送の 2 枚の答案の相違に気付き、"御用"となった。1,500 点満点中、ほんの 10 点くらいのズルで不合格になるのは、コストパフォーマンスが悪すぎる。彼は他大学からの受験者だったが、「カンニングは一発アウトで退学」という 21 世紀ルールを知らなかったのかもしれない。

パーフェクトな試験方法をかいくぐるカンニング方法はあるか

　さて、カンニング方法を考えてみよう。リスクを見つける失敗学の訓練としては、お手頃な課題である。

　試験 5 日目に、若い先生たちが誰でもできる方法を一つ見つけた（図12.2）。まず、問題文を読み取る。上述した Splashtop を使って巡視員が回ってくると、パソコン上に「見られている」という警告が出る。そこで、受験生は警告が消えたら、巡視員が過ぎ去ったことを A さんに合図する。直ちにその A さんが別のリモートデスクトップのアプリでパソコンに入ってきて、"画面盗み" をすればよい。受験生のパソコンにはあらかじめ A さんの入室を許可するソフトが入っており（この許可なしで入室するのはハッキング）、A さんは問題文が読めるようになる。これは、牢屋において、監視員の定期的な巡回の合間に、脱獄の穴を掘るような作業に似ている。具体的には、受験者の隣の部屋に協力者が隠れていて、受験者が壁を蹴って合図し、この直後に協力者が問題文を読み取ればよい。

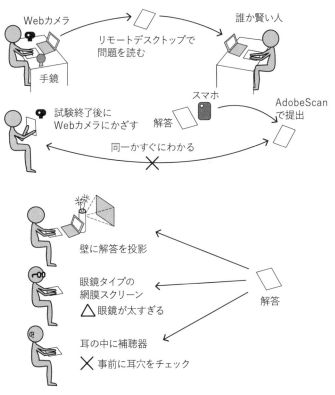

図 12.2　リモートデスクトップで問題を読んで解答を戻す

　実際に筆者担当の"受験生10人組"で起こったトラブルであるが、試験問題のパスワードを配布したあとに、「試験問題のPDFを開こうとしたけれどAcrobat Readerが動かない」というクレームが来た。Splashtopで入って調べたら、何とそこにGoogle Chromeのリモートデスクトップが先客として入っていたのである。研究室の先輩が操作していたのだろう。Google Chromeのリモートデスクトップはいまではデファクトである。コロナ禍でも設計や分析を続けたい学生は、大学の高性能コンピュータを自宅から動かしたい。そのような真面目な学生が普通に使っているアプリである。この受信（入室）を許すソフトは、多くの基本ソフトの一つとして、よび出されるまでパソコンの中におとなしく隠れて埋もれている。だから、事前にSplashtopで「リモートデスクトップ狩り」をすれば、すべての受信用ソフトを強制消去できるが、やってみると非常に面倒であった。

　監督者の目を盗んで、他の受験生も問題文を流していたかもしれない。上述の灰色疑惑の受験生は、問題文を開く前に発覚したので不問となった。リモートデスクトップが入れないような鉄壁な"ファイヤーウォール"も売っているらしいが、監視巡回用のSplashtopも入れないと困る。昔のスパイ映画で、ブラウン管の画像スキャン信号を隣の部屋からアンテナで受信し、画面を盗み見るという場面があったが、あれと同じである。来年、敵はどんな技を出してくるか、ワクワクしてくる。

　問題文さえ盗めれば、次は自分より賢い協力者に解いてもらって、その満点の答案を自分に戻してもらえばよい。あとはその賢い協力者の答えを自分の答案に写すだけ。しかし、その満点の答案を戻すことが、結構難しい。

　最も簡単な方法は、その賢い協力者が、満点の答案を受験生になりすましてAdobeScanで送り、ついでにその答案用紙も郵送する方法である。しかし、これは想定内であった。なぜならば、試験直後に、答案を1枚ずつWebカメラの前にかざすように指示していた。もちろん、Zoomの画面は録画されており、多少分解能が落ちても解答具合はわかる。たとえば、かざしたのが白紙だったが、送られてきたのはビッチリと記載済というくらいの違いはわかるので、すぐに御用になる。さらに5日目からは、「きちんと1枚ずつ、全域が見えるようにかざして止めよ」と指示したから、小さな文字も結構読めた。

　前述したように、Webカメラの事前360度チェックで、受験生の回りの余分なタブレット、スマホ、パソコン、プロジェクタの類は、事前にすべて撤去

させている。もしもカンニング目的で、床、天井、左右の壁のどれかに解答が映し出されたとしても、受験者の視線を追えばZoomの監視で「挙動不審者」として現行犯逮捕できる。しかし、前方の壁に小型プロジェクタで投影されると、挙動不審と熟考姿勢との違いがわからなくなるので、監督者はお手上げである。人間は、確かに熟考中、瞬きもせずに前方を凝視していることが多い。ということは、米国3M製の小型プロジェクタを花瓶か何かの中に隠しておいて、前方の壁に解答を投影すればよい。

　もっとも、前方凝視だけが熟考姿勢とも限らない。最近、将棋のタイトル戦のライブ番組を見ているが、持ち時間が長いうえに、プロはやたらと動いて考えることがわかった。2020年7月の棋聖戦で、渡辺明棋聖は、腕を組んでウーンと首をあっちこっちに大きく振って熟考していた。受験生がそれくらい大きく首を振ると、挙動不審者として摘発される。

　最高のカンニング用秘密兵器は「網膜スクリーン」である。筆者は『電脳コイル』（マッドハウスの磯光雄制作、2007年NHKで放映）というアニメに感動していたが、その世界がもうすぐ実現する。レーザをスキャンして網膜のスクリーン上に画像を投影する。目の前の見える実像と、情報を投影された実像とが、重なって網膜に映し出されて脳に伝達される。レーザとスキャナーと通信機器はメガネの中に組み込まれている。近日中に製品が国内外で発売されるらしいが、試作品を見る限り、黒眼鏡の眼鏡枠も弦も太すぎて、すぐにそれだとわかる。要改善である。

　筆者の研究室でも使っているが、Tobii製のアイトラッカーという視線計測装置が素晴らしい。眼球の動きを眼鏡に付けたカメラで追跡していくが、実際の視線方向と、そのときの眼球位置を校正するために、四つのレーザで角膜の上にマーキングする。2019年に、東京都交通局の路線バスの運転手の安全講習で、それを使うところを見せていただいた。安全運転の運転手はいろいろなところに視線を動かして、全体的に監視している。一方で、不安全な運転手はまったく視線が動いておらず、寝ているのかと訝しく思うほど、違いは一目瞭然だった。近頃、2万円くらいの定置型の視線計測装置を用いて射的ゲームを楽しむ若者が多いが、これをパソコンの前においておけば、挙動不審者は視線によっても捕まえられる。

　解答を音声で伝える、というのも一つの設計解である。しかし、これは想定内であった。試験科目ごとにあらかじめ「Webカメラに顔を向けよ、左と右

の耳穴を髪の毛から出して見せよ」と監督者にチェックされる。最近は、耳道の中に隠れるように、受信機、電池、スピーカ、等が内蔵されている、超小型で優れモノのスピーカが市販されている。SP (Security Police) や探偵のテレビ番組で見ることができる。

　また、Zoom をミュートにしなくても、マイクの音量設定をゼロにしたら、受験生の部屋の騒音が聞こえなくなることもわかった。当然、隣室の賢い友達が答案を読みあげても、監督者にはその友達の声が聞こえない。カンニングの完成である。「受験中は問題文のスクロール以外はキーボードをタッチするな」と事前に注意しているが、もしかしたら、監督官が目を離した隙に、サッと音量設定をゼロにされたかもしれない。試験後、実際に学生に音量設定をゼロにしてもらったが、パソコンによってゼロになる機種とならない機種があった。来年は、試験直前にひとりひとり名前を読んで、ハイッと返事させよう。音量をゼロにしていたら、監督者には返事が聞こえないはずである。

　最近、フレキシブル配線や有機トランジスタが試作されている。東大の工学系研究科長の染谷隆夫教授はそれらの国家的研究プロジェクトのリーダであるが、"入れ墨" 型の配線まで開発している。これを用いると、手のひらに配線と超小型 LED を貼り付けて画像表示できるが、あまりに薄いので手のひらの動きが不自然ではない。そして試験中、手のひらを見つめながら熟考する人も多いから、挙動不審者だとは言い出しにくい。これを防ぐには、試験開始前に、耳の穴と同じように手のひらを Zoom にかざせばよい。

　リモートデスクトップに次いで、もう一つの完璧な設計解は、"なりすまし"、"替え玉受験" である（図 12.3）。これは想定外であった。最近、トランプ大統領が吠えて演説しているフェイク画像が出回っているが、あれと同じように、顔をすげ替えてしまえばよい。画像処理のために 0.5 秒くらいの時間遅れが出るそうだが、監督官は遅れに気付かないだろう。また、AI がフェイクの顔を作るとき、右目と左目の虹彩に映る光まで合わせられないので、そこを拡大して見ればなりすましがわかるらしいが、監督官はそれほど暇ではない。思い起

もともと受験票の写真と
本人の見分けがつかない

図 12.3　デジタルで首をすげ替えてなりすましで受験する

こせば、受験者はTシャツを着ていたので、もうやられたかもしれない。首の部分が滑らかになっているとすげ替えやすい。一方で、襟付きの服や、ヘッドレスト付きのイスを使うと、首のところで残像が写り、すげ替えにくい。背景に緑の布を貼ってもよい。このアプリを使うと、元の顔の口や目の動きどおりに、すげ替えの顔の口や目も3次元的に動くので、監督者もまさかこの顔が仮面だとは思わないほどである。スマホにも、泣く顔になったり、サンタクロースの顔になったりと、2次元的に顔を細工する簡単アプリがある（横顔になるとお面が見える）。3年後には顔のすげ替えが容易には判別できないくらいの、素晴らしいアプリが発売されるだろう。

　このように筆者が"なりすまし"の可能性を指摘すると、必ず「替え玉受験防止のために受験票に写真を貼らせている」と反論される。しかし、写真判定は人間の目では難しい。たとえば、今回の筆者担当の"受験者10人組"の中にいたのであるが、金髪でパーマをかけて白フレームの眼鏡をかけた写真と、黒に染め変えて櫛を入れて短く切ってコンタクトに変えた本人とを、同じだとは即座に断言できなかった。何でも中国の顔認識ソフトは優秀だそうで、警察は子供の誘拐犯を追うのに使用し、確実に足取りを突き止めている。髭や眼鏡を除去して、骨格を比較するらしい。追跡機能は、日本の自動車ナンバー自動読取装置（いわゆるNシステム）と同じであり、上海の新幹線の駅の改札口の上に監視カメラがあった。

COLUMN

　完璧なすげ替えソフトが発売されると、防犯カメラの画像が犯罪の証拠として使えなくなるから、警察も困るだろう。20世紀の刑事の3種の神器は、指紋、聞き込み、落とし（自白）だったそうだが、21世紀になると、DNA鑑定、防犯カメラ、スマホの通信履歴に変わったそうである。確かに、最近の刑事番組もそうなっている。その中の防犯カメラの映像が証拠として使えなくなったら困るから、警察の威信にかけて、すげ替え細工が直ちにわかるようなソフトを開発するだろう。これもイタチごっこである。

　2020年11月末の研究室のオンライン飲み会に、学生が"バ美肉"（バーチャル美少女受肉）でZoomに入ってきた。上述のTobiiの視線追跡装置を用いて、本人の視線の先に向かってそのアバター（分身）は目を動かし、顔を傾ける。オンライン討論会に顔を出すのを嫌うシャイな若者も、"仮面舞踏会"に参加していると性格も社交的に徐々に改善されるらしい。アバターは、野菜のナスやジャガイモ、パプリカなどもあって、ズラッと並ぶと八百屋で会議をしている気にもなってくる。これらは、画像をリアルタイムで送るのではないから通信量は小さくなり、学生も嬉しいらしい。今後は1年中、美少女やリンゴで講義を受け続ける学生も続出してくるだろう。ボイスチェンジャーも、完璧なアプリが発売されており、相手の性別がさっぱりわからないという時代がすぐそこに来ている。

　他にも、いくつかの設計解（図 12.4）が提案された。図 12.2 のように問題文が読めた場合の続編である。いずれも技術的には荒唐無稽であるが、もし使われていたらノーマークだったので成功していたはずである。

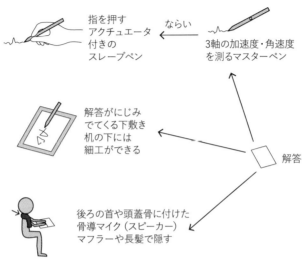

指を押す
アクチュエータ
付きの
スレーブペン

ならい

3軸の加速度・角速度
を測るマスターペン

解答がにじみ
でてくる下敷き
机の下には
細工ができる

解答

後ろの首や頭蓋骨に付けた
骨導マイク（スピーカー）
マフラーや長髪で隠す

図 12.4　図 12.2 の続編。解答を受験者に伝える

　まず、"ならい"のシャープペンが一つの設計解である。昔から名前のサインを一度に 10 枚の紙に書くのに、ならいの機械は使われていた。しかし、今回のオンラインでは手元も監視されているので、さすがにパンタグラフ型のリンクを張るわけにはいかない。そこで、たとえば、問題文を盗んだ賢い友人に、3 軸の加速度と角速度を測るセンサ付きの"マスターペン"を持たせ、そのとおりに受験者の"スレーブペン"も動けばよい。"マスターペン"は学部 3 年生のメカトロニクス演習で試作した学生もいたが（4 章の NOTE その 21）、結構、信号から文字が読み取れる。一方、受験者の右手に握られている"スレーブペン"を作るのは難しい。たとえば、ペンの周りに空気の噴射孔を用意して、ロケットのように筆跡の進行方向と逆方向へ空気を噴出して、ペンを進行方向に動かす、という機構はどうだろうか。または、ボールペンの鉄のボールを、下敷きの下の磁石を動かして従動させるという機構も面白そうである。ただし、応答性が悪すぎて、たくさんの文字が書けず、解答は時間切れになるかもしれない。

また、答えが紙を通してにじみ出る"下敷き"という機構も面白い。机はいくらでも細工できる。紙の下に文字や数字がにじみでるくらいだと、Zoom では見つけられない。受験者はそれをなぞればよい。これも学部3年生がメカトロ演習で作らないかなあ。そういえば、10人組の中には、消しゴムをいやに頻繁に使う学生がいた。筆者は、「消しゴムがスキャナーになっているかもしれない」と勘繰ったくらいである。たとえば、「消しゴムで擦ると、下敷きから色素が漏れ出して解答のヒントが見えてくるが、そのうちに消える」という機構ができたら面白い。そういえば昔、擦ると匂いが出てくる、マイクロカプセル入りの消しゴムもあったなあ。

先ほど、耳の中の補聴器はチェックされると言ったが、戦車兵のように首の後ろに骨導マイク（振動子が骨に音の疎密波を伝え、その疎密波が鼓膜を揺らす）を置かれたら、チェック時に見落としてしまう。幸いなことに今回は夏で受験生はTシャツしか着ておらず、もし装着されても容易に見つけられた。冬だとマフラーをする子もいるから、目が離せない。

結局、オンライン試験は対面試験と同じように実施できるのか

このように、9日間、"予備役の老兵"でもいろいろと頭を使った。総じて言えることだが、オンライン入試はよく設計されていた。受験生はリラックスして試験に臨めたし、不正行為もほとんどなかった。

しかし、「もう1回、来年もやるか」と問われれば、監督員全員が「ノーサンキュー」と答えるだろう。入試問題が対面とまったく同じなのに、人手がかかりすぎる。筆者はオンライン入試後、「10月から始まる冬学期の自分の講義に対して、中間試験と期末試験をオンラインでやるとしたら、どう設計すればよいか」を考えていた。それは、自分の「生産の技術」という学部2年生向けの講義の試験である。しかし、2人の教員で200人の受講者を監視しなくてはならないので、オンライン試験は絶対に無理である。200人の受講者が顔を出すだけで、彼らの安アパートのWi-Fiは容量オーバーで遮断される。

2020年4月からの夏学期では、期末試験の代わりに、時々講義中に小テストを実施した。Zoomのチャットに問題を書いて、答案を講義終了時に

AdobeScan で送ってもらったのだが、それでも 120 名分の答えを採点すると最低でも 4 時間はかかった。それに、音声はミュートにしていたから、友達同士でスマホを使って相談し、答えを出していても筆者はわからない。確かに似たような答案も多かった。裏がありそうである。

　その後、2021 年 1 月の期末テストはオンラインに決まった。「第 3 波で緊急事態宣言が出たのに、学生にリスクを負わせるのはおかしい」と演説した、ゼロリスク論者の教授の意見が勝った。あれほどやりたくなかった「生産の技術」の試験もオンラインになった。試験方法は Splashtop は使わないが、入試とほぼ同様である。修士学生を TA (Teaching Assistant) として動員して、133 名を六つのブレークアウトルームに分けて監視した。全員、ミュートオフ・ビデオオンにしても、彼らは有線にしていたから落ちなかった。解答は選択式にして直接、ITC-LMS という講義用サイトに入力してもらった。Google Form を使ってもよい。1 分後に採点終了できる。他の科目試験では筆記答案を提出させた。しかし、「AdobeScan を使っても記述式の解答をうまく提出できなかった」という学生が続出した。その結果、1 問につき、解答時間 20 分 + 提出時間 15 分かかり、答案の作成と提出のうち、どちらが期末試験の主要要求機能なのかわからなくなっていた。また、筆者らは、閲覧オンリーのサイトに入って問題文を見てもらい、終了後に問題文をサイトから消去した。カコモンに使われないためである。ちょっとは改善した。

　Zoom だってタダではない。2020 年 9 月に筆者が副会長を務める「NPO 失敗学会」で Zoom のライセンスを買ったが、100 人のミーティングの 1 ライセンスで月 2,000 円だった。また、見積もりだけだが、500 人のミーティングの 100 ライセンスで年 270 万円（1 ライセンスあたり 2,200 円/月）だった。いわゆる、サブスク (subscription、予約購読、月額課金) のビジネスである。Zoom は 2020 年 4 月から教育機関だけディスカウントしてタダで使えたが、8 月から有償になった。東京大学はいったいいくらで契約したのだろうか。

　2021 年 1 月 22 日に B 日程の大学院入試もやったが、これは合格者が若干名なのでオンラインにした。それも、機械工学専攻以外のいくつかの専攻で用いたのだが、"チョークトーク" 付きの口述試験にした。受験者は黒板に答えを書くのと同じように、Web カメラを書画カメラのように使って、試問委員に向かって答えを説明する。受験者に 10 分間も話してもらえれば、審査者は論理的な説明の能力を容易に判定できる。

COLUMN

　新聞を読むと、有名な政治家や評論家、教育者がオンライン講義を批判している。たとえば、「思考を深める授業ができない」「学びの友ができない」「引き籠り型の人格が形成される」「非言語のコミュニケーションがとれなくなる」。いずれもごもっともな仮説であるが、工学の現場ではそのような哲学的なご高説はあまり意味がない。

　夏学期では、スターリングエンジン設計演習（2 章の冒頭で詳説）と加工実習を実行した。後者は例年、対面で工作機械を使って部品を削って組み立てて、バーナーで炙ってエンジンを動かすのだが、2020 年は実施できなかった。実際に動かしてはじめて実感できるという現象は、摩擦、シール漏れ、遊び（ガタ）、ビビり、騒音、熱伝導、緩み、嵌合、直角度、表面粗さ、などである。実感してもらわないと、次の卒業論文の実験設備の設計のときに直観が湧かないのである。その後、2020 年冬学期の登校許容日に、20 人程度は自分たちで加工実習して、エンジンを回せた。回すことまでやらないと、"畳の上の水練"となり設計能力が向上しない。これが筆者らのオンライン教育の唯一の問題点である。6 章でミネルバ大学を紹介したが、それの学寮を工房に置き換えれば、1 クラス 18 名のオンライン講義と対面の設計演習は同じように実現できよう。

2020 年は 10 月が啓蟄になった

　筆者は、10 月になったので、もう自宅での "蟄居謹慎" はやめにしようと決めた。外に出よう。これ以上、完全なオンライン業務を続けると、脳に刺激がはたらかなくなり、ボケ老人になりそうだった。コロナのリスクよりも、ボケのリスクのほうが大きい。冬ごもりの虫が地中から這い出る、3 月初めの節気を「啓蟄」とよぶそうだが、2020 年はそれが 10 月初めになっただけの話である。セミの子のように 4 月から土の中に潜ったままだったが、もう半年間が過ぎた。活動を始めなければ……。

COLUMN

　10 月 4 日に、電気自動車のレース観戦で、筑波サーキットに行った。筆者の「自動車の設計寄付講座」でチームを組んで参戦している。チームパートナーの千葉泰常氏にテスラ モデル 3 を買っていただき、この 4 月からそれを農学部 M1 の地頭所光君が運転し、この日も 1 着でゴールイン。地頭所君はこれまで 2 年連続で年間チャンピオンに輝いていたが、その後の 11 月のレースにも優勝して、2020 年も年間チャンピオンになった。このレースは途中で充電しないので、耐久レースの意味合いが強くなる。

　2019 年に参戦したときのテスラ モデル S は 1,800 万円もしたが、2020 年の後継のモデル 3 は 780 万円と安くなった。安価でも、モータの一つを同期モータに変えたので加速性能がよくなり、冷却も強くなって温度リミッタがかかりにくくなった。耐久レース

向きである。結局、この日のレースもモデル3同士、4台の争いとなった。国産車の日産リーフはもともとモータ出力が小さいのだが、ますます出る幕はなくなった。レースは抜きつ抜かれつの連続で白熱し、しかも地頭所君のモデル3は、充電満タンで表示490（単位不明）のバッテリーレベルが、最終周で10しか残らない中でのデッドヒートだった。ドライバー全員が"ガス欠"寸前のヒヤヒヤの中で、最後の死力を振り絞ってゴールになだれ込んだ。モデル3は運転席前に速度計一つもなく、タブレットのようなパネルが、ハンドルの左脇に付いている。洗濯機を運転しているような感じだった。テスラはフロントとリアにモータが1個ずつあり、ディファレンシャルギアを介して左右の車軸につながっている。ボンネットの中はトランスミッションもないからスカスカである。

　この日、学生がスタート1時間前にボルトの緩みをチェックしていた。すると、ボルト（引張応力1GPa・降伏応力0.9GPaの10.9規格の鋼製）の1本がねじ切れているのを見つけた。このボルトは、サスペンションの上の支え（アルミ）と、ボディ（鉄）とを固定する。4本1組で固定しているから、1本なくても走り切るだろうが、念のため、1人はホームセンタにボルトを買いに走り、もう1人はボルトの残存部分を抜き始めた。テキパキしていて気持ちがよい。

　ボルトはアルミを貫通するめねじにねじ込むのだが、アルミにインサート（鉄製の螺旋バネのような形状の部品で、結果的にめねじの表面をアルミから鉄に変える）が入っていない。高級車のわりにはケチである。ねじの周りのアルミをガスライターで加熱して熱膨張させ、ちぎれたボルトの残存部分を、先の細いペンチで摘まみながら回していた。根気のいる作業である。

　突然、同僚の草加浩平先生がインチねじかもしれないというので、慌ててメートルねじとユニファイねじ（インチねじ）の両方を買うように連絡した。結局はM8のメートルねじだったが……。米国製の自動車だから、とんでもないところにユニファイが使われているかもしれない。10月5日に奥歯のインプラント手術をしたが、骨にねじ込むチタンのボルトはユニファイねじだった。

　地頭所君は回生ブレーキを弱くし、摩擦ブレーキを多用する。回生ブレーキを使うとそのときに電流が流れるので、バッテリーの温度が上昇するらしい。摩擦ブレーキを使うので、時計回りのサーキットでは遠心力がはたらいて左の前輪のタイヤが熱くなる。バッテリー残量の予想やタイヤの異常は、スタンドの同僚がドライバーに無線で知らせる。エンジンならばブレーキパッドを押すときに負圧を使えるが、モータだと負圧ができないので、昨年のモデルSではレース後に足がつりそうと言っていた。でも、モデル3は電動真空ポンプで負圧を作っているのか、ブレーキが軽いらしい。

　スタート直前には、ラジエータに冷却用のドライアイスを詰める。レース中に溶けて重量は軽くなる。また、助手席に水タンクを置いて、シガーソケットから電気をとってポンプを回し、モータを強制冷却する。冷却追加はどこまでがレギュレーションで許されているのかグレーだが、電気自動車のキモはとにかく冷却である。

COLUMN

　10月6日は、半年ぶりに新幹線に乗って京都に行った。1両に座席が100席もあるのに、行きは11人、帰りは21人だけ。JR東海はリニアを作る余裕がなくなるのではないか？　三菱重工工作機械との社会連携講座の中間報告会がこの日の目的である。若い

木崎通先生が、歯車研削機の砥石の砥粒一つが歯車表面を研削していくのを、きちんと実験とシミュレーションで視覚化してくれた。

　実際の歯車に放電加工で細い穴を開け、その中に直径 50 µm 程度の熱電対を埋め込んでおく。砥粒がそこを削ると、熱電対は切削熱によって電圧を発生する。その電圧信号は、加工中は歯車の中に装着したデータロガーに記録されるが、加工後に Wi-Fi で送信する。ちょっとした IoT デバイスである。砥粒の突き出し量は高々数 µm であり、歯車表面をちょっとずつ削って、結果的に 1 µm 程度の加工精度で形状が仕上がる。中国が真似できない優れた超精密加工技術である。でも、テスラのような電気自動車は、パワートランジスタによってモータの回転数とトルクを独立に制御できる。このトランスミッション用の歯車研削技術の将来はどうなっちゃうのだろうか。

COLUMN

　10 月 7 日、デザイナの中川聰先生の事務所に行った。入口には、土から生えた金属製の茎の先が光る "植物モドキ" がユラユラと妖しく揺れていた。根っこがボルタの電池になっていて、LED を光らせているのである。材質の異なる 2 本の金属棒を土の中に刺せばボルタの電池ができて、たとえば、数十 mV の電圧が生じて電池になる。しかし、普通は、十分に大きい電圧ではないので、何の回路も動かせない。そこで、彼のパートナーの旭化成が、電圧を 50 mV から 5 V まで昇圧させる DC-DC コンバータを作り、ちょっとしたセンサ付きの回路を駆動して、測定値を通信できるようにした。DC-DC コンバータは、電流を急激に止めて上昇した電圧を貯める。ちょうど、水力発電所の水流を遮断したとき、水圧が数十気圧上昇するウォーターハンマー効果と同じである。出力 3 µW でも、10 分ごとのデータ送信くらいはできる。さっそく筆者の頭の中は活性化してモレスキンノートに活用例を列記した。

　筆者は、中川先生の芸術的なデザインも素晴らしいと思った。一輪の花のように LED が揺れながら光っているだけで、見ている人を何か不思議な気持ちにさせてしまう。彼は特任教授として筆者の機械工学専攻のアートデザインの講義をご担当いただいたが、デザインの魅力にとりつかれ、それを職業とする学生が数人生まれた。日本の大学も、欧米のようにエンジニアとデザイナがもっと仲よくなるべきである。総合大学の東京大学が、芸術部門だけを谷を挟んで向こうの上野の山に追いやったのはなぜだろうか？　たぶん、芸術は富国強兵の実学ではない、と明治時代の政治家が判断したからだろう。いまこそ多様性の人材を求めるために一緒になるべきである。

このようにして、10 月の啓蟄は始まった。自宅にいるよりも刺激が強く、脳がはたらいた。東京大学において、2020 年 1 月から 10 月 7 日までに PCR 検査で陽性になった教職員は 9 名、学生が 16 名と大学のサイトに出てきた。3 月の卒業旅行で、ヨーロッパに行って感染した学生が多かったそうである。東京大学の教職員数は約 8,000 人、学生は約 27,000 人だから、陽性者は 0.1％ 程度であった。筆者の研究室の 4 年生や大学院生は、もう 8 割がた登校して実験を進めていた。他の研究室には、まだコロナを恐れて実家から東京に上京

できない学生もいたが、筆者は 9 月から「さあ東京に出てこよう」と言い続け
た。強制すると、アカハラ（アカデミックハラスメント）として、いつ炎上し
てもおかしくなかった。でも幸いにも皆出てきてくれた。その後、第 3 波が襲っ
てきて、2021 年 1 月 22 日、東大の感染者は教職員 32 名、学生 78 名と、100
名の大台を超えた。RNA 型のコロナウイルスは 1 年に 24 か所も変異するそ
うだから、さらなる変異で狂暴化する可能性も大きい。2020 年 1 月に中国で
流行した武漢型のウイルスは、変異で棘の部分のアミノ酸が変化して、細胞に
入りやすいヨーロッパ型になって強毒化が進み、2020 年の欧米諸国と日本を
苦しめた。

　2021 年になるとイギリスや南アフリカ、ブラジル、インドで感染率の高い
変異種が次々に生まれた。日本では、2021 年 5 月にイギリス変異株（アルファ
株）が第 4 波として、さらに 7 月にインド変異株（デルタ株）が第 5 波とし
て流行したが、ワクチンとの "いたちごっこ" で収束に向かうはずである。
2021 年 10 月は啓蟄と言わずとも慣れっこで、学生も大学に登校している。

　2021 年 7 月 16 日の東大の感染者は教職員で 69 名、学生で 163 名であった。
感染率は 0.9 ％であるが、東京都の 1.3 ％や、筆者の自宅の松戸市の 0.7 ％と比
べて大差ない。大学も世間並みに自粛している。

オンラインで生じるリスクとその対処法

　図 12.5 に、オンラインの勤務や講義で生じるリスクを列挙してみた。もと
は、4 章の NOTE その 10 の違和感から考え始めた。

　最初に出てくるリスクが、図 (a) の「身体疲労型」のリスクである。腰痛、
肩凝り、体重増が三大リスクである。多くの学生が言っていたが、腰痛と肩凝
りは、ヘッドレストを有する、最安値で 3 万円のゲーミングチェアを買うと、
一気に軽減するそうである。スタンディングテーブルを買って、立ちながら仕
事をする学生も多い。また、眼鏡を変える学生が多いが、画面から出てくるブ
ルーライトで不眠症になったらしい。

　さらに、家族が寝たあとの夜中に会社の仕事を片付ける人が多いが、睡眠時
間も短くなって昼間はボーとなる。筆者は、その挙句に今日が何曜日なのかも

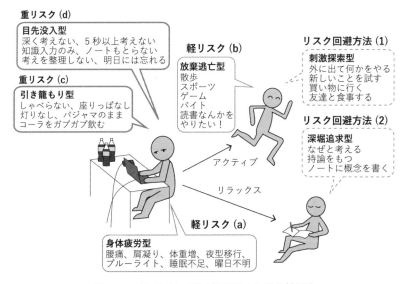

図 12.5　オンラインで生じるリスクとその対処法

わからなくなり、認知症気味になった。こういうときは、食事でリズムをとることが有効になる。食事を定期的に作ってくれる、妻や母を大切にしないとならない。ちなみに筆者は、体重増が最も心配である。2020 年の 3 月から 8 か月間で 2 kg 増加し、さらにそれから 3 か月間で 2 kg 増加した。

　その次に出てくるのが、図（b）の「放棄逃亡型」のリスクである。机に座ってパソコンをオンすると、別のことをやりたくなる。散歩、スポーツ、ゲーム、漫画、バイト、読書、鉄道模型など、やりたいことは無数にあって、逃げ出したくなってオンラインの仕事は進まなくなる。発病したら、「仕事をやりたくないのならば、その日はやらない」というのが一番の治療法である。ところが、東大生のように真面目な人種は決して逃げ出さないから、ストレスが溜まる一方になる。

　この二つの「身体疲労型」と「放棄逃亡型」を "軽リスク" と書いた。なぜならば、ゲーミングチェアのようにお金を出せば解決するし、または、部屋を出てコンビニに行くだけで復活できるからである。一方で "重リスク" もある。機械工学専攻では 2 年生や 3 年生の 3 人ごとにアドバイザリー教員 1 人が付いて定期的に面談しているが、そのときに教員がとくに気を付けて観察しているリスクである。

　最も困ってしまうリスクが、図(c)の「引き籠もり型」のリスクである。一日中、喋らないで、灯りを消して、パジャマのまま、座り放しで、コーラをガブ飲みしている。これを半年間続けたら、本当の引き籠りになる。Zoomを開いて講義は聞いているが、実は、パソコンの脇のスマホでABEMAテレビを見て、Zoom画面の脇の余白でインターネットサーフィンしている。勉強はうわべだけ。このような場合は、悪化する前に実家に戻り、母親に健康的で定期的な食事を作ってもらうのが一番の治療法である。

　次に困るのが、図(d)の「目先没入型」のリスクである。重症になると、深く考えないし、長く考えられない。すべてが反射的。たとえば、5秒以上わからないと思考を止める。YouTubeの動画だって、20秒以上は見られない。新聞やテレビ、インターネットから知識を入力するが、その裏を読み取らない。ノートもとらず、考えを整理することもない。一見、正常そうに見えるが、深く考える訓練をいまのうちに受けていないと、一生、熟考できなくなる。

COLUMN

　筆者は歯車減速機の製図という演習を年に何回か担当しているが、10月22日にそこでも深く考えることを拒否する学生に会った。彼は基本的には優秀であり、「機械設計の寸法は呼び ＋ 公差、40 ± 0.2 のように表す」と教えられれば、そうかと納得して丸暗記する。しかし、彼に「なぜ公差が必要なのか？」「加工で実現できる公差はいくつか？」「軸と穴のはめあいに適する公差はいくつか？」と質問してもダンマリである。±0.001 mm の公差を設定しても、ノギスやマイクロメータでは測れない。こっちもにらんで待っていたら、迷惑そうに「それを教えるのが教師だろう？」と反論された。筆者はムカッとしてキレる寸前になった。彼こそ目先没入型人間である。ルールと応用をセットにして覚えないと、公差なんてすぐに忘れる概念である。脳に入力して暗記するだけでは、学習にならない。

　といいながら、筆者も少しだけこのリスクに侵されている。1日にメールが200通くると、今日来た分はせっせと2時間かけて返事し続ける。でも、返事が面倒だとスターを付けて後回しにするが、その後回しにしたことさえ忘れてしまうのである。深く考えるのが、億劫なのである。これでは、自分の前だけをライトで照らして暴走する自動車のようである。その前後は"漆黒の暗闇"と言うような感じ。毎日、Zoomの会議が平均して5回ある。でも毎回、いよいよZoomの開始時刻になってから、ブラウザ経由で入るためのURLを探し始める。しかし、どのメールに書いてあったのか、すっかり忘れている。中には2週間前に早々と知らせてくる丁寧な御仁もいるが、こちらにとってはそのメール探しが大変になるので迷惑きわまりない。カレンダに入力しておけばよいが、それも面倒。その後、秘書さんが講義と会社面談のURLを、当日の朝にメールしてくれるようになって、非常に楽になった。

　次に、これらの重リスクを回避する方法を考えてみる。一つは、図(e)の「刺

激探索型」の活動である。とにかく、外に出て何かをやってみる。新しいこと
を試すことができれば、さらによい。買い物に行くとか友達と食事すれば、楽
しくて脳が活性化する。たとえば、朝5時に起きて散歩すれば、誰にも会わず
にコンビニに行けて、フレッシュな朝食が買える。夕方には、暇そうな妻か子
供を誘って、公園まで散歩して喫茶店でお茶をする。

　もう一つは、図 (f) の「深掘追求型」の活動である。なぜと考えることが大
事である。上述の10月6日はガラガラの新幹線の中で、モレスキンノートを
片手に長く考えた。もし、英単語のスペルや、過去の重大事件の発生日を忘れ
てもグーグルで簡単に取得できるが、「なぜ？」の答えは普通、出てこない。「な
ぜビールにホップを入れるのか？」「なぜ竹輪とワサビ漬けが合うのか？」は
まだしも、「何が善か？」「自分は何者か？」のような精神性 (spirituality) は
ちょっとやそっとのことで答えは出ない。仕方がないから、自分で考え始め、
自然と思考が深くなる。モレスキンノートに思考結果を書き、持論まで昇華で
きたら、その作業自身が合脳的（アドレナリンが出て脳が喜ぶ）である。

　10月8日、9時から19時まで10時間連続でオンラインで仕事をした。コ
マツとの社会連携講座の中間発表会で、筆者は研究結果を聞いてコメントを言
う係だったから、逃げることもできない。でもモレスキンノートにメモをとり
ながら聞いて、質疑応答用の質問も同時に考える。この質問作りは積極的で能
動的な思考であり、脳にはよかった。普段はもっと受け身である。先週は、
Zoom で教室会議を聞きながら、農業機械のコンバインのプラモデルを作った。
クボタと社会連携講座をやっているから、農業機械を知ろうと思って作り始め
た。ミュートでビデオオフならば、手元で何でも内職できる。リスク回避の対
策方法は何でもよい。自分で解決方法を見出して、自滅だけは避けよう。

オンライン業務で心地良くなる人種も中には存在する

　2020年6月に、機械設計の講義で学部3年生の性格診断テストを行った。
筆者は、「学生の全員が、オンライン講義ばかりで精神的に参っている」と信
じていた。ところが、ストレスや劣等感による精神不安リスクは、オンライン
講義の今年と、対面講義の昨年とで有意差はなかった。しかし、性格ごとに結

果をよく見ると、内向的で対人作業が嫌いな学生は精神が安定するほうに変化し、外向的で対人作業が好きな学生は精神が逆に不安定のほうに振れた。前者の内向者の精神安定化が、後者の外向者の精神不安定化を相殺し、違いが出なかったのである。しかし、前者のような「オンライン時代に適した人種」が存在するとは思ってもみなかった。環境適応種であり、コロナが長引けば長引くほど繁栄する。

　筆者は、後者のコロナによって精神が不安定になる人種、つまり外向的な絶滅危惧種である。つまらないから毎日妻と散歩し、鉄道模型で遊び、積んであった本を読み耽った。しかし、学生は遊ぶ時間もない。毎日がオンライン講義で朝 8 時半から夕方 18 時半まで、ぶっ続けに座学しなければならない。でも、この長時間勉強は、高校生のときの受験勉強と大して変わらないし、東大に合格するような "受験戦争の勝者" には慣れっこの作業なのである。だから、オンライン講義のあとでも、次のような肯定的な感想が多くの学生から出てくる。たとえば、「知識を学ぶと落ち着く」「1 人でクイズを解くのは楽しい」「他人と討論して互いに傷付く悲劇は避けられる」などである。

　このような若者には、オンライン講義は天国なのである。ザッと言って、学生全体の 3 割がそうではないだろうか。言い換えれば、この 3 割こそが、前述の前者のグループ、つまりコロナによって精神が安定化する内向的な環境適応種である。これは、コロナ禍でも種の保存に適しているが、同時に 12 章までに前述した難燃性・目先没入型・リスク不感症でもあるので、何かを創造するという行為には適さない。まず、高い確率で卒論研究や就職活動でつまずく。

COLUMN

　4 章の NOTE その 10 でも述べたが、20 歳くらいの若者は、人生の「脱皮」「変態」の時期を迎え、蛹から蝶に変わる。高校生の頃は、大学入試という目的が目の前にあったから、受験勉強にも耐えられた。ひたすら過去の問題を解いて、一意的な正答を得るプロセスを習得すればよかった。しかし、大学に入ったあとは、作戦をガラリと変えなければならない。次の目的の就職試験では、試験官が専門知識の分量や、受講した講義の優の数を問うていないのである。そうではなくて、「今後の自社の発展のために、君はどのように役に立つのか?」を問うている。ここで運動部員のように「ハイッ、死ぬ気になって頑張ります」と答えたら不合格である。そうではなく、人の話を聞いて適切に対応できるので営業で役に立つとか、現象を物理的に説明できるので設計で役に立つとか、自分を売り込めれば合格である。入社後も基本的に同じである。死ぬ気になって頑張りすぎると、本当に死んでしまうことになりかねない。自分で自分の長所を探してみよう。

　企業の採用担当者は、就職面接時、お決まりの自己紹介や自社説明のあとに、「最後に

何か疑問点はありますか？」と必ず聞いてくる。この時に気の利いた質問をした人は合格で、そうでない人は不合格である。手練れの採用担当者によると、大体、その質問の中身で、候補者がどの程度、深く考えられるかが定量的にわかるそうである。

　普通の採用担当者が期待するような、お決まりの想定質問はガイドブックに載っている。一方で、期待以上のキラーの想定質問はどこにも載っていない。たとえば、候補者が「米国でヒットした商品を、もし中国で売り出したら同じように売れますか？」と切り返したら、20世紀では生意気だと言って不合格になった。しかし、21世紀では、担当役員が「君ならば中国向けをどのように設計しますか？」と反論し、その後、議論に至ったらトップ合格になる。そのお稽古として、講義や講演の後に教員や講師に質問してみるとよい。状況に応じて適切な質問というものが変わってくるから、結構、難しい。入社後もこれまた基本的に同じである。担当役員に会うチャンスなんて滅多にない。このときに気の利いた質問をすると、名前を憶えてもらえる。

　総じて言えば、もはや、20世紀型の「よい大学に入ったら、よい会社に入って、終身雇用制度のもと、ヒラ、課長、部長と出世する」という人生が送れなくなった。つまり、よい会社に入るためには、オールＡで首席卒業してもダメなのである。21世紀になったら、「自分で問題や仮説を設定し、持論を仲間に納得してもらい、一緒にそれを実現する」能力が問われるのである。せっかく入力した専門知識は、その後の人生に対して無駄にはならないが、出世に直結しなくなった。こうなると、パーフェクト主義や満点主義はよくない。オールＡの成績よりも、1篇の学術論文の発表のほうに価値がある。果たして正答が存在するのかわからないような設計や研究に、失敗だらけでも挑戦し続けた、という証拠である。本来、大学は知識入力工場ではなく、知識出力工場になるべきである。学生にとってその出力の最たるものが、「君が一生続けても楽しくて、飽きそうもない仕事は何か」の答えである。エンジニアと答えてくれたら、筆者はうれしい。

毎日がデジタルとの格闘で疲れる

　デジタル化に対する戦いは、毎日続いている。そしてトラブルが起こるたびに「バカバカしい」と文句を言いながら仕事をしている。それでもこらえて逃げ出さずに、「ICT活用の失敗学」を実践しながら生きている。4章で紹介したアイデアノートを繰りながら、ICTに関する日々の違和感を記してみよう。あとで考えてみれば、これらはデジタル化という技術に対してというよりも、次章で述べるDXというデジタル化の要求機能に対して腹を立てて気うつになっていた。一方で、繰り返して述べるが、「デジタル化との闘い」と言いながら負けても実損がほとんど出ていなかった。つまりデジタル化は、国民の生命・財産のうち、精神をむしばんで生命を奪うが、財産には手を出さないのである。

COLUMN

　2020 年 6 月 1 日、1 回目の緊急事態宣言後に初めて大学に登校した。この日は秘書さんと、就職する約 100 名の学生のために学科（専攻）推薦状を作った。Word に学生と企業の名前を入れて、プリントアウトし、それぞれに真っ赤の学科の角印を捺印後、スキャナーで PDF に直して採用担当者に送った。ハンコに何の意味があるのか？　半年後の 11 月 26 日、2020 年初めての有給休暇だった。2020 年から労働基準法が改正され、年 5 日有休休暇を取得しないと雇用主が 1 人あたり 30 万円の罰金を課されるらしい。この日の朝、事務方に「今日、有給休暇をとりたい」とメールしたら、「ではハンコをご持参のうえ、休暇届に捺印ください」と返信された。いつもは代わりに捺印してくれた秘書さんもオンラインなので、筆者が登校せざるをえなかった。これも同じく、ハンコの意味がわからない。その後も、2 週間に 1 回は自署と押印で腹を立てることになる。

　9 月 30 日、13 時半から次期総長の「意向選挙」があった。午後は休講と 5 日前に通達されたが、筆者はその前に日本通信の福田尚久社長（元アップルの副社長）に｜産業総論」の講義を依頼していた。困ったので裏ワザを使う。講義を「自主セミナー」に変えて、希望学生だけに聴講してもらった。講義ではないから事務方も文句は言えない。講義は学生に非常に好評だった。スティーブ・ジョブズとアップルストアを作った、というくだりをまるで神の話のごとく感動して聞いていた。今年の意向選挙は、オンラインで第二次候補者 3 人の中から 1 人を選んでポチッと押すだけである。5 秒間で終わるのに、午後を休講にする理由がわからない。たぶん、「例年どおりに」が理由だろう。対面だと全学から投票用紙を集めるので、1 回の投票に 1 時間はかかる。ところが同日、16 時頃。講義は 15 時に終わったが、まだ意向選挙が始まっていなかった。選挙方法を説明する Zoom 自体が文系で動かなかったらしい。約 2,400 名の選挙人の教授が一斉にアクセスしてパンクしたらしい。天下の東大が情けない。

　10 月 1 日。オンラインの研究室スタッフミーティングの定期開催の曜日を変えることにした。ところが Zoom の実行画面から曜日変更できない。そこで皆にヘルプを出したら、若い先生が Zoom はバージョンアップしたので、HP から入れと教えてくれた。いつの間にか、勝手にバージョンアップしていた。悩むだけ損した。そういえば、Microsoft Edge も勝手にバージョンアップされたらしく、どういうわけか開かなくなり、Google Chrome に変えた。LINE もそうで、背景色が勝手に渋い緑色から明るい草萌色に変わっていた。果てはテスラ モデル 3 も、バージョンアップで、勝手に制御プログラムが変わった。いわゆる OTA（Over the Air）である。5 月のレーススタート時に、隣のチームは「Drive でブレーキを踏んでいる状態を 20 秒続けると、自動的に Parking にシフトする」というバージョンアップに気付かず、見事に出遅れた。あれやこれやで、「私の生活を勝手にバージョンアップするな！」と吠えたい。

　10 月 20 日、夜に機械系の教員のオンライン宴会があった。父さんが飲んでいると、子供たちも周りに寄ってきてつまみを食べる。Zoom に貼り付けた背景の中から、"水子霊" のように子供の顔がニョキッと浮かび上がった。いまは職場の運動会やハイキングもないから、同僚の子供の顔なんて見る機会もない。宴会の 3 時間前に、クール宅急便が、おつまみセットとお茶漬けと 3 種類の缶ビールを届けてくれた。締めて 3,500 円であるが、皆で同じものを食べて「これはうまいね」と言い合うと、共感がつながったような気がした。

　11 月 14 日、論文博士の本審査日を遅くせよ、と事務方からクレームが付いた。内規によると、製本論文の提出後、（熟読期間の）1 か月を経てから本審査を始めなければならない。しかし、いまどきお金がかかる製本は本審査後の完成品で発注している。候補者は Dropbox（コンテンツを収容できるワークスペースソフト）に論文を入れて審査してもらう。だから、熟読期間は Dropbox 入力後 1 か月にすべきなのである。製本作業がないから前倒しされる。内規をいいかげんに改正しろよなあ。

　毎日、気まぐれのデジタルに振り回されて、気が狂いそうである。まったく時間の無駄。前述の「叩き大工」と同じ。本質的ではない調整作業を、左右交互にトントンと繰り返しているだけである。家を建てるという要求機能とはまったく別。学生もこのような体験を日々、繰り返しているのだろう。若い分だけこらえ性があるので、ルーティンワークのデジタル化に耐えて、その時のトラブルを乗り越えることができる。トラブルは、対面のアナログ作業をオンラインのデジタル作業に変換するときに起こっている。「いったい、それで何がよくなるのか？」という要求機能の改善効果を常に考えて、デジタル化を決断すべきである。さもないと、デジタル化に変換する準備作業だけで、身体は摩滅する。

COLUMN
　筆者は多くの先生に「どうやってデジタル社会に対峙しているのか」を聞いて回っている。なるほどと思う方法の一つは、1 台目のパソコンをメールや Zoom、Slack のような頭を使わない作業用にして、2 台目のパソコンを論文や資料の作成のような頭を使う作業用にすることである。どっちかのパソコンに顔を向けたら、それに合うように頭の回路を繋ぎ変える。
　以前、立花隆先生の仕事場を見学させてもらった。有名な猫ビル（4 階建てのビルの一面に猫が描かれている）だけでなく、文京区内のあちこちに出版社が用意したオフィスが点在していた。彼は、オフィスごとに思考対象を変えて、必要な参考文献を天井まで積み上げていた。つまり、このオフィスに座ったら科学を、あちらならがんを、そちらなら政治を、というように頭の回路を繋ぎ変えていた。さすが知の巨人である。
　筆者の教授室の隣部屋に居る杉田直彦教授は、パソコンを 3 台並べてインターネットにつないでいる。それらを駆使すれば、三つの会議を同時聴講しながら、名指しで質問されたら適切に答えるという「聖徳太子」を演じられる。彼のような人は、会議がなくても常に「ながら」作業が可能であり、たとえば、1 台目で教務課からのメールに返事しながら、すぐに 2 台目に戻って学生の論文を査読し、3 台目を横目使いしながら将棋対局中継を楽しんでいる。3 分割した脳が、タイムシェアリングしているのかもしれない。
　これからは、オンライン用の部屋付きマンションが売り出されるはずである。その部屋は、懺悔室のような小屋で、畳 2 畳もあればよい。同僚の笠原直人教授はマンションのベランダに鉢植えの木と小さなテーブルとイスを並べて、春夏秋はオンラインしていた。彼の顔の後ろは森と空で、Zoom の相手も彼と話すと気持ちがよい。背景は本物がよい！

ウソの海岸やウソの星空では、笑顔と釣り合わない。

オフィスからは 1 人用の机が不要になり、売れなくなったそうである。週に半分はオンライン勤務になるから、指定席は必要でなくなる。毎日のように、本社を移転しました、というメールが届く。オフィスを半分の面積にして、費用を半減させたのだろう。部課長の席は窓際にあったが、それこそ不要である。適当に 6 人掛けの丸テーブルを用意して、その周りに課長も部下も順不同で座ってパソコンを開き、オンライン勤務の人と一緒に仕事を進めればよい。

COLUMN

筆者は 2021 年 6 月 14 日から 18 日まで、一丁前にデジタルがないことの苦しみを味わった。大腸憩室炎で新松戸中央総合病院に入院したのである。しかし、5 人部屋には Wi-Fi がなく、パソコンを持ち込んだのに仕事ができなかった。

その前まで胃の下のあたりが痛かった。13 日にかかりつけ医に行ったら話を聞くだけで逆流性胃炎と診断された。しかし、次の日はだるくなり、オンラインで Zoom を見ているのもつらくなった。熱を測ると 38.1℃ になっていた。これはコロナだ、とかかりつけ医に電話すると、発熱外来に行けと素っ気ない。そこで、上述の病院の裏手にある、倉庫のような部屋の発熱外来に行った。胃が痛いと言ったら、完全防備の女医に触診された。右腹の盲腸のあたりを押されたら、飛びあがるほど痛かった。X 線 CT を撮ると、肺は正常だが、大腸がまっ白だった。何でも糞石が大腸のひだの凹にはまって、回りが炎症を起こしたそうである。抗生物質を点滴するために入院となった。人生最初の入院である。ちょっとワクワクした。

しかし、実際は苦痛だった。コロナ下なので面会謝絶だし、Wi-Fi がない。三分粥では腹が減る。同室の人は 80 歳以上の爺やばかりで話が通じない。点滴スタンドを押して売店に行っても、雑誌しかない。テレビも BS が映らない。吉幾三の『俺ら東京さ行ぐだ』の歌詞のような、テレビもラジオもない青森県の病院にいた感じだった。いつの間にかデジタル嫌いの筆者も、デジタルなしで暮らせなくなったみたいである。ただ一つよかったことは、体重が 4 kg 減ったことだけ。もう入院はノーサンキューである。

第 13 章

失敗学の伝道師は電子の神の夢を見るか？

—— DX や AI を使って失敗学は変態する

いま流行りの DX って何だ？

2020 年 11 月頃、日本経済新聞を端から端まで眺めると、DX (Digital Transformation) という言葉があちこちに書いてあることに気付いた。DX はいまの流行語である。首相が 2020 年 9 月に安部さんから菅さんに変わって、菅内閣は平井デジタル相を任命した。1 年後にデジタル庁を設置するそうだ。その結果、「IT」という言葉に代わって、「デジタル」という言葉が新聞で踊るようになった。いまは、4 月頃の筆者のように、DX を Deluxe の略語だと思うマヌケもいなくなった。もっとも、DX の X が、なぜ変形、変容、変態、変換の意味の Transformation の略になるのか、を説明できる人も少ない。スマホで調べると、Trans は Cross と同じ意味で、かつ Cross は X と略されるから、とあった。ギリシャ語の Christ や Cross は冒頭の 1 文字が X になるから、X と略するらしい。確かに米国では、クリスマスを Xmas、交差点を Xing、と書いてあった。ついでに GX も流行語である。意味はカーボンニュートラルと同じで、G はグリーンである。

さらに、DX は意味がわかりにくい。グーグルによれば、「発展するデジタル技術で人々の生活をよいものへと変革すること」である。しかし、多くの人は DX の D に引っ張られて、「そうか、AI や IoT、DB、Web のことか」と短絡思考する。これらは単なる「デジタル技術」「デジタル化」であり、how to make の設計解である。そうではなく、DX の X に注目すべきである。つ

まり、「デジタルでいったい、何を変革するのか？」に考えの焦点を合わせ、
what to do の要求機能を設定すべきである。

　12章の最後の項で述べた筆者のデジタル化の受難は、すべて DX という要
求機能が達成されないという受難であった。デジタル化はアナログの仕事の読
み替えに過ぎず、要求機能は変化していない。要求機能が変わらないので、質
的に生産効率が向上しているわけではない。だから腹が立つのである。

COLUMN

　前章でも紹介したが、テレワークになると、ハンコが鬱陶しい。いちいち、書類をデジ
タル、アナログ、デジタルと変換しなければならない。ハンコの印影のデジタル化がまず
やりたくなる。たとえば、花押のような QR コードをワードの PDF に貼り付けて返送す
る。QR コードをスマホで読み込めば、本人の情報が出力される。しかし、QR コードの
模様をコピーするのは簡単だから、悪意があればどこにでも押されてしまう。もっとも、
三文判のハンコだって誰でも買えてどこにでも押せるから、デジタル化しても同じリスク
がつきまとっている。

　DX でやるべきことは、「改竄していない」「内容を宣誓する」「本人を照合する」とい
うハンコの要求機能の実現である。たとえば、「本人を照合する」ために、役所の受付係
の人が Zoom でマイナンバーカードや免許書で本人確認し、申請書を書式検査したとき
の映像を記録し、その記録サイトのアドレスを書類に貼り付けておけばよい。後で確認し
たければ、そのアドレスをクリックして出てきた映像で確認する。受付係をアバター（分
身）にして登場させれば、24 時間 365 日の対応が可能になる。

　また、「改竄していない」と「本人を照合する」のために、たとえばブロックチェーン
が使える。新たに申請された書類の中に、それ以前に申請された書類の情報を入れれば、
一つを改竄するために全部の書類を改竄せねばならなくなり、事実上、改竄は不可能にな
る。また、申請者本人を照合するだけならば、ハンコや自署を「暗号」に変えればよい。
書類に貼り付ける暗号は、自分のパスワード（書類の内容でもよい）をハッシュ関数で計
算した値にする。ハッシュ関数とはどんな関数か誰も知らないが（割り算の余りを算出す
るらしい）、不思議なことにどのパソコンにも計算アプリが付いていて、暗号を出してく
れるものである。当然、逆関数もわからないから、もとのパスワードは本人しか知りよう
もない。照合するときは、本人にもう 1 回、パスワードから暗号を作ってもらい、申請書
の暗号と同じであることを確認すればよい。もっとも、これもクレジットカードの暗証番
号を聞き出すのと同じように、デジタル化後でも役人になりすました悪人が詐欺メールを
出せば、ボケ老人からパスワードを聞き出すこともできよう。オレオレ詐欺と同じである。
残存リスクは、デジタル化以前と同じように、ある程度は残っている。

COLUMN

　ちなみに、ハッシュ関数を使ったギャンブルもあり、いま、盛んである。たとえば、指
定された暗号を生み出すパスワードを探し当てた人に、新規発行のビットコインがプレゼ
ントされる。逆関数が不明だから、探し当てることは宝くじを当てるくらい難しい。そう
いう人をマイナー（miner、採掘者）とよぶそうである。仮想通貨を公平に流通させるた

めに、このマイニングによる餌で不特定多数の人を参加させようとしたらしい。筆者もまったくこの世界を知らなかったが、研究室を卒業した学生がどこにも就職せずに友人とこの鉱業に挑戦し、2019 年に 2 回くらい暗号を解き、1 億円相当を稼いでいた。もらえるのはビットコインだが、円にもその時の為替レートで換金できる。仕組みがさっぱりわからなくていろいろな本を読んだが、『現代経済学の直観的方法』（長沼伸一郎著、講談社、2020）が最もわかりやすかった。

実際の DX はどのようなものか

　2020 年 10 月 22 日、うちの"支社長"の染谷先生に、「研究科の DX を進めたいから共同研究先をあたってほしい」と頼まれた。どの企業も DX には興味を示すが、さりとて 1 億円の共同研究費をポンと出すような奇特な法人はなかなかいない。DX 自体は、研究科の若い先生たちがいくつかの研究を盛んにやり始めていた。その依頼をきっかけに、遅ればせながら筆者も「DX って何だ？」を考え始め、図 13.1 にまとめた。

要求機能　→　設計解
what to do　→　how to make

多くの人はデジタル化と DX を勘違いする

いまのところ夢

	要求機能	設計解	
	DX：仕組みを変える CXも含む	単なるデジタル化	夢のデジタル化
企業	事務の無人化・外注化 情報の民主化・共有化 組織のフラット化 リーダへの情報集中	FAX からメール・DB 共有へ ハンコの電子化 テレワーク・テレビ会議 RPA、データレイク タブレットを使った直接提案	事業所の撤廃 （残るのは人間との インタラクションだけ） 業務ごとにグローバル化
生産現場	カスタマー化の促進 多品種少量生産・ 一品生産の実現 リスク・チャンス警報 試作の強化	IoT、AI 最適化、3D プリンタ メタマテリアル タブレット携帯メンテナンス	デジタルツイン （デジタル情報で 直前のリアルを予想）
大学	入学ユルユル卒業タイヘン 研究室・ゼミの強化 組織の壁の撤去 （オープン講義・ チーム研究）	パソコン、ルータ貸与 オンライン講義・入試 オンライン演習・討議 ○○インフォマティックス	ミラーワールド （半数現実、半数 VR） アバター（分身）による 実験

図 13.1　DX の設計

　図の左から右へ、思考展開図のように要求機能から設計解へと並べた。要求機能が「DX」、設計解が「デジタル化」である。デジタル化も『コロナに対抗する ICT』（坂村健著、東京大学出版会、2020）によると、「単なるデジタル化」と「夢のデジタル化」があるらしい。「夢のデジタル化」は、いまのところ実現不能のドラえもんの「どこでもドア」のような設計解である。これに引きずられると、DX の実現が遠い未来になってしまう。

　上述したように、「DXって何だ？」と聞くと、多くの人が、まず「単なるデジタル化」を答える。でも、それは設計解にすぎない。社長が求めるのは「会社が変わるのか？」「儲けが出るのか？」「新商品が出るのか？」であり、それらは要求機能の DX のほうである。

COLUMN

　工学の学術論文を書くのならば、「単なるデジタル化」ではなく、「夢のデジタル化」に取り組みたい。新規性と進歩性に溢れ、論文も特許も書ける。図に示すように、デジタル化すれば、従業員が事務所や工場に集まって働かなくてもよくなる。従業員の頭の中の設計図や契約書が、デジタル情報としてあっちこっちを勝手に回って、お金を儲ける。つい最近、この「夢のデジタル化」に対して、工学系研究科の中で年 1 億円の予算で社会連携講座が立ち上がった。現実と VR が半々ずつのいわゆるデジタルツインであり、デジタルのほうが現実より先回りして動いているから、不具合も事前にわかってしまう。ミラーワールドも同じように、"ゆめうつつ" が半々の世界である。夢の世界では、自分のアバター（分身）が時空を超えて登場する。まるで SF 映画の世界である。デジタルツインを実際に研究してみると、長男の現実ワールドよりも、次男の仮想ワールドのほうが大活躍している。仮想ワールドの国民は、モノを作ったような気になるが、結局、絵に描いた餅にすぎない……。まずは現実の物理を研究すべきである。現実ワールドが間違っていたら、モデル化した仮想ワールドも当然間違ったものになる。

　一方で、筆者の社会連携講座は、現実の生産現場の課題に取り組んで夢よりも実現のほうに精力を傾ける。しかし、夢の世界がない分、予算も半値に値切られる。前研究科長の大久保達也教授に「これ（夢のデジタル化）は上空から俯瞰的に見たテーマで（視野が広く）、あれ（筆者の生産技術）は地上で現場的に見たテーマである（目先しか見ていない）」と揶揄された。それ以来、筆者は同僚に、陸軍の曹長かゲリラの兵士のように見られている。やることが泥臭いって。

　図 13.1 の横欄に、「企業」「生産現場」「大学」と、筆者の身近な組織を三つ並べた。

　「企業」の「単なるデジタル化」は、まず、FAX からメールや DB 共有への変換、電子ハンコの採用、テレワークやテレビ会議の適用、RPA（ロボティック・プロセス・オートメーション、事務の反復作業の自動化）やデータレイク

（データの湖、構造化された DB を多方面から種々のアプリで使える）、タブレットを使ったリーダへ直接提案、などがあげられるが、とりあえず、どこの企業でも盛んに進められている。

　次に、それらの要求機能、つまり「何のためにやるのか？」を見てみよう。そのザッと 8 割は「事務を省力化・外注化する」である。これまで中小企業はデジタル化に取り組んでいなかったから、いま、"宝の山" を発掘中である。でもこの波は数年後に終わる。現在、"熟練パソコンオタク" はどこの職場でも引っ張りだこであるが、彼を真似すれば、海外の低賃金の労働者でも、その国からオンラインで同じレベルの仕事ができるようになる。たぶん 5 年後には、企業の事務屋の仕事の大半、たとえば保険、年金、出張費、税金、帳簿付け、出退勤管理、労災、特許などの仕事は海外で処理されて、全部が無人化もしくは外注化されるだろう。終いには、その日本人の熟練パソコンオタクでさえも御用済みで解雇され、失業する。

　また、要求機能の残りの 2 割は「情報を民主化する」である。図 6.1 で述べたように、組織の下々は、タブレットやスマホを使って、次々に生情報をリーダに上げ、または、下々の全員で生情報を共有する。下々は、ヨーロッパの中世の重騎兵のように強くなり、甲冑を着ていない民衆が 100 人攻め込んできても、1 人で鎮圧できる。一方で、リーダには下々からの膨大な情報が集中し、それらを瞬間的に判断しないとならないから、10 人の訴えを同時並行処理できるような "聖徳太子" 然としたスーパーマンが必要になる。こうなると、年功序列で昇任させるのでなく、マネジメントのプロをジョブ型採用しないと候補が見つからなくなる。当然のことながら、中間管理職は不要になってヒラに格下げになる。スーパーマンに統率された重騎兵軍団は、定期異動のサラリーマン的な侍大将に率いられた長槍の足軽部隊に比べて、10 倍の強さを実現するだろう。日本企業と日本人にとって、この超人化は好ましい方向である。

　「生産現場」でも「単なるデジタル化」は進む。流行りの IoT、AI、最適化、3D プリンタ、メタマテリアル、タブレット携帯のメンテナンス作業、などは放っておいても自然と展開される。しかし、それらが実現しても、生産性が著しく向上するか、または省力化を大幅に進めるかしないと、何にもならない。多くの場合、要求機能は「個々の顧客を喜ばすような多品種少量生産や一品生産を促進したい」である。将来の日本には、大量生産の注文は入ってこない。顧客ひとりひとりに適した、クールで魅力的な商品を作るしかない。でも形や

色、機能、オプションなどが1個ずつ異なるのに、先行試作品さえコスト高になっては商売にならない。だからこそ、先回りして問題点を予想してくれるデジタル化が不可欠になる。セラミック歯や補聴器が先行例である。昔はピンク色のアルジネートで型をとっていたが、今は3Dスキャナでデジタル形状を求め、3DプリンタやNCマシンで詰め物を試作する。

COLUMN

　このように、企業の全工程でデジタル化が急激に進めば進むほど、逆にデジタル化が進まない工程が愛おしくなってくる。そのデジタル化困難工程の一つが試作や創造である。

　2020年11月4日の産業総論の講義では、ロビやロボホンを作ったロボットクリエータの高橋智隆先生に講義してもらった。クリエータと自称するくらいだから、本当に何でも自分で作る。そして「作り手にノウハウが蓄積し、新発明が降臨する」と言っていた。彼は前世紀風の作り方を好んでおり、ロボットの外形を作るときも、まず、木型を彫刻のように削り、プラスチック板を加熱して柔らかくして木型にかぶせ、次にビニール袋をプラスチック板と木型の上から被せて掃除機で空気を吸引しながら、プラスチック板を木型に這わせて造形する。いわゆる真空成型である。CFRP製の風力発電所の風車やヘリコプターの翼は、この方法で作られている。高橋先生は図面やデッサンを一切描かない。電気回路やソフトウェアも同じで、感覚的に作る。できてしまえば、それをコピーして安く大量生産する技術は中国にあるので、そこに発注する。

　最後に「大学」のデジタル化。筆者の機械工学専攻では、2章で前述したように最新のパソコンとルータを学部生に貸与していたので、オンラインの講義や演習が非常にやりやすかった。もし皆がバラバラの規格のパソコンを使っていたら、アプリと相性が合わず、教員は個々のトラブルシューティングで手間取り、前に進めなくなっていただろう。また、オンライン入試は、前述のように、事前では危惧していたのにあっさりと成功してしまった。若手の教員だけでなく、受験生の若者もデジタル化の適応能力が優れていたからである。つまり、この1年間で単なるデジタル化は飛躍的に進んだ。

　一方で、要求機能のDXはどうだったか。分析したが、丸きり進んでいない。たとえば、前章で述べたように、確かに大学院入試はオンラインで乗り切ったが、そもそもこのような大学院入試が必要だったのかという疑問が残る。大学院入試を改革しようという議論が4月に盛り上がったが、急に慌てて軽々に大改革するのも何だから、と思ったからか5月には沈静化した。その結果、今年は試験科目や問題の傾向、合格者の選別方法などを一切変えずに、対面をオンラインに変えることだけに集中することになった。これは、DXではない。

　2021 年 8 月 30 日に、コロナ禍での 2 度目の大学院入試を行った。方法は対面で、2 年前のコロナ以前に 100%戻った。1 年前に変えたのは設計解だけで、要求機能は 100%据え置きだったから、戻すのも簡単だった。1877 年の工部大学校以来の伝統の力は、コロナ禍でもビクともしなかった。でも本当にそれでよいのか？　世界中から優秀な学生を集めて、世界一流の大学になれるのか？

COLUMN

　最近の 20 年間、工学系に関して言えば、95%の学部学生が大学院に進学するほど、学部と大学院は教育・研究の両方で、シームレスにつながった。しかも大学院合格者の 8 割は内部生なので、学部授業の成績と大学院入試の成績には正の相関がある。つまり、数学・英語・専門科目と豪華メニューの大学院試験をやらずとも、学部のときの各講義の成績と、卒業論文の試問評価をチェックすれば、優秀な学生は選別できるのである。外部生も同様である。面倒な筆記試験をやらずとも、口述試験でいくつかの典型的な問題を黒板の前でチョークトークしながら解かせれば、合格か不合格かくらいは、1 人 30 分間の面接時間内で決められる。

　それなのに豪華メニューの試験を行い、1,500 点満点を 1 点の最小分解能で採点して、合格者の順位をズラッと付けるのはなぜか？　それは、成績順に学生が指導教員を指名することで、研究室配属を学生全員が納得できる形で決めたいからである。逆に、教員が指導学生を選ぶと、教員が依怙贔屓した、内部生が賄賂を贈った、とかのクレームが必ず付く。また、ある教員に 1 人も希望者がいないと研究が進まないので、下位の合格者は強制的に不人気研究室に配属される。これも成績順位に配属すれば、不人気研究室に配属されても「成績が下位だったから仕方がない」と納得してもらえる。つまり、大学院入試の要求機能は「学生が成績順に指導教員を指名できる」であった。人間には好き嫌いが必ずあるので、どの先生に指導してもらうかは、学生にとって死活問題である。企業でも新人の配属決定では似たような問題を起こしている。新人は入社よりも、どの仕事か、誰が上司か、のほうに重きを置く。

　学生の創造性は、興味を引く研究室に配属され、ワクワクしながら研究内容を自分で考えることで醸成される。修士論文の創造性は、座学の授業の成績とあまり相関はないが、体験型の創造設計演習の成績と正の相関がある。だから、創造設計演習を通して、とびきり元気なうえに創造性豊かで、座学の成績も程々に優秀な学生を選抜し、その学生に研究費を特別に支給すれば、必ず論文数は増えて、ノーベル賞級の逸材が生まれてくる。筆者の経験によると、このようなとびきりの優秀者は全体の 1 割いて（前述した自燃性学生）、さらに、研究内容と好みが一致してやる気が出れば化けそうな準優秀者が 6 割いる（可燃性）。巨人軍やヤンキースのように世界中から優秀な若者を選んで"鉢植え"（教員採用）するのでなく、広島カープやアスレチックスのように自前の 2 軍から鍛えて育てることが大事である。

　筆者は、研究大好きの自燃性学生を選び出したら、学部 1 年生から研究室配属させて、24 歳には 3 年前倒しで博士を与えてもいいと考える。このように提案すると、落ちこぼ

れ組を捨てるのか、それでも教育者かと非難されるが、いままでが平等すぎた。飛び級は人生の勝ち負けを決めるものではない。人生は上下に分けられるものではなく、同一平面内の違う道を選ぶことに等しい。2021 年 6 月 21 日の朝日新聞の論座に、この "促成栽培" の提案が掲載された。ビジネス誌への掲載は反響も大きく、天才優遇の教育には賛意も多かった。一方で、世の中には落ちこぼれ救済が教育の本筋、と思っている "ゼロリスク信者" が多いのに驚いた。

　実際、残りの 3 割の学生は、研究室に配属されても、教員と学生の両方が研究で疲れるという人材である（難燃性）。教員は学術指導よりも、まず生活指導が必要になる。また、教員の中にも自分勝手に、学生の好みとは関係なく、自分の研究テーマを学生に押し付ける者がいる。教員を採用するときは、論文数だけでなく、楽しそうに研究する者を選別しないとならない。学生がどこの研究室に入っても「研究は楽しかった」と卒業時に言わせるぐらいの大学にならないと、将来は暗い。

　研究の場としての大学の要求機能を考えると、「教員と学生が互いに批判するくらいに議論して相乗作用を生む」ことが望まれる。企業でも同じである。上司と部下が議論して相乗効果を生まないと、新商品も生まれず、生き残れない。大学はこれまでにも理系の研究室や文系のゼミで、個人対個人の対面教育を実施し、学生の議論技術を磨いていた。座学の数倍もの手間暇がかかるから、上述の難燃性でやる気のない学生には来てほしくない。また、企業では、会議の半分くらいの時間を当てて、「フリートーキング」で計画や作戦を議論するようになった。このときに黙っていたら、出世の望みはない。スティーブ・ジョブズは、黙っている人にボールペンをダーツのように投げ、役員でも即刻クビにしたそうだが、それに近いことをやるようなリーダも日本に生まれてきた。

　それでも日本では、入学試験をパスして学ぶ権利を取得した学生を、教員は出て行けと拒絶できない。企業も終身雇用を大前提にして採用した正社員を、簡単にクビにはできない。国内にいると実感できないが、日本の人事は世界で最も硬直化している。

　2014 年にカールスルーエ大学を訪ねたとき、ドイツ人の 2 人の 40 歳代の講師（副教授相当）に教育方法を尋ねたら、「やる気のない学生は退学させて、違う道を進ませる」と言われた。それは教育でなくて、選別である。しかし、いよいよ日本も選別しないと成果が出なくなってきた。入学試験は難しいが卒業試験は簡単、という「入学タイヘン卒業ユルユル」の文化から、その逆の「入学ユルユル卒業タイヘン」の文化に変えるべきである。そして、研究室やゼミを強化して、教員は卒業学生を品質管理すべきである。

　企業も同様である。本来、現在の成果だけで評価するならば、プロスポーツ

のチームのように、毎年多くのレギュラー候補を入団させ、シーズン前半で選別し、後半で精鋭を揃えて優勝を狙うべきである。日本の企業はトレードがまったくなく、生え抜きだけで勝負してきた。これでは勝てない。

　令和の大学は、研究室、専攻、研究科、大学、国境という組織の壁を取り除いて、研究や教育を進めることが望まれている。その壁には、性別、年齢、民族、宗教、親の収入、親の職業、障害の有無などの壁も存在するので、同様に取り除くことが望まれている。これらの要求機能に対して、デジタル化は多大な力を発揮する。つまり、デジタル化でオープン教育とチーム研究が当たり前になる。たとえば、ノーベル賞級の海外の大先生に年に 1 回くらいならば、Zoom で講義してもらえる時代になった。また、共同研究中の企業のプロ設計者に、1 コマ半年間の演習ならば TA（Teaching Assistant）として参加してもらえるようになった。研究も同じである。民間企業のエンジニアも海外大学のドクターも、互いに毎週の研究会に参加できるようになった。

　企業だって、これまた同じである。海外の同業者とアライアンス（同盟）契約を結んで、毎週 1 回の Zoom 会議に同席できるようになった。新商品の設計には、数社からなる開発共同体のような組織ができて、Zoom で定期連絡をとりながら仕事を進めるようになった。情報網は世界中に水平展開し、座っているだけで状況を感じとれる。

　大学の講座の民主主義は当たり前だ、といまならば感じられるが、つい 30 年前は、自分の上司の教授の許しを得ずに、他の研究室の助教授と一緒に共同研究はできなかった。いわんや、他専攻との共同研究もご法度で、それぞれの専攻はタコツボのように独立しており、「ムラ」とよばれていた。デジタル化を使うことで、そのような壁は簡単に乗り越えられ、毎日、建設的に議論できるようになった。これは革命的な DX である。

DX の X：Transformation をもっと考えよう

　昨年までは気が付かなかったけれど、今年、コロナ禍になって皆がフーンと考えたのは、デジタル化の必要性だけでなく、対面作業の必要性である。

　前者のデジタル化の必要性は、前々から何となくわかっていた。しかし、テ

レワークをせざるをえなくなってきて初めて、切羽詰まって意識された。上述したように、DX の Digital は何とかなった。人間は設計目標さえ決まれば、それに集中できる。しかし、問題は DX の X：Transformation のほうである。これをしっかり定義しておかないと、設計目標が達成できても、「組織は忙しくなるだけで、外部に発信できる成果が出ない」というおかしな状態になってしまう。

　一般に、要求機能が見つかれば、デジタル化でそれの達成確率を高めることに集中でき、より多くの価値が生まれる。社長が、巷で流行っている「単なるデジタル化」を勢いで社員に命じると、"手段が目的化" して、社員は無駄に忙しくなる。社員が Zoom で Web 会議ができるようになっても、話す中身が井戸端会議の噂話程度だったら、会社は儲からない。

　一方で、後者の対面作業の必要性は、誰も気が付かなかった。昨年まで、対面作業は空気を吸うのと同じように、生きるために必然的に行うものだった。コロナ禍によって、対面作業は必要最小限のレベルまで減らされたが、減らされて初めて「生身の人間が黙ってそこに立っているだけで、伝わってくる何かがある」と思えてきた。

　オンライン講義をやってみて初めてわかったことだが、対面講義の要求機能に「仲間意識を構築する」が存在した。毎朝、同じ部屋の誰かの隣に座り、居眠りしたときはノートを写させてもらい、一緒に昼飯を食べに行き、午後の演習で喋りながら手を動かす。同じ空間に放り込まれれば、自然と仲間ができて、一生の友達が生まれるのである。オンライン講義中に、「Zoom をミュートとビデオオフにして、並行して LINE とか Google Meet で友達と話をしている」という学生が多い。バカな友達が何人集まってもバカの集団にしかならない。しかし、普通、1 人くらいはリコウが含まれているので、残りの学生はリコウの一言で講義内容を理解できるようになるらしい。

　63 歳になってしみじみわかることだが、自分が集めた研究費はすべて「友達の縁」のコネを手繰り寄せた結果である。自分 1 人だけでは刺激がないから、いくら天才でも大発見・大発明のきっかけはつかめない。「いわんや凡人をや」である。下手な鉄砲も数うちゃ当たる。友達を作り、刺激を積極的に増やして、きっかけの回数を増やすことが不可欠になる。幼稚園児やゴリラの群れみたいだが、対面でじゃれて友達をたくさん作るべきである。言葉以前のスキンシップは、対面でないとできない。

これからの 30 年間で何が起きるか

　筆者が 92 歳で死ぬとしたら、これからの 30 年間を見ることができる。何が起こるか、と考えるだけでもワクワクする。

　2020 年 11 月 14 日に、高名なユヴァル・ノア・ハラリ先生の若者向け特別講義が NHK の ETV で放映された。彼は冒頭から「神もお金も国家も人間が作ったフィクションに過ぎない（認知革命）」と断言して、それらを必死に勉強している 20 歳の若者たちは面喰らっていた。確かに、宗教、民族、家族、階層、性別、学閥などにはびこる、特別なグループの優位性なんてフィクションであり、それらに拘泥する必要はない。人間は 1 匹だけではゴリラや象よりも弱いけれど、ホモ・サピエンスだけがフィクションをでっち上げる能力があり、しかも全員でそれを信じて共同作業に勤しみ、種としての繁栄するきっかけを掴んだ。その後、「人間は他の動物を支配し、奴隷を支配し、女性を支配した農業革命」が起こって、ついで「人間は科学を異常に進歩させ、最後は自分たちを消滅させる科学革命」が起こる。よく考えれば 21 世紀になって、人類は飢餓と疫病と戦争を大幅に減少させた。残る目標は不死と至福だけになった。筆者が思うに、永久凍土の中のウイルスのように 1 万年も不死であっても面白くないから、残るは至福だけである。脳内物質をコントロールする技術が完成すれば、30 年後には常に幸福感に満たされる至福が達成されるかもしれない。

　ここまでは、『サピエンス全史』（河出書房新社、2016）とその続編『ホモ・デウス』（河出書房新社、2018）の内容である。さて、その後はどうなるだろう。筆者の妄想も入れて、未来を考えてみよう。

　今回のコロナ禍は、最終段の科学革命、たとえば AI、サイボーグ、バイオ、ナノテクなどによる革命を一段と加速させる大事件となる、とハラリ先生はテレビ番組で言っていた。人類は核爆弾や伝染病で絶滅するかもしれないし、自分たちの形を変えて（SF に出てくるような寿命 500 歳の脳だけの神に変態して）生き延びるかもしれない。どちらにせよ、変化は早まる。

　ハラリ先生の言うように、従来から伝えられたフィクションを全部捨てたら、最後に残るのは、本質を考える能力、spirituality（精神性）だけである。「自

分は何者か？」「何が善悪か？」「人生はどうあるべきか？」という哲学的な課題である。座禅を組んで考えたら、一生が終わるかもしれない。そして哲学的な課題を解くのが難しいので spirituality を考える脳だけが、フィクションに侵されずに科学革命後にも生き残る。さらに、世界中のホモ・サピエンスが地球人として一つに団結して、核爆弾や伝染病がなくなれば、その後危惧すべきことは超新星や隕石落下、地球の変動（地震、火山噴火、温暖化など）くらいの巨大なリスク（天災）だけになる。

　「AI が人間を超える」、つまり「電脳が生脳を超える」というストーリーの論文は数多くあり、そこにも「いつかは、人類は滅亡するか、変態する」と書かれている。筆者は「人類が消滅するって？　そんな夢みたいなことは 1,000 年後の話でしょう？」と他人ごとのように思っていた。しかし、ハラリ先生は、テレビ番組で「2050 年に起こっているかもしれない」と断言していた。たった 30 年後である。

　コロナ後に、従来型のフィクションの多くは修正される。たとえば、コロナ禍で世界中の国々が財政出動して、2020 年 11 月までに 1,200 兆円分、お札を刷って配った。いま死ぬか、さもなければ 10 年後に死ぬかの二者択一問題において、人類は、いま死ぬことを避けて問題を先送りしたのである。予想どおりに 10 年後にしっぺ返しを食らって、全世界がインフレになるだろう。でも、賢いホモ・サピエンスは、天井知らずの個人資産や時価総額、財政赤字に制限をかけて、それ以上は凍結させるような徳政令的な荒療治を考え出すだろう。どうせ、金融価値はフィクションだから、気のもちようでいくらでも対処できる。

　コロナ禍で失業する人も続出するから、政府は仕事も生み出さないとならない。人間は極楽浄土で蓮の花の上で、一日中座禅を組んでいても幸せになれない。ホモ・サピエンスの幸福のために必要不可欠なのは、毎日話せる家族や友達の存在であり、さらに、社会に貢献したという満足感が得られる仕事であろう。将来は、個人個人に適合する伴侶や仕事を、AI が選んでくれるようになるだろう。AI という神（電脳付き神様だから「電神」とよぶのか？）が人生を設計してくれるのである。

　20 世紀の日本ではあれほど盛んだった「お見合い結婚」が、いまはまったくなくなった。しかし、未婚化・晩婚化・少子化は国の根幹を揺るがす大問題となっている。そのうち、必ず国家はマッチングアプリ拡大版の「お見合い産

業」を国営化するだろう。仕事も同様である。国家は「ピラミッド造営プロジェクト」のようなフィクションの仕事を作り上げ、「仕事斡旋産業」を国営化するだろう。つまり、近い将来、AIが人間の幸福の総和を最大化する神となる。

　SFでもあるまいし、実際はそこまでの神は登場しないのかもしれない。しかし、AI付きのロボット（電脳付き奴隷だから「電奴」だろうか）は確実に発展する。そして、いま人間が仕事と思っている繰り返し作業（事務、製造、運輸、農業など）を代わりにやってくれて、過半数の人間を失業させる。こうなると、人間は週に1回、または午前中に2時間も仕事をすれば、あとは余暇になる。そうなると、その他に副業としてフィクション的な仕事に従事しないと、幸福感を感じなくなる。そのフィクション的な仕事として、スポーツ、旅行、パーティ、お見合い、玩具作り、料理作り、観劇、クイズ、ゲーム、学問などの、いわゆる趣味の世界が残るだろう。少なくとも、体も動かすし、脳も活発になり、生きている満足感が得られる。

　このときに必要な制約条件は「足るを知る」であろう。趣味の世界でも、勝者の驕り、莫大な賞金、過大な劣等感、執拗な虐め、などは適度に抑えるべきである。日本人は結構、この「足るを知る」という精神性に優れるのではないだろうか。起きて半畳、寝て一畳である。ウサギ小屋でも文句を言わずに生きている。いまは、金持ちと貧乏人の格差が広がるばかりであるが、金持ちが「足るを知る」の精神をもち、全部の利益を総取りするのを控えれば、格差はそのうちに解消される。

COLUMN

　多くの人が、「まあ、世間はAIが支配する方向に進んでいるなあ」という感想をもっていると思う。しかし、コロナ禍が進み具合を加速して、本当に電神の社会が30年後に来たら驚きである。もちろん、そのAIの神様の実体はコンピュータであり、その電子回路を維持するためには、莫大な電気エネルギが必要になる。もしかして、もっと強い感染症の流行によって人類の数が1/100くらいまでに激減し、死んだ人の基礎代謝分を電神のエネルギに譲渡したら、実現も夢でなくなる。この「電神」や「電奴」は上述の図13.1で述べた、究極の「夢のデジタル化」である。そして電神と電奴は「人類を豊かにする」というDXを成就する。

　2020年の日本の総発電電力量は1兆kWhだから、人間ひとりの出力0.3kWを1年間連続で出した仕事量（2,630kWh）で割ると、4億人の電奴が働けることに相当する。国民1人につき3.4人の家僕が従うのだから、豊かになるはずである。また日本の自動車数は8,200万台で、1台につき年1,000リットルのガソリン（比重0.7）を使い、ガソリン（5,740万トン）のCH_2がCO_2（1.8億トン）に変化すると仮定する。人間1人

の CO_2 排出量を1日1kgとして割ると年に0.36トンとなり、5億人の電奴の駕籠かきが働いていることに相当する。国民1人に付き一つの4人担ぎの駕籠が与えられるのだから、江戸時代ならば皆が大名である。

でも、そうと言い切りながら、筆者はまだAIの電神は眉唾ものだと思っている。イスラエルや中国は強権をもって実現させてしまうかもしれないが、日本は「まあ、30年後にはそこまで行くまい」が本音。日本在住のホモ・サピエンスは「単なるデジタル化」をコツコツと積み重ね、目先のDXだけを達成し続けるはずである。

『絶対に挫折しない日本史』（古市憲寿著、新潮新書、2020）という本は、古市先生が前述のハラリ先生の『サピエンス全史』を読んで、固有名詞に頼らずに日本史の流れをとらえてみよう、と書き始めたものである。ホモ・サピエンスが住み始めてからの4万年の日本史を「まとまる（古代）→ 崩れる（中世）→ 再びまとまる（近代）」という歴史観で説明した。非常に面白い。現在、常識とされている日本人の考え方、たとえば、コメが主食、日本は神国、先祖代々の土地、女が家事をするなどは、再びまとまった明治以来に埋め込まれたものであるらしい。

その歴史書の最終章「日本はいつ「終わる」のか」が衝撃的である。著者は「日本国籍を奪われることと、一生iPhoneを使えない『アップル帝国からの追放』や、生涯Googleの一連のアプリが使えない『グーグル権の剥奪』とのどちらを選ぶか」を問うていた。いまのデジタル社会で生きていくためには、日本国籍よりはAppleやGoogleが不可欠で、筆者でもグーグル権の剥奪は困る。Google Chromeが走らないと、メールも読めない。10年後には、国際連合 (United Nations) がGoogleとAppleを譲渡してもらい、国境の廃止、世界連邦の発足、情報の平等化、富の偏在防止が一気に実現するかもしれない。

古市先生の言葉を流用すれば、日本の終わりは、日本政府の暴力独占権と徴税権が弱まり、グローバル企業から発展した国際連合のAIに、治安維持と富の再配分の仕事が移ったときに起こる。日本政府の国境が消滅して、ホモ・サピエンスの地球人ができあがり、統合されたコンピュータが管理する。日本という集合体がそもそもフィクションだったと思えばよい。誰でも10年もすれば地球人になれる。

4万年の過去の壮大な歴史と、これからの夢のような未来との両方を鑑みれば、「現在の小さな失敗なんか、あまりに些細でクヨクヨする価値もない」と思っ

たほうがよい。とりあえず、「（人類全体ではなく、その中の1人の）自分を豊かにする」というDXを設定して、「どのデジタル化の設計解に注力すべきか」を考えてみたらどうだろうか？

COLUMN

　人間は仲間と暮らす動物である。そこで仕事を分担しなくてはならない。設計工学の最終レポートを人生設計にしているが、2021年7月提出のレポートでは「やりがいのある仕事に就く」のFRに対するDPを「デジタル関連の仕事」と答えた学生が、機械系のくせに、40％もいた。つい10年前は、終身雇用の会社というDPが、「結婚する」「家を建てる」「趣味を楽しむ」のような他のFRに干渉していたが、今の学生は会社とは別個に人生を歩みたいらしい。会社がブラックで家庭に干渉したら会社を辞める、と答えた学生は46％だった。もう彼の父親のような会社人間は少数派になる。

COLUMN

　2020年度の学生の創造設計は、コロナなんて何のその、の勢いで続行している。「人類を物理的に豊かにする」というDXだけでなく、「技術者を精神的に至福にする」というDXも達成させる。また日本の工業発展に対して、これが筆者の唯一の希望の灯である。

　ここまで読み通してくれた読者は、なぜ失敗学の本のくせに創造設計ばかり気にかけるのか、といぶかしく思うだろう。4章NOTEその6で示した本書のキーワード「ICTによる情報の民主化」と「違和感による着想の鋭敏化」は、実のところ失敗学よりも創造設計に効く。企業ならば、労災や不祥事の軽減よりも顧客満足度や新商品の増加に効くのである。令和の日本が求めるのは、この創造設計である。

　2020年12月の創造設計演習の一つのIoT演習の発表会で、学部3年生の1人が「コロナ禍の飲み屋用のメカトロ・マスク」を作って発表した。図13.2(a)に示すように、9軸センサが頭に巻いたバンドに設置されており、素早く首をあげるとフェイスマスクがサーボモータによって上に開いて、素早く首を下げれば下に閉じた。マスクの開閉を決める首の速度と傾きは、使用者が適当にスマホを操作して設定する。重さは134グラムで首は疲れない。自分で宣伝用の1分間の動画も作ったが、これを見て筆者は「売ってくれ！」と頼んだ。クラウドファンディングで投資を集めることを計画中である。

　また、創造設計演習のもう一つのメカトロ演習では、学部3年生の4人が、図(b)に示すようなオンラインゲームを作って発表した。つまり、4人が自分の右足の動きをモーションキャプチャーで検出し、4足歩行ロボットに1本ずつ転送して、二人三脚ではなく、四人四脚で歩かせる。普段は、地面に接して接触平面を決定しているのは3本だけで、残り1本は浮いている。その地面から摩擦力を受けない空中の1本を、進む方向に1歩ずつ前に出せばよい。

　ところが、ロボットを映したMeetの画像からは、誰の足がその浮いた1本なのかがわからず、試用すると何度もロボットは転倒した。二人三脚のように、掛け声だけで速くなる、というものでもないところが楽しい。なお、彼らはボストン・ダイナミクスの4足歩行ロボットのSpotくんのように、自動制御のプログラムで彼らのロボットを動かしたが、四人四脚の手動制御のときよりも速く歩いたそうである。

　また、ソニーの社会連携講座で行った創造設計プログラムでは、学部生・大学院生の5

（a）自動で開閉するフェイスマスク　　（b）四人四脚システムゲーム

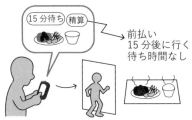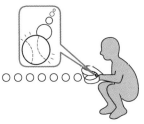

（c）ランチの直前予約システム　　（d）キャッチャーミットからのカメラ映像

図 13.2　コロナ禍の中でも創造設計は休まず

　人組が、図(c)に示すような昼食注文アプリを作ってくれた。昼時の混んだ食堂に行くと、顧客は注文を受けてから料理するので待たされ、店舗は顧客の回転が悪くて、両者がイライラする。そこで、顧客はスマホでいくつかの店舗の今日のメニューを見て、「美味しそうか」「何分待ちか」を判断して、決めたら清算ボタンを押して PayPay か何かで店舗に払う。そしてちょうどできた頃に店に行く。

　実際にある商店街で試したところ、顧客は待ち時間が 12 分から 3 分に短くなり、店舗は在店時間が 22 分から 13 分に減少して回転が速くなり、両者とも満足したそうである。このプログラムでは、必ず実装してステークホルダーの反応をもらうことを課している。工学部の「命じられたものを作る」という教育と大違いである。このアプリの設計リーダは本学文学部 4 年生の女子学生で、本学工学部やデジタルハリウッド大学の男子学生が実装した。基礎知識の多様性が設計に効果をもたらしたという好例である。

　最後に、設計生産フィールドワークという演習で、修士学生の 1 人が作ってくれた、キャッチャーミット目線の実況放送を、図(d)に示す。彼は野球が大好きだが、無観客試合ばかりで面白くない。そこで、打者やキャッチャー、三塁手にサイコロキャラメルくらいのカメラを装着し、その映像を実況してみようと思った。ところが、それをやったところ、あまり面白くない。彼は、剛速球が太陽のように突進してくる、マンガの 1 コマのような絵がほしかったのである。そこでキャッチャーミットにもカメラを装着してみた。実際は剛速球の衝撃でカメラが何度も壊れ、衝撃を緩める周りの樹脂体の設計に試行錯誤を重ねることになる。最後は東大運動部の投手になげてもらったが、1 秒間に 60 コマの映像でも、捕球直前にはマンガのように大きく映り、思わずのけぞるほどの迫力が出た。

　創造設計の参加者のうち、約 60％がこのような創造的な能力を有する学生だった。彼らが前述の優秀な選抜者の候補である。今年は対面でなく、オンラインが主体の演習であ

り、教員は実現を心配していた。ところが、案に相違して、例年に比べても、より優れた作品ができた。理由の1番目は、チームの仲間やインストラクタとの対話が多くなったからである。問題点に気付いたときに、他人の都合を考えずに昼夜問わず聞くことができる。理由の2番目は、発表もオンラインだったので、作品を宣伝する動画を作ったが、その動画がとても高品質だったからである。対面だと、一発勝負の発表会になって、その場で試作品が設計どおりに動くとも限らない。ところが、撮影だとうまく動いたときだけを編集すればよく、完成度が高まったように見せることができる。

　コロナ下でも創造設計は死なず、であった。めでたし、めでたし。

COLUMN
　人間は雑種である。種の保存を狙って、自分と異なる人と結婚する。筆者のように、前向き、前向きと他人に唱えていても、自分の妻や会社員の息子は後悔と反省、不平と不安の毎日である。人間の性格は簡単に変えられない。人生のほうを自分の性格に合った方向に修正したほうが楽である。人生に勝ち負けはなく、ただ進む方向が違うだけである。そしてその方向に自分の幸せがある。大学教授の筆者やアニメータの息子は、薄給だが自分の道を進んでいる。令和の時代はどちらの方向にせよ、わが道を進んだほうが幸せになれると思う。

「自分を豊かにする」という要求機能に対する設計解は、何もデジタル化でなくてもよい。たとえば筆者ならば「鉄道模型を買う」「日本食レストランに行く」「古都を旅する」「演劇を見る」のようなことを実行すれば幸福感が生まれる。多くの人はコロナが流行して初めて、「いつ切れても悔いなき人生を送る」という目標が大事であることが再認識できた。

　悔いが残って成仏できないことは、人間最期の取り返しのつかない大失敗である。とくに63歳にもなると、いつコロナに感染して死ぬか、わかったものではない。筆者らは戦中戦後の災難を経験することなく、豊かな日本を満喫できた。しかし、働くことで右肩上がりの高度成長を見たわけでもなく、どちらかと言えば、縮退する世界を必死に支えていたという感じである。これからが積極的に自分が楽しめる時間であり、チャンスである。筆者より若い方々は何をかいわんやで、人生はもっと長く、さらに大きなチャンスが到来する。

　20世紀では地道な努力が報われたので、「いま苦しくても、ちょっと耐えればすぐに光明が見えるから」と励まされた。しかし、21世紀は安定な永続的な仕事は少なくなり、「いまはいまで勝負」「明日は明日の風が吹く」「一期一会」の世界になった。「ミスなく仕事に注力する」一方で、「十分に余暇も楽しむ」というように、両方を同時に全速前進させて生きるべきである。言い換えれば、リスク低減とチャンス発掘の二兎を同時に追うのである。そうすれば、人生に失敗はない。

おわりに

　自分の人生を振り返ってみたら、よく言われていることだけど、二つの法則が見えてきた。

　一つ目の法則は、「人間は、長く生きていると、浮き沈みを経験する」である。努力してもダメなときは何をやっても失敗するが、逆に何をやっても成功するときもある。しかし、その波には周期性がある。図14.1の上部に、自分の好調不調の波を、縦軸に活動度を、横軸に年齢を設定して書いてみた。モチベーショングラフとよぶ人もいる。一目見れば、何やら周期的に曲線がストンと落ちて、そこには「絶不調期」「落ち込み」「氷河期」があることがわかる。もちろん、12章で示したように、コロナ禍に遭遇した62歳もその氷河期の一つである。

　二つ目の法則は、「生物は、最強の種が生き残るのでなく、外部環境に合わせて変化できた種が生き残る」である。生物の中に、人間も含まれる。図の下部に、筆者が氷河期の間に「どのような研究内容に注力してきたか」を円グラフで示した。図から、「沈んだあとに一転して研究テーマを変更し、世間の荒波を泳ぎ切る」という意志が見える。ただし、研究を「一転して」と言っても、たとえば、工学から歴史学へとまったく縁もゆかりもない"飛び地"に舞い降りるわけではない。鋳造や磁性材料からお隣の超精密加工や生産技術へ、またそのお隣の機械設計や失敗学、創造設計へ、さらにお隣の設計時の脳科学や情

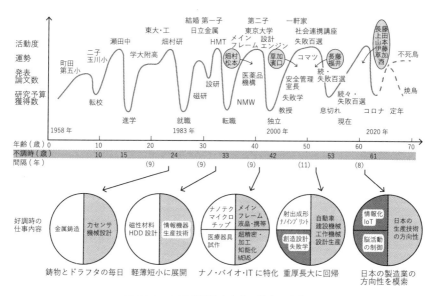

図 14.1　中尾の活動の変化、仕事の変化

報化へと、分野をまたがるように少しずつ着地を移動させて、パートナーの若
手の先生を雇い、研究助成金をもらって、国際学会に出かけている。

COLUMN

　過去のモレスキンノートをたどると、図 14.1 の元の手書きの図は 2015 年 2 月 17 日
に描いていた。本文中にも書いたが、この年に初めて、生産技術の国際学会（CIRP）で
論文査読をした。それをやっと終えた夜、パリのホテルで眠れずに、グチを綴っていた。

　ノートには、まず、自分の合否結果を他の査読委員（誰かはわからない）の合否結果と
比較していた。テスト後の答え合わせのようなワクワク感がある。すると、筆者の合格判
断は、他の委員のそれと 85％の確率で同じであった。残り 15％は好き嫌いで判断が分
かれたらしく、合理的で妥当的な理由は見つからなかった。でもこの 85％は、自分の学
術的判断が他の高名な先生方と同じであったことを意味するので、一安心した。学者の同
質性が喜ぶべきことなのかはわからないが、少なくとも筆者は「変人」ではなかった。

　でも、何たることか、絶対にアクセプトされると自信満々だった自分の論文は、他の委
員にあっさりとリジェクトされていたのである。これで 3 年連続のリジェクトとなった。
このときのノートには「もう公理的設計の論文は、絶対にこの学会には出さないゾ」と書
きなぐっていた。3 年前まではそれこそ 85％の確率でアクセプトされていたのに、流れ
が変わったとしか言いようがない。

　そのような違和感は、自信満々の研究助成金申請書がリジェクトされたときにも感じる。
立場を変えて、助成申請を審査する側になって初めてわかったことだが、審査者もその時々
のブームに無意識に押されて合否を決めることが多い。ブーム、流行り、潮流と言うもの

は、その会議の「空気」かもしれない。政府系の研究助成金だと、ブームだけでなく、役人の強い行政指導を芬々（ふんぷん）と感じる。

　生産技術の分野では、Design の部門が、切削や鍛造の部門に比べると、「貧者」の研究者に適している。何しろ工作機械や生産設備を揃えた高価な実験工場が要らない。豊富な研究費をもたない学者は、まず自分の「未来の夢」「仮説」「提案」を論文として記述する。パソコンだけで事は済む。そこでアクセプトされた Design 論文を見直したら、何と 8 割が「デジタル化」に何かしら関係した内容になっていた。それも図 13.1 で前述した「夢のデジタル化」である。

　いつの間にか、その生産技術者の夢は、自分が得意な設計論から「デジタル化」に変わっていたのである。たとえば、Industry4.0、デジタルツイン、機械学習、最適化、などの話題がきらめいていた。当然、査読委員にもその関係者が幅を利かせる。彼らは、要求機能の干渉や価値創造の必要性を述べた、筆者の設計論の論文を、「時代遅れでつまらん！」と題目を見ただけで顔を背け、リジェクトするつもりで読み進める。要するに、本書で繰り返し述べたように、筆者は「デジタル化」できずに失敗していたのである。

　この「もう出してやるものか！」という方向転換の判断は正しかった。その後、筆者の研究パートナーの長藤圭介准教授に筆頭著者を譲って、論文を出し続けたところ、5 年連続で悠々とアクセプトになった。提出部門を、Design から Surface に変えたのが大きい。いずれもマイクロ・ナノレベルの微細凹凸に特化した論文であり、金属同士の接着面、水滴の流れ、エアコンの沸騰、ナノインプリンティングなどである。若手が成果を出してくれて、教授は「左うちわ」になった。家貧しくして孝子顕る、である。めでたし、めでたし。

　2015 年 2 月 17 日のモレスキンノートに戻るが、次に、清書したら図 14.1 になる「手書きの図」で、自分の人生の「氷河期」をチェックしていた。

　まず 15 歳で落ち込んで、第一氷河期を迎えた。東京都世田谷区の悪ガキだらけの区立中学から、ラッキーなことに進学校に入学できた。しかし、学校生活が楽しかった割には、学業は不調だった。周りの友達は賢く、平均点をとるのがやっとで辛かった。ところが、高 2 の秋に、高 3 までの全教科を予習し終えたら、突然、順位が 1 桁になって、それ以後は試験に強い体質になった。さらに東大の学部 4 年生で畑村洋太郎先生の研究室に入ってから、好きなだけ設計・試作をさせてもらい、研究が大好きになった。

　絶好調のまま 24 歳で修士を卒業し、日立金属に就職したが、案に相違して毎日、丁稚奉公のような仕事をさせられて辛くなり、第二氷河期を迎えた。上司と喧嘩するたびに麦畑の中を走っていたら、長距離走が速くなった。その後、結婚して子供もできて気分は安定し、体力に任せて磁気ヘッドやディスクの開発と製造に従事し、最後は米国の子会社で働くことができて、実に楽しかった。

　しかし、畑村先生に誘われるまま、33 歳で博士号を取得して東大に転職したら、彼から相続したのは何もないサラ地の実験室だけだった。日々、体を動

かして実験することもできず、第三氷河期を迎えた。畑村先生も50歳になり、鋳造や土質力学の研究を捨てて、別の何かの研究をやりたかったのであろう。そこで、まず研究費を稼ぐために助成金申請書作りから始めた。ラッキーなことに、「ナノマニュファクチャリングワールド」とよぶ、マイクロマシン製造工場のプロジェクトが大当たりして、4年間で合計2億円くらいの助成金を稼いだ。その後、年間1億円レベルの大型プロジェクト、たとえば、生産技術の知能化、耳鼻咽喉科用の医療工具設計、設計知識のナレッジマネジメント、大形コンピュータの実装技術などの研究費が立て続けに当たって、とても楽しかった。

でも、楽しい日々は永遠に続かない。畑村先生が定年退職し、42歳で自分が教授に昇進したら、民間からの共同研究費がブツブツと切られて、第四氷河期を迎えた。研究室の教員は自分だけで、「中単騎の地獄待ち（アガり牌があと1枚で成功確率は低い）」と揶揄された。これから自分で、研究室運営の年間必要最低額3,000万円を稼がねばならない。ある春の日、研究会で「今年は水でも飲んで乗り切ろう（ご馳走はない）」と学生に弱音を吐いていたときに、科研費の基盤Sにナノインプリントの研究が通ったという電話があった。年間1億円レベルの干天の慈雨である。その後は、「捨てる神あれば、拾う神あり」で、失敗学の社会技術プロジェクトを始めに、いくつかの企業から社会連携講座を設置していただいた。こうなると、「向かうところ敵なし」で、年間2億円くらいの研究費が毎年稼げて、再び楽しくなった。この好調期はリーマンショックでも揺るがなかった。

しかし、53歳で急に自分のパワーの枯渇を自覚し始めた。「人生の峠を越えたかな」という弱気が出てきて、2015年の56歳までの3年間、緩く長いスランプ、つまり、第五氷河期に苦しんでいた。民間からの研究費は高値安定だったが、前述したように、自分がトップの名前の学術論文や研究申請書が通らなくなった。

2015年2月17日のモレスキンノートを見ると、「あと9年間、大学で何をやろうか」と書いたあとに、「(1)今後、社会連携講座を積極的に増やしてみよう」「(2)もっと若手の特任教員を雇って生産技術以外の分野にも手を拡げよう」「(3)ドイツにあるような「生産技術センタ」を作って日本国中から研究員を集めよう」というような趣旨が書きなぐってあった。

いま思うに、この5年間で前者の二つは達成している。(1)は目標のとおり、

生産技術、機械設計、脳科学、自動運転に関して、社会連携講座と寄付講座を次々に設置し、2021年4月には1年に総計4億円くらいの予算で11個が動く。(2)の目標も達成され、常に特任教員やポスドク、学術支援職員を15名から25名は常に雇い、若手教員のキャリアアップのジャンプ台ができた。2021年は、IoTと工作機械を研究する木崎通助教と、ドローンや4本足ロボットを研究する趙漠居特任講師を雇って、研究室は7名の教員で運営している。大学は資本主義ではなく、"人本主義"で動いている。成果物の論文数は教員数に比例する。しかし、(3)の目標である、ドイツ並みの年間10億円規模の研究センタは「夢のまた夢」である。たぶん、日本国政府の財布がスッテンテンなので、これから先の10年間も望み薄である。そうこう言っているうちに、生産技術の講座自体が日本中の大学から消滅していくのだろう。

　と、文句をいいながらも、自分だけは残りのご馳走の生産技術研究を独占して、65歳の定年退職まで走り切る気持ちでいた。ところが、突然、61歳のときにコロナウイルスが襲ってきた。活動したくても実験も講演もできず、本書で書いたように、気分も落ち着かなくなって、第六氷河期を迎えた。

　グラフを見てわかることだが、氷河期の年齢を拾っていくと、15歳、24歳、33歳、42歳、53歳、61歳であり、それらの間隔は、9年、9年、9年、11年、8年と結構、周期的にどん底を経験することがわかる。しかし、上述したように、61歳のコロナ禍のどん底は想定外だった。2015年の時点では、65歳の定年退職時に再就職先を見つけられず、鬱々して第六氷河期を迎えるはずだったのに早まった。この平均で9年おきに氷河期が訪れるという仮説を信じると、次の第七氷河期は70歳である。このとき、頭がボケになって社会から引退するか、病魔が襲ってきて動けなくなるのであろう。

　図14.1のように、一度は自分を振り返ってみるとよい。書いてみれば、過去の自分の生き方を分析して、次の10年間の目標を決めることができる。いったん目標が定まれば、判断すべきときに、その目標に合う方向にテコを倒すから、自然と目標に近づけるようになる。つまり、その長期的な目標の設定が、人生を豊かに楽しくするのである。

リスクとチャンスのバランスは、そのときのモーメンタムで変わる

違和感でリスクを見つけて、それが起こらないように事前に防ぐこと、それが「失敗学」である。文系の先生方が好むような失敗学、つまり、事故が起こったあと、潔く反省して責任をとることではない。事前と事後では、注目する視点が大きく異なる。

もっとも、「失敗学」のエキスパートになって、失敗せずに波風を起こさずに生きれば幸せになれるか、と考えるとそれも疑問である。第一に先が見えていたら、その人生はワクワクせずに面白くない。単純に幸せが失敗に反比例（成功に比例）しないことが「失敗学」の難しいところである。

人生は面白いもので、「失敗学」を多少は無視して、リスクを恐れずに挑戦すれば、チャンスが転がり込むことも、たまには起こる。逆転勝ちである。そうと言いながらも、飛び出した途端に十字砲火を浴びて死んだら、面白いと感じる前に"一巻の終わり"である。つまり、何事も決断の前に、リスクとチャンスを秤にかけなければならない。挑戦と暴走の境目、つまり、社会が許してくれるリスクのレベルを見きわめることが難しい。毎日、呼吸して食事するように自然に、その見きわめができる人が「失敗学」の名人、達人、エキスパートになれる。

たとえば、「今日、社長に会ったら共同研究を提案しよう。でも外に出たらコロナが怖いナァ」という状況で、背反的な判断が課される。社長に共同研究を提案するのがチャンス、コロナにかかるのがリスクである。また、「明日は出社日だけど、資料作りが絶好調だから、夜中の3時まで起きて仕上げちゃエ」というのも、昨今よくある話である。資料を完璧に仕上げて褒められることがチャンス、朝7時の起床に寝坊して叱られることがリスクである。

コロナに感染するリスクも、朝7時に寝坊するリスクも、発生確率を絶対的にゼロにする方法はない。だから、失敗学のエキスパートでも、リスクとチャンスのどちらをとるべきか、という合理的判断はなかなかできない。8章のシティコープビルの事例で紹介したように、リスク受容レベルは社会が決めることで、時々刻々変化している。

こういうときは開き直って、その時点の社会や自分のモーメンタム（勢い、

ツキ）で決めるしかない。麻雀やトランプのような賭けごとに強い人は、この
モーメンタムを捉えるのが実に絶妙である。もちろん、彼だって一応は成功確
率を計算する。でも、相手よりも自分にツキがあると感じれば、たとえ前述の
「中単騎待ち」でも、チャンスのほうに賭けてリーチ（もうアガりの牌だけを待っ
て、自分の手も変えないという宣言。もらえる点数が2倍に上昇）する。

COLUMN

　図14.1を示したのも、筆者がギャンブラーのように、自分のモーメンタムを考慮して
勝負した、ということを言いたかったからである。つまり、氷河期は「ジリ貧」であり、
こういう時は図の下部のように、ピボット（方向転換、路線変更、事業転換）したほうが
よい。そこで、これまでの好調期とは別の目標を立てて進む。ピボットせずに、そのまま
進んでも「ドカ貧」になるだけである。
　日本の有識者は、開戦直前の宮中懇談会で米内光政海軍大将が「ジリ貧を避けようとし
てドカ貧にならぬようにご注意願いたい」と言った言葉を引用して、危険で突飛なピボッ
トはすべからくたしなめる（筆者も何度か注意された）。米内さんは直接に「戦争反対」
と言うと、「卑怯者」と言い返されそうな重苦しい「空気」を読んで、遠回しに「ジリ貧
を避けて米国と戦争すれば、ドカ貧で日本国が滅亡する」と言いたかったのだろう。もち
ろん誰だって、ジリ貧だからと言って、まったく素人の他分野進出や不正行為の暗躍にピ
ボットしてはいけない。無謀な暴走がもたらす結果は、会社倒産、財産喪失、有罪判決、
家族離散などであり、これらがドカ貧である。方向変換するにしても地の利がわかってい
る方向に変えて、ドカ貧は避けるべきである。
　一方で、好調期は方向転換せずに、同じ手法を繰り返して「金持ち喧嘩せず」で手堅く
勝つことを考える。ツキがあれば、努力せずともよい配牌が来て、必ずアガることができ
る。モーメンタムは麻雀ならば、少なくとも6時間おきにはやってくる。それに応じてリ
スクとチャンスの秤を調節すれば、少なくとも負けることはない。

COLUMN

　コロナ収束にはワクチン接種しかないと言われている。2021年7月18日、筆者も市
民センタで1回目の接種をしたが、Webで予約をとるのが大変であった。予約開始後5
分で1万人分の予約は終わる。7月17日に息子の分の日時・場所は予約できたが、最後
の登録ボタンを押したら「在庫がありません」という赤字がでてきた。ふざけるな！　若
者にワクチンを回せ。ところが7月20日に大学に行ったら、研究室の学生30名は、全
員1回目の接種が終わっていた。なんでも五月雨式に予約開始する東大学生用の職場接種
のサイトを1時間おきにチェックし、その文字列を自動的に読む。そして前回と違ってい
たら更新と見なしてSlackに流すというアプリを女子学生が作り、皆が砂糖に群がるア
リのように予約をゲットした。予約がとれないと諦観して政治家を呪う国民が多い中、い
まこそチャンスと工夫している若者がまぶしい。終戦直後、配給だけでは腹が満たされず、
国民は闇米に手を出して生きてきた。生きる力が必要である。ちなみにこの日、研究室の
教職員4人と筆者の息子2人はある会社の職場接種の公募サイトで予約がとれた。友達
に窮状を訴えていると、誰かがチャンスを教えてくれるものである。座して待つことだけ

が美徳ではない。

今後のアフターコロナの令和時代では、変わることが、悲劇でなく、喜劇になる。企業のレベルでは縮退する日本経済が、変革を後押しする。そして、個人のレベルでも変革しないと、会社に居場所がなくなる。

20世紀の昭和時代は、チャンスを求めて暴走するよりは、リスクを抑えてルーティンワークを完璧にこなすことが求められた。筆者はその後の平成時代でビジネスしてきたが、革命が起こると言われ続けた割には、日本社会の慣性力は大きく、平成維新は何も起こらなかった。でも令和時代は、米中に押されて日本の立ち位置が相対的に沈み込み、現状維持もできなくなる。「人目に付くような減点を避ける」というリスク重視よりも、「作戦変更し、衆目を集めて逆転する」というチャンス重視へと、いよいよ心意気を変えるべきである。前半終了時、0対2で負けていたら、後半開始時に選手交代して作戦変更するのがサッカーの定跡である。流れを変えないと負ける。

もっとも、チャンス重視と言いながらも、他人の迷惑を顧みず、気分に任せて働いていたら、皆から嫌われる。防げるリスクは正しい習慣を身に付けて防ぐべきであり、そのほうが信用を保てる。筆者がこの頃、やらかす"つい、うっかり"の二大リスクは、「伝達すべきではない人にまで秘密情報をメールで送る」と「Zoomの会議をすっぽかす」という失敗である。これを防ぐために、日頃から「Gmailの『全員に返答する』を押さない」「スケジュール手帳を寝る前に開いて、翌日の予定を確認する」ということを習慣付けるように心がけている。この「データ重視の失敗学」は昭和・平成時代と同じである。

令和時代では、"まさか"のリスクを防ぐために、違和感を覚えた対象を起点に、持論を展開すべきである。たとえば、「2022年2月に第6波で東京は感染爆発して、東大は1969年以来53年ぶりの入試中止に至る」という持論は、ありえないシナリオではない。また、「東証の株価が暴落して、各企業が社会連携講座の中断を申し入れる」というのは、筆者が最も考えたくないシナリオであるが、これも起こりうる。でも、もし最悪そうなったら「どうやって研究室を運営すればよいか」を考えて、アイデアノートに持論を書いてみればよい。

違和感起点の思考方法は、リスク低減だけでなく、チャンス活用にも役に立つ。2021年になってから、若い研究者の研究助成の審査の仕事が、いくつか筆者に回ってきた。研究対象は設計、AI、IoT、工作機械、半導体を使ったも

のづくり系で、「日本のどこに優秀な若手研究者がいるか」というマップが頭の中にできた。東大という研究組織を超えて、自燃派の彼らと共同で事故防止の安全装置を開発すれば、「ICT 活用の失敗学」は令和時代に長足の進歩を遂げるだろう。彼らがうまく育ったら、日本の未来は明るい。

　「失敗学」もピボットが必要である。まず、「データ重視の失敗学」から、「ICT活用の失敗学」へとピボットする。後者では、違和感を重視して、アイデアノートに持論を書き、ICT を駆使して失敗防止対策を考案する。さらに、令和時代で生きていくために、リスクよりもチャンスに注力するようにピボットする。違和感だけでなく、好奇心も重視する。同じアイデアノートに設計解を描き、ICT を駆使して創造設計する。後半に攻めて得点し、3 対 2 で逆転勝ちしよう。

COLUMN
　13 章で述べたように、世の中ではゲームチェンジが始まっている。工学部の学生や製造業の技術者だって、従来の「日本の製造業を繁栄させる」とか、「マネーとエネルギの最大化を狙う」という目標だけでは物足りない。「SDGs のどれに貢献していますか？」という問いに答えなければならない。世界人類の幸福や地球環境の持続のために。同様に、「失敗学の成果や勝利とは何か？」も考え直さねばならない。たぶんそれは、いま感じている幸福度や脳の活性度であろう。哲学や心理学、脳科学の先生方と議論できたら面白い。次の本のネタになる。2021 年 10 月に TBS の『賢者が映す未来』という番組に出演した。失敗学の話のはずだったが、いきなり SDGs の話を振られて面喰らった。失敗しても幸せならば成功者になれる。

　もちろん、いくら高尚な話をしていても、自分の周りにはリスクが降ってくる。令和になったらすべてのリスクと正面切って戦わないほうがよい。すなわち、「巨大リスク」は、致命的にならないように、わが身大事の逃げ優先で対処する。そして、「デジタル化」はリスクではなく、自分のチャンスに変わるように、違和感を捉えながら前向きに取り入れる。デジタル化でくよくよしていても、次の幕は開かない。デジタル化で失敗しても実損が少ないので、自滅さえしなければ、復活して楽しく仕事が続けられる。デジタルを味方につけよう。とりあえず、このように身の周りのリスクを整理して、30 年後のチャンスを考えてみよう。

　これが筆者の、脱・失敗学宣言である。

索　引

著 者 略 歴

中尾　政之（なかお・まさゆき）

1983 年　東京大学大学院工学系研究科産業機械工学専攻修士課程修了
1983 年　日立金属㈱入社
1989 年　HMT Technology Corp. に出向
1991 年　東京大学で博士（工学）を取得
1992 年　東京大学大学院工学系研究科産業機械工学専攻助教授
2002 年　東京大学大学院工学系研究科総合研究機構教授
2006 年　東京大学大学院工学系研究科機械工学専攻教授
　　　　　現在に至る

編集担当　宮地亮介（森北出版）
編集責任　富井　晃（森北出版）
組　　版　コーヤマ
印　　刷　丸井工文社
製　　本　同

脱・失敗学宣言　　　　　　　　　　　　　　　　　　Ⓒ 中尾政之　2021

2021 年 12 月 17 日　第 1 版第 1 刷発行　　【本書の無断転載を禁ず】

著　　者　中尾政之
発 行 者　森北博巳
発 行 所　森北出版株式会社
　　　　　東京都千代田区富士見 1-4-11（〒 102-0071）
　　　　　電話 03-3265-8341／FAX 03-3264-8709
　　　　　https://www.morikita.co.jp/
　　　　　日本書籍出版協会・自然科学書協会　会員
　　　　　JCOPY ＜（一社）出版者著作権管理機構　委託出版物＞

落丁・乱丁本はお取替えいたします.

Printed in Japan／ISBN978-4-627-67681-7